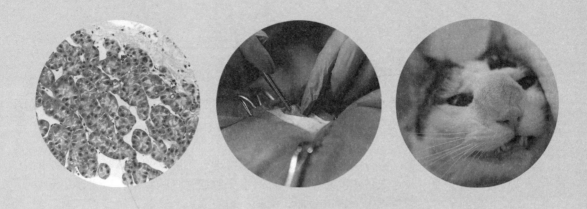

任晓丽　著

小动物肿瘤性疾病

Small Animal
Tumor Diseases

中国农业出版社

北京

内 容 简 介

　　本书在介绍肿瘤的概念、流行病学、病因学、发病机理、细胞学和病理学、肿瘤诊断和治疗等肿瘤学基础理论和临床技能的基础上，针对临床肿瘤诊疗的特点，以讲述小动物临床上常发肿瘤的类型、临床表现、临床分期、细胞与组织病理学诊断、肿瘤标记物、影像学诊断、分子生物学诊断，以及介绍肿瘤的外科手术治疗、放射治疗、化学治疗、免疫治疗、肿瘤的综合治疗等对症治疗和新技术为主要内容，重点介绍乳腺肿瘤的诊断和治疗的最新进展，突出新理论、新技术和新方法等研究成果，融合科学性、实用性、指导性为一体，紧跟国内外肿瘤学理论与技术的发展趋势，反映最新的肿瘤学前沿知识，推动兽医肿瘤学科的发展。

　　本书可供国内外小动物饲养管理人员和执业兽医师、研究方向为小动物肿瘤的研究生以及科研工作人员学习和参考使用，也可供国内外相关技术人员学习使用。

前言

  癌症是世界性的严重危害公共健康的问题之一，给人类造成广泛的经济和社会负担。癌症不仅威胁人类健康，而且是伴侣动物（如犬、猫）死亡的主要原因之一。肿瘤性疾病目前已经成为小动物临床上常发的一种疾病，多发于中老年动物，发病率和死亡率很高，严重威胁动物的健康与生命。犬临床常发的肿瘤主要有皮肤及软组织肿瘤、乳腺肿瘤、肛周肿瘤、睾丸肿瘤和阴道肿瘤等，尤其是乳腺肿瘤和皮肤肿瘤，大多为恶性肿瘤，如果能对恶性肿瘤做到早期发现、早期诊断和早期诊疗，则能降低动物肿瘤的发病率和死亡率。随着人们生活水平的提高和宠物诊疗行业的发展，肿瘤性疾病已经越来越受到宠物主人和医学研究者的重视。

  鉴于肿瘤性疾病已严重危害小动物健康与生命，本书将近年来关于该领域的研究成果进行了总结。本书内容共 8 章，分别对肿瘤的生物学行为、肿瘤病因学、肿瘤诊断、肿瘤分子生物学诊断、肿瘤的治疗、临床常见的肿瘤类型、临床病例、肿瘤的心理社会干预进行了系统而全面的阐述。如今，肥大细胞瘤、淋巴瘤等病例已有更多的生存机会。早期发现、精准诊断、辅助治疗对肿瘤性疾病的控制至关重要。

  在本书撰写过程中，非常感谢刘云教授带领我踏入小动物肿瘤学研究领域的大门，给予小动物肿瘤学研究方面悉心的指导和帮助，非常感谢河南牧业经济学院石冬梅教授和动物医药学院院长宋予震院长等在科研方面给予的支持和帮助；感谢东北农业大学动物医院、北京宠颐生中心医院临床医生等提供的临床样本资料，感谢日本东京大学农学部生命科学学科犬学院兽医外科教研室馈赠的细胞系；感谢河南牧业经济学院博士科研基金和临床兽医重点学科的支持。

  鉴于水平有限，书中难免存在一些不足，诚恳希望广大读者给予批评指正，以便再版时修订。

任晓丽

2022.12.18

术　语　表

Akt（PKB）	蛋白激酶 B
Anti-Rabbit E-cadhrerin	E-cadhrerin 抗兔多克隆抗体
Bax	Bcl 关联 x 蛋白
Bcl-2	B 淋巴细胞瘤-2
BCRP	乳腺癌耐药蛋白
Cleaved Caspase-3	活化半胱氨酸蛋白酶
cyt-C	细胞色素 C
DAPK	凋亡相关蛋白激酶
ERK	细胞外信号调节激酶
EZH	*zeste* 基因增强子的同源物
E-cadherin	E-钙黏蛋白
fibronectin	纤维蛋白
GM-CSF	粒细胞-巨噬细胞集落刺激因子
inhibitor	抑制剂
KLF	Kruppel 样因子
LDH	乳酸脱氢酶
MAPK	丝裂原活化蛋白激酶
MCP-1	单核细胞趋化蛋白-1
MGMT	O6-甲基鸟嘌呤-DNA-甲基转移酶
mimics	模拟物
N-cadherin	N-钙黏蛋白
PTH	甲状旁腺素
P-gp	多药抗性蛋白（P-糖蛋白）
RhoGTPases	Ras 相似物 GTP 酶
TBX	血栓素
TK1	胸苷激酶 1
Twist	转录因子
Vimentin	波形蛋白
ZEB	锌指转录因子

目录

第一章　绪　论

第一节　肿瘤的概述

一、什么是肿瘤

肿瘤（Tumor）是动物机体中正常组织细胞，在各种始动与促进因素的长期作用下，产生的细胞增生与异常分化而形成的病理性新生物。根据肿瘤的生物学行为可分为良性肿瘤、恶性肿瘤及介于良、恶性肿瘤之间的交界性肿瘤。有明确肿块形成的为实体瘤，没有明确肿块的为非实体瘤，非实体瘤大多为血液系统恶性肿瘤。

肿瘤的生长不受正常机体生理调节，而是无规律生长，丧失正常细胞功能，破坏原器官结构，有的转移到其他部位，危及生命。肿瘤与"组织再殖"或"炎性增殖"时的组织增殖现象有质的不同。当致瘤因素停止作用之后，该新生物仍可继续生长。肿瘤组织还具有特殊的代谢过程，比正常的组织增殖快，耗损动物体大量的营养，同时还产生某些有害物质、损害机体。肿瘤是机体整体性疾病的局部表现。肿瘤的生长有赖于机体的血液供应，并且受机体的营养和神经状态的影响。

二、研究肿瘤的意义

小动物肿瘤性疾病呈世界性分布，尤其是恶性肿瘤，大约50％的犬和30％的10岁以上的猫死于癌症，造成了广泛的社会和经济负担。虽然临床前和临床研究的进展正在改善癌症的诊断和治疗，但这种疾病仍然是世界各地小动物死亡的一个重要原因。由于小动物尤其是犬、猫等伴侣动物的寿命不断地延长，造成伴侣动物的发病率明显地高于家畜。从小动物临床肿瘤病例来看，可以见到许多种犬、猫的肿瘤，如腺体瘤（尤其是乳腺瘤）、鳞状细胞癌、肉瘤、基底细胞瘤、脂肪瘤、纤维瘤、色素瘤、血管瘤、软骨瘤、生殖器官肿瘤等，已经引起兽医界的广泛关注。研究肿瘤，是为了更好地早期诊断和有效的治疗，了解肿瘤的研究进展和前景，对研究人员和临床兽医是非常必要、非常有意义的。

第二节　肿瘤的分类与命名

一、肿瘤的分类

根据肿瘤性质、组织来源不同进行肿瘤的分类，有助于选择治疗方案并能揭示预后。按照肿瘤细胞的分化程度及其对动物健康的影响，一般分为良性和恶性肿瘤两类（表1-1）。根据发生肿瘤的组织/器官来源、形态和性质不同，分为上皮组织肿瘤、间叶组织肿瘤、神经组织肿瘤和其他类型肿瘤。

表1-1　良性肿瘤和恶性肿瘤的区别

	生长特性	组织学特点	功能代谢	对机体影响
良性肿瘤	呈膨胀性生长，生长缓慢，边界清楚、大多有包膜、与正常组织界限清楚，一般不侵袭、不转移	细胞分化良好，无明显异型性、排列规则、稀散、细胞较少，核膜较薄，染色质细腻、少，核仁不增多、变大，不易见到核分裂象	不增多、不变大	切除后不易复发，一般代谢正常，影响不大，如发生在重要器官也会引起严重后果
恶性肿瘤	浸润性或侵袭性生长为主，生长较快，边界不清楚、无包膜，大多与正常组织差别较大，有侵袭及蔓延现象	细胞分化差，有异型性、排列不规则、细胞丰富、致密，核膜增厚，染色质深、增多，核仁增多，变大，有核分裂象	一般代谢正常，影响不大	异常代谢，对机体影响大，易复发转移

二、肿瘤的命名

良性肿瘤一般是在肿瘤来源的组织名称后加上一个"瘤-oma"字来命名，如纤维瘤（Fibroma）、脂肪瘤（Lipoma）、软骨瘤（Osteochondrdoma）、腺瘤（Adenoma）和神经瘤（Neuroma）。例如，发生在皮肤或黏膜上，形似乳头的良性肿瘤，称为乳头状瘤（Papilloma）。有时，为进一步表明乳头状瘤的发生部位，如发生于皮肤的乳头状瘤，称为皮肤乳头状瘤。此外，由两种间胚组织构成的良性肿瘤，称为混合瘤。

恶性肿瘤的命名比较复杂，来源于上皮组织的恶性肿瘤称为"癌（Carcinoma）"，如肺癌、乳腺癌、皮肤鳞状细胞癌，分别起源于肺上皮、乳腺、皮肤；来源于间叶组织的恶性肿瘤称为"肉瘤（Sarcoma）"，如淋巴（肉）瘤（Lymphosarcoma）、脂肪肉瘤（Liposarcoma）、骨肉瘤（Osteosarcoma）等，分别起源于淋巴、脂肪、软骨组织；对于来源于神经组织和未成熟的胚胎组织的恶性肿瘤的命名，肿瘤的组织或者器官的前面加上"成"字，或在来源组织的后边加上"母细胞瘤（Blastoma）"，如起源于肾上腺髓质成神经细胞的神经母细胞瘤，来源于眼部视网膜的视网膜母细胞瘤和起源于肾脏胚胎细胞的肾母细胞瘤。对于某些来源还有争论的恶性肿瘤，一般是在肿瘤的名称之前加上"恶性"来完成命名，如恶性黑色素瘤等。表1-2列出了常见肿瘤组织的来源及命名。

表1-2　常见肿瘤组织的来源及命名

组织来源	良性肿瘤	恶性肿瘤
上皮组织	鳞状上皮　　　　乳头状瘤	鳞状细胞癌
	腺上皮　　　　　腺瘤	腺癌
	基底细胞　　　　基底细胞瘤	基底细胞癌
	移行上皮　　　　乳头状瘤	移行上皮癌
间质组织	纤维结缔组织　　纤维瘤	纤维肉瘤
	黏液结缔组织　　黏液瘤	黏液肉瘤
	脂肪组织　　　　脂肪瘤	脂肪肉瘤
	骨组织　　　　　骨瘤	骨肉瘤
	软骨组织　　　　软骨瘤	软骨肉瘤
	平滑肌　　　　　横纹肌瘤	横纹肌肉瘤
	间皮　　　　　　间皮瘤	间皮肉瘤

（续）

组织来源		良性肿瘤	恶性肿瘤
淋巴造血组织	淋巴组织	/	淋巴肉瘤
	造血组织	/	白血病、骨髓瘤
神经组织	周围神经细胞	神经节细胞瘤	神经节细胞肉瘤
	室管膜上皮	室管膜瘤	室管膜母细胞瘤
	胶质细胞	胶质细胞瘤	多形胶质母细胞瘤
	神经鞘膜组织	神经鞘瘤	恶性神经鞘瘤
其他	黑色素细胞	黑色素瘤	恶性黑色素瘤
	三个胚层组织	畸胎瘤	恶性畸胎瘤
	多种组织成分	混合瘤	恶性混合瘤，癌肉瘤
	生殖细胞	/	精原细胞瘤（睾丸），生殖细胞癌（卵巢），胚胎性癌

第三节　肿瘤的生物学行为

一、肿瘤的异型性

肿瘤的异型性是肿瘤的良、恶性特征之一，反映了肿瘤组织的分化程度，是区别良、恶性肿瘤重要的组织学依据。分化程度越高的肿瘤，异型性越小。良性肿瘤的异型性不明显。分化越差的肿瘤越具有明显的异型性。恶性肿瘤获得无限增殖能力，侵袭周围组织，组织结构异型性明显，失去 DNA 修复能力，导致遗传不稳定，失去正常的结构和层次，瘤细胞排列紊乱，丧失了极性，促进血管形成，提供氧气和营养，使肿瘤突破营养限制。例如鳞状细胞癌失去了正常复层有极性的排列和层次，结构紊乱，癌细胞呈巢团状或条索状排列，并可出现癌珠。

二、恶性肿瘤特征

细胞的多形性：瘤细胞大小、形态不一致，一般体积大，有时可出现瘤巨细胞。核的多形性：瘤细胞核形态不规则，大小不一，染色质颗粒分布不均。核体积大，核质比例增大［除淋巴细胞外，通常核：质＝1：（3～8），比值大于 1：2 为异常］。出现巨核、双核及奇异形核。核染色深，核膜增厚。明显的多个核仁且核仁大小不一致。核分裂象多见，特别是出现不对称性、多极性及顿挫性等病理性核分裂象（正常组织中罕见）。胞质的改变：胞质多呈嗜碱性。

第四节　肿瘤转移

转移是癌症管理中最具挑战性的难题，是恶性肿瘤的主要特征。肿瘤转移是指肿瘤细胞从原发部位扩散、侵入血管、淋巴管或体腔，在远端器官内继续生长，形成与原发瘤同样类型的肿瘤。新形成的肿瘤称为转移瘤。肿瘤的转移是一个多因素参与、多步骤完成的极其复杂的级联反应动态过程，主要取决于肿瘤细胞与宿主细胞、细胞外基质

（Extracellular matrix components，ECM）之间的相互作用。这些步骤可以同时发生，或者从某一步无间断地演化到另一步。涉及黏附因子、蛋白水解酶、运动因子及基因等因素的相互作用与调节，同时也与ECM成分、细胞表面结构、细胞骨架系统状态、细胞信号转导密切相关，而且，肿瘤细胞必须逃离免疫监制机制，失去对正常生长控制的反应性，能促进血管生成。按Liotta等提出的瘤细胞侵袭转移的三步骤假说，从分子水平上将这个过程分为以下三个环节。

一、黏附

肿瘤细胞黏附其他肿瘤细胞、宿主细胞或ECM成分的能力影响其侵袭和转移。黏附在侵袭过程中起双重作用，一方面肿瘤细胞必须先从其原发灶的黏附部位脱离，故黏附可抑制侵袭；另一方面，肿瘤细胞又需要借助黏附才能移动，肿瘤细胞在连续的黏附和去黏附中获得运动的牵引力。转移级联反应的初始步骤，是细胞从原始肿瘤块中脱离，这提示恶性肿瘤中的细胞黏附不如在良性肿瘤中那样牢固，因此使得细胞更容易从原发肿瘤中脱落。绝大多数恶性肿瘤都是癌，也就是上皮细胞的肿瘤。上皮细胞由一层基底膜（一层薄薄的细胞外物质）支持。基底膜把上皮细胞和血管化的结缔组织分开（神经、肌肉、血管和淋巴管周围都有基底膜）。上皮组织中没有毛细血管和淋巴管，上皮细胞必须从下面血管丰富的结缔组织中获取养料和氧气。因此，肿瘤细胞要进入血管和淋巴管，继而播散形成转移病灶，就必须破坏基底膜。这种黏附性的降低被认为与同源细胞黏附分子的下调相关联。

肿瘤细胞经历上皮间质转化（Epithelial-esenchymal transition，EMT），导致黏附的上皮细胞转变为高度运动的间充质细胞，这是癌症发展到侵袭和转移的早期阶段的一部分，这包括细胞骨架的重组，对维持上皮细胞细胞连接重要的蛋白质的下调，以及赋予间质特征的蛋白质的上调，导致细胞极性丧失，细胞连接溶解，基质金属蛋白酶（Matrix metalloproteinase，MMP）和其他参与ECM降解的蛋白酶的分泌。值得注意的是，各种EMT诱导剂，包括缺氧和转化生长因子β（Transforming growth factor-β，TGF-β），也能有效地激活自噬。现已鉴定出多种与黏附过程有关的细胞黏附分子（Cell adhesion molecule，CAM）超家族，如钙依赖黏附素家族、整联蛋白家族、选择素家族、免疫球蛋白超家族、透明质酸受体类（CD44分子）等，这些黏附分子均为跨膜糖蛋白，具有细胞外连接区和胞浆内功能区，由胞浆内功能区启动，胞浆外连接区与相应的配体结合，介导细胞与细胞或细胞外基质发生相互作用。黏附机制是转移过程中许多步骤中的关键，这意味着可能有多种方式干扰肿瘤的扩散，并且有可能控制转移。另外，对黏附分子表达和可溶性受体水平的评估，可能有助于诊断及预后评估。

二、降解

在癌细胞的侵袭和转移过程中会遇到一系列的组织屏障，这些屏障由ECM中的基底膜及间质、基质所组成，其主要成分包括各型胶原、层粘连蛋白（Laminin，LN）、弹力蛋白及蛋白聚糖（如硫酸乙酰肝素、硫酸软骨素、骨连接素）等。不同的基质成分是由不同的蛋白水解酶降解的。水解酶可由瘤细胞自身分泌，也可由局部宿主细胞受诱导而分泌，还可以是基质内原本存在的酶前体激活。肿瘤细胞通过其表面受体与ECM成分黏附后，激活和释放各种蛋白水解酶降解基质成分，为肿瘤细胞的移动形成通道，使贴近肿瘤细胞表面的局部区域内基质发生降解。在该处活化的酶类与内源性抑制物相互作用，这些相应的蛋白酶类抑制物可来自血液，存在于基质内或由相邻的正常细胞所分泌。癌细胞的侵袭与否主要取决于水解酶与相应抑制物的局部浓度之间平衡的结果。

三、运动

运动能力是肿瘤细胞侵袭的基本条件，也是转移的关键。肿瘤细胞移入被蛋白酶水解后的基质区，其运动方向被趋化因子诱导，肿瘤细胞得以向纵深方向移动。目前已经发现许多因素可影响肿瘤细胞的运动能力，如生长因子、ECM 成分以及宿主细胞与肿瘤细胞自身分泌的因子等。肿瘤的细胞外基质（Extracellular matrix，ECM）是一组由胶原蛋白、结构性糖蛋白和蛋白多糖等组成的细胞外环境，包括透明质酸、基底膜连接蛋白、纤维连接蛋白、软骨连接蛋白及骨质连接蛋白等多种成分。

运动是由什么触发的呢？ECM 成分在肿瘤细胞移动中起重要作用。由肿瘤细胞自身分泌并作用于自身的运动因子为自分泌型运动分子（Autocrine motility factor，AMF），这些自分泌型运动分子及其受体在启动、维持和调节肿瘤细胞的移动中起重要作用，刺激和引导肿瘤细胞沿着蛋白酶溶解基质的通道移动，既可促进随机运动（化学动力学的），又可促进定向运动（趋化的）。AMF 可诱导癌细胞伸出伪足、上调 LN 和 FN 受体水平。AMF 可能也与运动过程中伪足的附着和脱离有关，还可能与运动所必需的酶的产生和释放有关。AMF 由微管蛋白组成，化疗药物长春花生物碱类，如长春花碱、长春新碱、长春碱酰胺都是微管解聚制剂，同时也能抑制侵袭。化疗药物，如 5-氟尿嘧啶、丝裂霉素 C 不能使微管解聚，离体情况下也不能抑制侵袭。化疗药物阿霉素，离体试验时，在不影响肿瘤细胞生长的浓度下，可抑制细胞运动和侵袭。由宿主细胞分泌的作用于肿瘤细胞的运动因子为旁分泌型运动因子。以上步骤紧密配合不断重复，导致肿瘤细胞持续侵袭，直至向远处转移。

第五节　肿瘤的组织学分级和临床分期

一、组织学分级

肿瘤的组织学分级一般应用于恶性肿瘤，依据显微镜下 HE 染色切片中肿瘤细胞的分化程度、细胞异型性的大小、核分裂象或增殖指数、有无坏死、侵袭情况等确定。

细胞分化是指从胚胎时的幼稚细胞逐步向成熟的正常细胞发育的过程。肿瘤细胞分化是指肿瘤细胞逐渐演化成熟的过程。异型性是恶性肿瘤的重要组织学特征，其实质是肿瘤细胞分化程度的形态学表现，反映肿瘤组织在组织结构和细胞形态上与其来源的正常组织细胞间不同程度的形态差异。

对于上皮性肿瘤，普遍采用三级分类法，即Ⅰ级为高分化，分化良好，肿瘤细胞接近相应的正常组织发源组织，恶性程度低；Ⅱ级为中分化，细胞分化程度居中，组织异型性介于Ⅰ级和Ⅲ级之间，恶性程度中度；Ⅲ级为低分化，细胞分化差，恶性程度高。肿瘤的分级反映肿瘤的内部特征，对于客观评估肿瘤的分化程度和生物学行为、预测预后具有很大参考价值。一般肿瘤分级越高，预后越差，但并非完全一致。有时候一个恶性程度很高的肿瘤，可以在早期完全根除，从而患病动物可治愈；有时低恶度的肿瘤可能发现较晚，肿瘤已经侵袭和转移，从而患病动物不能治愈。例如犬的乳腺癌，乳腺切除术后，高分化管状腺癌预后良好，而间变性腺癌预后较差。

然而，由于肿瘤组织结构的复杂性和异型性特征，不同类型肿瘤（例如乳腺癌、淋巴瘤、骨肉瘤等，具体到某一个肿瘤类型，将在第六章详细列出）有其不同的结构特征和分级标准，且缺乏定量指标，此外，由于取材充分程度不同和对诊断标准、异型性判读的主观性差异，肿瘤分级的客观性、精确性和可重复性均受到不同程度的影响。因此，当对一个肿瘤进行分级时，必须同时进行肿瘤的临床分期或侵袭情况分析，以便得到确切的诊断结果。

二、临床分期

肿瘤的临床分期是指恶性肿瘤的生长范围和侵袭程度。肿瘤的体积越大、生长范围越宽，侵袭程度越广，患病动物的预后越差。主要依据原发肿瘤的大小、浸润的深度、浸润范围以及是否累及邻近器官、有无局部和远处淋巴结的转移、有无血源性或其他远处转移等参数来确定，反映肿瘤的侵袭转移程度和临床进展程度，是评价恶性肿瘤侵袭转移范围、病程进展程度、转归和预后的重要指标。

TNM 分期系统是目前被广泛接受和公认的能够反映恶性肿瘤进展、判断预后的可靠系统。TNM 分期系统中：T，原发肿瘤的范围；N，区域淋巴结的情况；M，有无远端转移。这三个指标又可进一步细分（如 T_1、T_2 等，N_0、N_1 等，M_0、M_1 等），表示恶性程度。如犬患恶性乳腺肿瘤被描写为：$T_{3b}NM_0$，这表明肿瘤有一定的大小（直径超过 3cm），固定在下面的筋膜或肌肉上；无论是腋窝淋巴结还是腹股沟淋巴结都是可触及和固定的；没有临床证据表明有远端转移。

原发肿瘤（T）分期说明：

T_x——对原发肿瘤不能确定；

T_0——无原发肿瘤证据；

T_{is}——原位癌或高度不典型性增生；

T_1——肿瘤侵及黏膜下层；

T_2——肿瘤侵及固有肌层；

T_3——肿瘤侵及纤维膜；

T_4——肿瘤侵及邻近结构；

T_{4a}——肿瘤侵及胸膜、心包、膈肌，临近腹膜；

T_{4b}——肿瘤侵及其他邻近器官。

淋巴结转移（N）分期说明，可通过触诊、淋巴管造影或其他程序评估：

N_x——对区域淋巴结无法确定；

N_0——无区域淋巴结转移；

N_1——区域淋巴结转移；

N_1——同侧区域淋巴结转移；

N_2——双侧或对侧淋巴结转移；

N_3——固定的淋巴结转移。

远端转移（M）分期说明：

M_x——对远端转移无法确定；

M_0——无远端转移；

M_1——有远端转移。

精确的肿瘤分期不仅是准确预测恶性肿瘤生物学行为及预后的可靠指标，也能为临床兽医提供准确的患肿瘤动物分层管理依据，还是选择辅助治疗方案、提高治疗效果的基本前提。

第二章 肿瘤病因学

肿瘤的病因迄今尚未完全清楚，主要与物理性因素、化学性因素、生物性因素、遗传因素、病毒性因素等致癌物长期反复损伤机体细胞，导致应激反应和免疫反应不断发生、发展有关；反应范围由小到大，由局部到全身，应激反应和免疫反应反复刺激损伤的机体细胞，产生氧自由基，损伤细胞DNA结构，使细胞遗传物质结构变异积累增多，细胞生长失控，形成肿瘤。肿瘤的发生是多种因素、多环节的结果，而不能用一种学说来解释各种肿瘤的病因。

第一节　肿瘤的外界因素

一、物理性因素

紫外线特别是UV-B，$280\sim320nm$，是引起白色被毛的犬猫皮肤鳞状细胞癌的致病因素。犬猫DNA吸收紫外线，导致特定突变。另外，紫外线可能会引起局部免疫抑制，这也有利于癌症的形成。紫外线引发癌症是一个多步骤过程（日光性角化病—原位癌—鳞状细胞癌）。猫的鼻镜、眼睑、耳郭最常发病，犬的腹股沟更易发病。紫外线可能也与猫结膜血管瘤及血管肉瘤有关。长期暴露于阳光下可诱发犬猫皮肤癌、黑色素瘤等癌症。电离辐射包括α、β、X、γ射线辐射，造成DNA损伤，有不到5%的病例在放疗几年后会出现放疗造成的医源性肉瘤（特别是骨肉瘤）。但是目前还没有证据表明用于诊断的X线会对宠物产生致癌影响。

二、化学性因素

目前已知的化学致癌物质有上千余种，这些物质有的是在自然界中存在的，有的是由环境污染所形成的。肝脏、膀胱是代谢和排出的主要场所，易受化学致癌因素的影响而发生肿瘤。如多环芳烃类，煤焦油中所含的多环芳烃类物质主要存在于工厂废烟、汽车尾气（犬猫的鼻腔比较低，所以比人更容易吸入汽车尾气）、燃烧的烟草以及熏制的鱼、肉中，都可能导致肺癌和胃癌。香烟中至少有60种致癌物，吸入或食入后会引发多种癌症。试验条件下，吸入香烟可诱发犬肺癌，但是尚无犬猫吸入二手烟会引起肺癌的证据；然而，在二手烟试验中，犬患淋巴瘤的风险增高3倍，鼻腔肿瘤的患病风险也有增高（长鼻品种）；有吸二手烟病史的猫患肠道淋巴瘤的风险会大大增高，患口腔鳞状细胞癌的风险也可能会增加。犬口服或者经皮肤吸收除草剂（如2,4-二氯乙酸），患淋巴瘤的概率会增加30%；又如苯氧基除草剂会增加苏格兰狭患膀胱移行细胞癌的风险。与石棉接触的犬患间皮瘤的可能性会增加。犬猫长期食用含氨基偶氮类染料、食品染料等饲料添加剂的日粮后容易诱发肝、皮肤、肠等部位肿瘤。人工合成甜精环己烷氨基磺酸钠，已证明能引起犬膀胱癌；亚硝胺类的二甲基亚硝胺、二乙基亚硝胺可诱发肝、胃、肾及食道等组织的肿瘤。碘摄入过量或缺乏引起的甲状腺病变被认为可能是诱发犬发生甲状腺癌的重要原因。

三、生物性因素

病毒、霉菌、寄生虫等与肿瘤发生存在密切的关系，能对小动物的神经、消化、泌尿、血液等系统引起毒害，有致癌或促癌作用。目前已证明包括犬猫在内的 30 多种动物的恶性肿瘤都是由病毒引起的，如犬乳头状瘤病毒、猫白血病病毒，可引起肿瘤的病毒有 150 株以上，其中 1/3 为 DNA 病毒，其余为 RNA 病毒。猫肉瘤病毒和猫白血病病毒可能会导致猫肉瘤疾病以及葡萄膜黑色素瘤；猫艾滋病和猫白血病有可能会导致猫的淋巴瘤以及其他造血系统肿瘤；乳头瘤病毒可能会导致犬/猫乳头瘤、猫纤维性乳头瘤及猫多中心原位癌（勃文氏病）。海尔曼螺旋杆菌可能会导致猫胃淋巴瘤。霉菌本身有一定的致癌和促癌作用，如黄曲霉、寄生曲霉、温特曲霉等。霉菌也可产生代谢产物——霉菌毒素，导致动物肿瘤，如黄曲霉毒素 B_1 可引起犬猫肝癌。寄生虫对动物的侵袭也易导致肿瘤，如日本血吸虫病可并发结肠癌，华支睾吸虫在肝小胆管内寄生可并发胆管癌。尾旋线虫（又称食道线虫）可能会导致犬食管肉瘤。

四、其他因素

肿瘤的发生与遗传、饮食、维生素缺乏等相关，肿瘤的发生依赖机体供给营养物质，因而机体的营养状况及食物营养成分的改变在一定程度上可能影响肿瘤的发生和发展，如高脂肪低纤维含量的日粮易导致犬猫的结肠癌。试验证明，饲料中缺乏维生素 A 的动物，易于被化学致癌物诱发出肿瘤。维生素 C 作为一种抗氧化剂，可阻断亚硝酸胺的体内合成，因而可有效地预防某些癌肿的发生。品种的倾向：约 50% 的血管肉瘤发生于德国牧羊犬，骨肉瘤多发于大型犬，甲状腺癌多发于比格犬，暹罗猫易患乳腺癌及肥大细胞瘤，恶性组织细胞增多症多发于伯恩山犬等。另外，前列腺癌多发于去势犬，发情期之前的绝育可以有效防止乳腺肿瘤的发生，睾丸肿瘤、肛周肿瘤与雄性激素相关，过于肥胖的犬猫因脂肪堆积过多，所以患脂肪瘤的概率大。

第二节　肿瘤的内在性因素

在相同外界条件下，有的动物发生肿瘤，有的却不发生，说明外界因素只是致瘤条件，外因必须通过内因起作用，促进肿瘤发生的内在性因素很多，如动物机体的免疫状态、内分泌功能紊乱、遗传因素等。

1. 免疫状态　机体的免疫状态与肿瘤的发生、扩散、转移具有重要的关系。造成免疫功能降低的因素有很多种：年龄、营养不足、过度肥胖等。动物具有先天性免疫缺陷或各种因素引起免疫功能低下时，肿瘤组织就有可能逃避免疫细胞监视，冲破机体的防御系统，从而瘤细胞大量增殖和无限地生长；若免疫功能正常，小的肿瘤可能自消或长期保持稳定。若营养不足影响机体的免疫系统，可引起幼小动物胸腺和周围淋巴组织的退化，使胸腺的免疫功能受到损害，从而增加某些组织发生肿瘤的可能性。已经证明，缺乏维生素 A、维生素 B_2 的动物，易被化学致癌物质诱发肿瘤，如口腔黏膜肿瘤、皮肤乳头状瘤等。

肿瘤发生时以细胞免疫为主，在抗原的刺激下，出现免疫淋巴细胞，释放淋巴毒素和游走抑制因子等，破坏相应的瘤细胞或抑制肿瘤生长。因此，肿瘤组织中若含有大量淋巴细胞是预后良好的标志。

2. 内分泌功能紊乱　试验证明，性激素平衡紊乱、长期使用过量的激素均可引起肿瘤或对其发生有一定的影响。肾上腺皮质激素、甲状腺素的紊乱，也对癌的发生起一定的作用。激素是神经体液调节机体发育和功能的重要化学物质，各种激素按对立统一的规律维持着动态的平衡关系。在疾病或某种原因引起内分泌失调的情况下，由于激素的不平衡，能使某些激素持续作用于敏感的组织，这种长期的慢性刺激可能导致细胞的增殖与癌变。以乳腺癌为例，动物缺乏促进乳腺生长的垂体和卵巢激素时影响乳腺的发育，不发达的乳腺组织不易发生肿瘤，因此激素成为发生乳腺癌的一个必要的因素。激素失调能诱发卵巢、睾丸、肾上腺皮质、宫颈、阴道、乳腺肿瘤等，诱发肿瘤所需的周期较长，且常需要有一定遗传背景及环境因素作为发病条件；此外，激素也能协同其他致癌因素，引起细胞的癌变，或作为其他因素的发病条件。

3. 遗传因素　肿瘤是一种遗传性疾病，表现为DNA受损后细胞生长失控。例如乳腺肿瘤发病率高的C3H纯系小鼠就是最典型的例证之一。肿瘤易感性的遗传本质取决于各种酶活性的高低和有无，如某种酶的缺失，活性的过高或过低，都可在特定的条件下成为易患某种肿瘤的条件；染色体畸变（如染色体数目和结构上的畸变），与恶性肿瘤的发生有关。

第三节　肿瘤与基因

一、*Ras*

Ras 基因是最早发现的癌基因之一，是一个在真核生物中高度保守的多基因家族，这表明在细胞增殖中起着关键作用。*Ras* 基因编码类膜结合蛋白，分子质量为 21 ku，含有 189 个氨基酸残基，参与信号转导，具有鸟嘌呤核苷酸结合活性和内源性 GTP 酶活性。通常，这类蛋白（p21ras）的活性形式与非活性形式处于动态平衡。处于非活性构象时 p21ras 蛋白可结合 GDP，在信号转导通路上游另一个蛋白的刺激下，GDP 转变为 GTP，p21ras 构象转变成活性形式。这些活化的蛋白与酪氨酸激酶结合，激活更下游的丝氨酸/缬氨酸激酶（如 raf）及丝裂原激活的蛋白激酶（Miogen aivted protein kinses，MAPK），从而介导信号的转导。随后，因其内在的 GTP 酶活性，GTP 水解生成 GDP，这些 Ras 蛋白又变为非活性状态。如果 Ras 蛋白持续处于活性状态就会出现持续的信号转导过程，最终发生细胞的恶性转化。如果在密码子 12、13 或 61 处出现点突变，则 p21ras 蛋白很可能引起恶性转化。转化可能随着 p21ras 蛋白的 GTP 结合位点或该位点附近的突变而产生，因为突变不能使 GTP 失活，从而导致 p21ras 的活性持续存在。正常的 *Ras* 基因也可因过度表达而诱导恶性转化。

二、*Her-2/neu*

Her-2/neu 基因又称 *C-erbB-2* 基因、*neu* 基因，属于酪氨酸激酶癌基因家族中的一员。NCBI 上显示该基因位于第 9 号染色体上，但 Murua Escobar 通过荧光原位杂交等试验认为该基因位于 1q13.1。通过 BLAST 对人 Her-2 与犬 Her-2 蛋白序列进行比对，发现

同源性为 92%。人 *Her-2/neu* 基因位于染色体 17q21，编码跨膜受体样的磷酸化糖蛋白（185ku），其结构与表皮生长因子受体（Epidermal growth factor receptor，EGFR）具有同源性，在细胞膜上以单体形式存在，无活性，其活性依赖于与小分子受体和配体的结合，易形成二聚体，参与细胞内信号的传导，促进细胞有丝分裂、增殖和转化。Her-2 高表达与肿瘤大小、临床分期、组织学分级、有淋巴结转移呈正相关，与雌激素受体、孕激素受体表达呈负相关，且表达越高，预后越差。当 Her-2 过高表达时，犬乳腺癌的复发率升高。具有高表达 Her-2 的原发性乳腺癌在其配对淋巴结转移中也有高表达现象，但与预后不相关，需要进一步的深入研究。Her-2 是判断乳腺癌预后和内分泌治疗效果的潜在肿瘤标志物之一。

三、*Bcl-2*

Bcl-2 基因（即 B 细胞淋巴瘤/白血病-2 基因）是一种癌基因，位于染色体 180q21。Bcl-2 见于各种分化的上皮细胞中，而且都在干细胞及细胞增殖区。Bcl-2 蛋白的两个定点突变区 BHI 和 BH2 对 Bcl-2 与 Bax 的结合十分重要，Bax 是 Bcl-2 家族的一员，能促进细胞死亡，与 Bcl-2 的相互作用对调节细胞凋亡也是必要的。在淋巴瘤及非淋巴瘤中均检测到了 Bcl-2 的表达，如在实体瘤中，Bcl-2 的表达见于某些对激素治疗有效的上皮性肿瘤，如乳腺癌。因此，检测 Bcl-2 蛋白有一定程度的诊断和预后价值。检测 *Bcl-2* 基因突变的方法包括：Southern 杂交、PCR-SSCP 及直接测序。免疫细胞化学法、Western 杂交及流式细胞仪可测出 Bcl-2 蛋白的表达。Bcl-2 蛋白的表达既可区分活动性淋巴滤泡增生与淋巴滤泡瘤，也有助于对白血病及淋巴瘤患者的预后判断。对于高度恶性的 B 细胞淋巴瘤，Bcl-2 蛋白是一个主要预测因子，可单独预测总体生存率、无病生存率及无复发生存率等，也可联合与预后不良相关的 p53 的异常表达进行预测。

四、*p*53

*p*53 被认为是典型的肿瘤抑制基因，位于 17 号染色体的短臂——17p13.1，长 20kb，含 11 个外显子，但第 1 个外显子不编码蛋白。该基因编码一个 393 个氨基酸残基的核磷酸蛋白，其 N 端及 C 端均有磷酸化位点，中央有一个与 DNA 相互作用的锌指结合域，C 端还有一个四聚体化域和核定位区。分子质量为 53ku，分为野生型和突变型两种亚型，前者能抑制某些可促使细胞进入有丝分裂的酶的活性，阻止细胞进入 DNA 合成期，抑制细胞的分裂和增殖，并使 DNA 损伤有充分的修复时间，即使不能修复，野生型 p53 蛋白还能启动细胞的凋亡过程，防止细胞的恶性转化（即参与细胞周期的调控），在维持细胞生长、抑制肿瘤增殖过程中起重要作用；当其转变为突变型 *p*53 基因时，则失去了对细胞生长的抑制功能，促进细胞转化和过度增殖，导致肿瘤的形成。当细胞 DNA 损伤后，野生型 *p*53 基因过度表达，使受损细胞停顿在 G_1-S 期修复或发生凋亡，并激活 *Bax* 基因，抑制 Bcl-2 的活性，促使细胞凋亡。但突变型 p53 蛋白不仅失去对细胞异常增殖的抑制作用，而且部分表现出癌基因的促进细胞异常增殖的作用，使细胞的全部表型出现恶性化。各种类型的肿瘤几乎都存在 *p*53 基因的突变，尤其是乳腺癌、肝癌及膀胱癌，但不同癌症中 *p*53 基因的突变频率及突变类型差异很大。p53 突变作为乳腺癌复发的潜在标记物，是判断乳腺癌良、恶性病变的参考指标，但不足以作为预后评估的指标。

五、*myc*

myc 是具有螺旋-环-螺旋结构的亮氨酸拉链超家族中的一员，该家族中至少有 7 个关系密切的基因。研究得最多的就是 *c-myc*（细胞来源的 *myc*）、*n-myc*（最初从成神经细胞瘤中分离）和 *l-myc*（最初来源于小细胞肺癌细胞）。*myc* 基因编码参与转录调控的核 DNA 结合蛋白，myc 蛋白通过 C 末端的螺旋-环-螺旋结构域生成同源/异源二聚体。其中，与 max、mad 及 MX11 等分子形成的是异源二聚体。max 与 myc 结合后能抑制 *myc* 基因的转录活性，而 mad 及 MX11 与 max 结合则将 myc 蛋白释放出来，使其发挥转录激活物的作用。myc 参与调控正常细胞的增殖、转化及分化。在非转化的正常细胞中的表达依赖生长因子，对细胞周期的变化很关键。此外，myc 参与细胞凋亡的调控。在多种类型细胞中，如果细胞丧失了特定的生长因子，myc 就能诱导细胞凋亡。

六、增殖细胞核抗原（Proliferating cell nuclear antigen，PCNA）

PCNA 是一种分子质量为 36ku 的细胞核内特异表达的核蛋白，是 DNA 聚合酶 δ 的辅助蛋白，是细胞周期所必需的物质，又称周期蛋白，在细胞增殖调控中起着促进 DNA 合成的重要作用，是近年来用于观察细胞增殖活性、DNA 复制的一个重要指标。从 G_1 到 M 期均有表达，在 S 期达最高峰，M 期为低浓度表达。随着癌组织学分级的增高，恶性程度越高，PCNA 蛋白阳性率也越高，细胞核内出现棕黄色或棕褐色颗粒的染色强度也增强。PCNA 高表达，则瘤细胞增生活跃，分化差，恶性程度高。PCNA 表达与临床分期、淋巴结转移、肿瘤复发、远端转移呈正相关，与 5 年生存率呈负相关，是客观反映细胞恶性程度和预测评估预后的一项有价值的指标，并对肿瘤良、恶性的判断有应用价值。

七、血管内皮生长因子（Vascular endothelial growth-factor，VEGF）

VEGF 又称血管通透因子，以同源聚体的方式存在的糖蛋白，是一种内皮细胞分裂素，能够与内皮细胞表面的 III 型酪氨酸蛋白激酶受体特异性结合。常见的受体类型有 VEGFR-1（Fit-1）、VEGFR-2（KDR）、VEGFR3（Fits）。VEGF 为作用于血管内皮细胞的血管内皮生长因子，诱导血管形成的功能已被许多试验所证实。肿瘤的生长依赖肿瘤新生血管的形成，血管生成对肿瘤的发生、侵袭和转移至关重要，是肿瘤增殖与发生转移的主要影响因素。VEGF 是活性最强的血管生成因子之一，具有使小静脉和微静脉通透性增加、促进血管内皮细胞分裂和增殖、促进细胞质钙降解素的作用。有研究表明，乳腺癌组织中 VEGF 的表达明显高于正常乳腺组织。血液循环中的 VEGF 可成为多种肿瘤的标志物，反映血管生成的活性及肿瘤演进过程。

八、Ki67

Ki67 蛋白全长 29965bp，包括 5′端的 74bp 和 3′端的 264bp，由 15 个外显子（长67～6 845bp）和 14 个内含子（长 87～3 569bp）组成。第 13 个外显子居于该基因的核心部位，有 16 个相连的同源序列，每个序列长 366bp，含有一高度保守的 66bp 片段（Ki67 基元），编码 Ki67 的抗原决定簇。Ki67 有两个亚型，分子质量分别为 345ku 和 395ku。Ki67 是与细胞增殖相关的核抗原，主要位于细胞核内，其抗原表达随细胞周期的变化而变化，其在 G_0 期细胞不表达，在 G_1 后期出现表达，在 S 期、G_2 期表达增多，至 M 期表达至高峰，有丝分裂结束后迅速降解消失。Ki67 蛋白似乎在细胞分化中起着重要的作用，但是从该抗原的发现至今已近 30 年，其确切作用及全部功能尚未完全明确。临床研究发现，正常的乳腺组织和非癌性乳腺组织中也可表达 Ki67，但一般不超过 3%。目前大量研究表明，在乳腺癌组织中 Ki-67 的表达水平远高于正常组织，是判断乳腺肿瘤良性、恶性及预后的良好指标。

九、环氧化酶（Cyclooxygenase，COX）

COX 又称前列腺素内氧化还原酶，是一种双功能酶，具有 COX 和过氧化氢酶活性，是催化花生四烯酸转化为前列腺素的关键酶。COX 至少有 COX-1（结构型）和 COX-2（诱导型）两种同工酶。前者在多数组织细胞内呈稳定表达，主要参与机体各种生理功能的调节；后者在正常组织细胞中多不表达，生长因子、细胞因子和肿瘤促进剂可刺激其表达，参与多种生理病理过程。COX-2 的表达主要位于肿瘤细胞的细胞质中，部分位于细胞核。COX-2 在正常乳腺组织中几乎检测不到，但在良性增生组织中表达增高，在异常增生组织及恶性癌变细胞中表达更高。在癌前病变组织中，COX-2 的过度表达先于调控凋亡和血管生成相关因子的表达变化。因此，COX-2 可能是癌发生的早期标志。

第三章　肿瘤诊断

提高恶性肿瘤治愈率的关键在于早发现、早诊断、早治疗。对于患肿瘤的动物，需要对其进行完整的体格检查和肿瘤标志物的检测，因为临床确诊的动物，一般早期仅有一些非特异性的症状（如呕吐、创伤、淋巴结肿大等），故选择合适的诊断方法对肿瘤性疾病的诊断十分重要。为此，寻找正确、可靠的早期诊断方法成为世界各国研究的重点。目前，肿瘤的诊断方法主要有细胞学诊断、病理学诊断、影像学诊断、内镜诊断和实验室诊断等。

第一节　肿瘤标志物

一、肿瘤标志物

肿瘤标志物（Tumor biomarker，TM）是一类间接反映肿瘤的存在和瘤体的生长状态的化学或生物类物质。它是在肿瘤的发生、发展过程中产生的，正常细胞内没有或表达含量很低的特异性物质，或在肿瘤组织、血清等中的含量大大超过正常时或良性疾病时的含量。它的存在或含量的变化能够提示肿瘤的性质，便于了解肿瘤的组织发生、细胞分化、细胞功能，有助于肿瘤的早期筛查、协助诊断、肿瘤分期、预后判断及治疗指导。

二、肿瘤标志物的主要特征

肿瘤标志物是广泛分布于肿瘤细胞表面或通过分泌途径进入血液的一类特殊的生物标志物，具有以下基本特征：①必须由恶性肿瘤细胞产生（如某些抗原或蛋白），并可在血液、组织液、分泌液或肿瘤组织中检测到；②正常细胞组织或良性肿瘤中不表达或少量表达；③临床上尚无明确肿瘤诊断证据之前就能测出，特异性强，尤其是组织器官的特异性强；④肿瘤标志物的含量变化能反映肿瘤的大小及转移；⑤在一定程度上有助于评估治疗效果、预测肿瘤的复发和转移。

三、肿瘤标志物的分类

根据肿瘤标志物的来源及特异性，大致可分为两大类：

（1）肿瘤的特异性标志物　如前列腺特异性抗原（Prostate antigen，PSA）为前列腺肿瘤的特异性标志物。

（2）肿瘤的辅助性标记物（在组织类型相似而性质不同的肿瘤中，其水平出现变化）　大多数肿瘤标记物属于此类，这类标记物在良性肿瘤和正常组织中也可出现，但在肿瘤发生时，其水平明显高于良性肿瘤和正常组织。

根据肿瘤标志物本身的化学特性可分为肿瘤胚胎性抗原标志物、糖类标志物、酶类标志物、激素类标志物、蛋白质类标志物、基因类标志物等。

四、常见的肿瘤标记物及其临床意义

1. CA-153（Carbohydrate antigen 153，糖类抗原-153）　血清中的 CA-153 是目前公认的对乳腺癌检测较为特异的肿瘤标志物之一，是乳腺细胞上皮表面糖蛋白的变异体。CA-153 是 *MUC-1* 基因的可溶性产物，分子质量约为 400ku，除在乳腺癌中呈现高特异度、高灵敏度外；同时，CA-153 是检测乳腺癌术后复发的最佳指标，对临床治疗疗效的评估具有重要意义，在乳腺癌的中晚期以及术后复发、转移的过程中，CA-153 的价值尤为突出（若 CA-153 浓度降低，说明治疗达到良好效果；若 CA-153 浓度保持恒定或不断升高，则说明肿瘤有所发展或治疗效果不佳）。在乳腺癌复发、转移的过程中，CA-153 的检测灵敏度最高，可达 65.18%。1997 年美国 FDA 批准 CA-153 作为 Ⅱ/Ⅲ 乳腺癌复发的检测指标。然而，由于单独检测 CA-153 时乳腺癌的阳性检出率波动幅度较大（22.5%～70%），临床上需将 CA-153 与其他肿瘤标志物联合检测辅助早期诊断乳腺癌。CA-153 在其他恶性肿瘤（如肺癌、卵巢癌和胰腺癌）也有一定程度的表达。

2. CA-125（Carbohydrate antigen 125，糖类抗原-125）　CA-125 是一种相对不均一的高分子质量的黏蛋白样糖蛋白，兼有膜结合型与游离型 2 种类型，主要含半乳糖、N-乙酰氨基葡萄糖和 N-乙酰氨基半乳糖链，蛋白部分富含丝氨酸，分子质量为 200ku，又名 CA-125/MUC-16。CA-125 作为卵巢癌筛查、诊断、病程监测、预后和治疗等的基础检测指标，正常卵巢上皮细胞并不表达此种蛋白，其含量高低与卵巢上皮癌的分期呈高度相关性。试验表明，CA-125 在卵巢上皮性癌组的阳性检出率为 50%～90%，在卵巢良性肿瘤组的阳性检出率仅为 23.68%，在晚期病例中，其阳性率达 80%～85%。此外，CA-125 的水平也影响预后。卵巢癌的分期越高，CA-125 的阳性率越高，其中 Ⅳ 期阳性率最高，其次依次为 Ⅲ 期、Ⅱ 期、Ⅰ 期。早期诊断阳性率低，CA-125 的水平随着病情的发展而升高。CA-125 是诊断卵巢癌和子宫内膜癌的特异性标志物，其对乳腺癌的诊断阳性率 24.6%～38.0%（与其他肿瘤标志物联合检测，可提高乳腺癌检测的敏感性和特异性，弥补单一检测指标的不足）。

3. 癌胚抗原（Carcinoembryonic antigen，CEA）　癌胚抗原是最早被应用于临床的肿瘤标志之一，1965 年由 Gold 和 Freadman 首次发现于胎儿和结肠癌组织中，是一种具有胚胎抗原特异决定簇的酸性糖蛋白，其编码基因位于 19 号染色体，属于非器官特异的肿瘤细胞表面结构抗原。CEA 含量变化与肿瘤体内的癌基因变化有关，当细胞的基因调控受到损伤后，体内相关胎儿蛋白可中心合成；肿瘤细胞可大量合成 CEA，并释放入血，故血清 CEA 明显增多。CEA 在黏附方面发挥重要作用，如存在于癌细胞间或癌细胞与基质细胞间时，可促使二者相互结合，对肿瘤细胞的生长发育和转移均起着重要辅助作用。CEA 的检测对于评估肿瘤术后复发的敏感度极高，可达 80% 以上，往往早于临床检查、病理检查及 X 线检查，术前 CEA 浓度越低，说明病期越早，肿瘤转移、复发的可能越小，生存时间越长；反之，术前 CEA 浓度越高，说明病期较晚，难于切除，预后差。CEA 常作为乳腺癌、肺癌等诊断中的一种辅助肿瘤标志物。

4. 甲胎蛋白（Alpha fetoprotein，AFP）　AFP 是一种糖蛋白，分子是单一多肽链，属于白蛋白家族，其主要在胎儿时期的卵黄囊和肝脏细胞中合成，分子质量约为 70ku，

结构类似于清蛋白。AFP 是一种特异性较强的原发性肝癌标志物。当动物血清中出现高浓度的 AFP 时，机体的免疫功能将出现典型的抑制作用。其作用机理可能是 AFP 抑制 T 细胞的功能，使 T 细胞不表达任何免疫活性。另外，胎儿发育、肝脏再生、肿瘤细胞增殖等生长状态均可被 AFP 抑制。AFP 还可以与某些抗肿瘤药物（如阿霉素、柔红霉素、顺铂、氨甲蝶呤等）结合，通过胞吞作用转移到肿瘤细胞内，起到抗肿瘤作用。AFP 可作为临床肝癌早期诊断的标志物，但其灵敏度差，在一定程度上影响其在肝癌诊断中的临床实用性，对于 AFP 升高的病例，要全面分析。另外，AFP 也可用于睾丸癌等生殖道肿瘤的筛选。

5. 组织多肽特异性抗原（Tissue polypeptide specific antigen，TPS）　TPS 位于细胞角蛋白 18（CK18）片段上的细胞角蛋白 18a 螺旋区，分子质量为 12～43ku，由于所含有的抗原决定簇 M3 能特异地反映肿瘤增殖活性，故将其命名为 TPS。TPS 可特异地与 M3 单克隆抗体结合，是一种新型的反映肿瘤细胞分裂增殖活性的肿瘤标志物。在恶性上皮细胞和转移细胞的 S 晚期和 G_2 期合成，尤其在肿瘤细胞增殖活跃期间，细胞分裂后，TPS 高表达并释放入血或其他体液中，可以更好地体现肿瘤的生物学行为。各项研究结果提示 TPS 在肿瘤的早期诊断、预后判断等方面较现有的 CA-153、CA-125、CEA 敏感性更高。TPS 对于乳腺癌早期诊断的灵敏度较高，但器官组织特异性并不强，其广泛地表达于各种上皮细胞来源的肿瘤中，因此对于乳腺癌的独立诊断准确度并不高，需与 CA-125、CA-153 等肿瘤标志物联合检测，为乳腺癌的鉴别诊断提供更为可靠的参考指标。

6. 性激素受体　乳腺癌是一种激素依赖性疾病，检测乳腺组织中的雌激素受体（ER）、孕激素受体（PR）、催乳素水平，对于乳腺癌的预后和评估内分泌治疗效果具有重要意义。ER/PR 存在于细胞核中，对雌激素、孕激素有高度亲和力。正常的乳腺组织中性激素受体含量很低或检测不出性激素受体，其异常表达在人和犬乳腺癌中均可出现，其表达水平可指导预后和治疗方式。侵袭性最强的三阴性型乳腺癌（缺乏 ER-α 表达）与 ER-α 启动子甲基化有关，但在 ER-α 阳性和阴性的犬乳腺癌中，甲基化模式没有显著差异。临床研究表明，高分化癌组、无转移组的 ER、PR 阳性率均分别高于低分化癌组和淋巴结转移组；如果雌激素受体和孕激素受体阳性，则内分泌治疗有效，预后良好；如果阴性，则提示不能或很少从内分泌治疗中获益，预后差。目前，ER/PR 已经被确定为乳腺癌的生物学标志物。

7. 乳腺球蛋白（Human mammaglobin，hMAM）　hMAM 作为乳腺癌异性肿瘤标志物，在乳腺癌的早期诊断中有较好的临床应用前景。hMAM 作为一种乳腺特异蛋白，当特异性改变触发在乳腺上皮细胞时，在乳腺癌组织中呈现高表达，较非恶性乳腺组织升高至少 10 倍，仅在乳腺组织中表达；组织特异性强，其表达与癌细胞分化无关。通过 RT-PCR 方法检测了 hMAM mRNA 在犬乳腺癌中的表达水平，其在转移性乳腺癌中的阳性率远远高于非乳腺肿瘤，表明 hMAM 是具有高度乳腺组织表达特异性的新兴肿瘤标志物，与其他乳腺特异性癌基因联合检测，可提高检测的敏感性及特异性。hMAM 疫苗的研究一直在不断地发展中，有望在未来制备出针对 hMAM 的肿瘤疫苗，以提高乳腺癌的治愈率。

五、肿瘤标记物的临床应用

肿瘤标记物在肿瘤早期诊断、药效评估及预后判断等方面发挥着极其重要的作用，由于肿瘤细胞具有独特的生物学特性,同一种肿瘤可产生一种或多种肿瘤标记物,单一标志物的检测的灵敏度、特异性及准确性很难达到理想水平,同时一种标记物可以同时在多个肿瘤中被检测出,准确性低,难以起到早期诊断的目的,甚至会造成假阳性的结果出现,而多项联合检测可以提高灵敏度及特异性,是提高肿瘤诊断和鉴别诊断水平的一种比较理想的诊断方法,同时也是目前的发展需要。

第二节 细胞学诊断

细胞学诊断是肿瘤诊断的重要组成部分。其特点是将外部肿块、体内内部肿块及液体(体腔液、脑脊液等)标本制成涂片,在光镜下观察,结合临床资料做出诊断。癌细胞比正常细胞更易脱落,如圆形上皮细胞瘤>上皮细胞瘤>间质细胞瘤。细胞学诊断是一项损伤组织较少、操作简便、便于重复检查、廉价的检测方法,可以通过观察细胞的形态特征来正确判读是否为肿瘤细胞(感染/炎症),识别伪像。不足是无法对组织结构进行观察与评估,采样和判读人员需要经过专业训练,无法提供组织学分级及评判切缘。

一、样本采集

通过细针穿刺技术(Fine needle puncture technique,FNA)获取病变组织(皮肤肿物、淋巴结、胸腔及腹腔肿物)及体腔液等样本进行细胞学检查的一种常用方法。此法操作简单,快速方便。缺点为取材不能直观,有可能引起出血、血行转移或沿穿刺道种植的危险,而且吸得的组织很小,易被挤压,很难判断肿瘤的结构,难以获取深部脏器的病变。

1. 实体肿物样本的采集 通常采用负压穿刺技术或非负压穿刺技术采集实体肿物样本,样本采集时间控制在5~10s,操作方法如下:

(1)器具准备 选用5~10mL的注射器或带有套管针的骨髓穿刺针(在大型犬,穿刺肝脏或脾脏等),带有磨砂面的载玻片,铅笔(用于标记日期、病变部位)等。

(2)负压穿刺技术 保定患病动物,首先进行常规皮肤消毒,穿刺者左手食指和拇指对肿块及其周围的皮肤进行固定;右手持注射器(或穿刺针)由皮肤表面进针,进针夹角为45°左右,带针头插入肿物或器官,向外抽出活塞,保持负压。从肿块的多个方向和角度分别抽吸2~3次,慢慢放松针芯,使负压逐渐消失,快速地将针头拔出,并压迫止血。胸腹部肿物(肝脏、脾脏、纵隔)最好在超声引导下进行细针穿刺。将针头内的穿刺液轻轻吹到干净的载玻片上。

(3)非负压穿刺技术 有两种方法可以用于样本采集。一种是单针技术,用未连接注射器的针头插入已消毒的组织内,在组织中快速来回移动针头4~6次,细胞脱落进入针头,拔出,快速地将针头内的穿刺液进行涂片;另一种是用带有空气的针头注射器在组织内快速移动,拔出,将病料吹到载玻片上,涂片,可按血涂片的制作方法或使用压片制备细胞学涂片,不能涂太厚。

2. 体腔液样本的采集 采集体腔液(如胸腔积液、腹腔积液、脑脊液)后,经直接涂片法、细胞离心涂片技术、普通离心沉淀法(1 000r/min,离心5min)、内部沉淀法制备涂片。

3. 细针抽吸样本进行细胞学诊断的注意事项

（1）造成误诊和漏诊的原因　易受到制作涂片和针吸穿刺的影响，比如：肿块体积小且部位过深，或者肿块面积过大，但只有一部分存在病变，以至于在检测过程中没有采集到比较有效的细胞成分。另外，周围组织和肿块之间的界限不清，无法对肿瘤的范围进行确定，导致穿刺未接触到真正的肿块。抽吸的血液过多、细胞量少及组织少、涂片质量不佳等都会影响最终的结果。病理阅片经验不足，对癌细胞没有全面清楚的认识，导致漏诊。

（2）提高细胞学诊断准确性的措施　提高细针穿刺技术水平；取材必须做到位，取材均匀涂片，保证足够的细胞量，避开坏死部位。当血液或黏液过多时，可选取灰白色颗粒物涂片，减少人为造成细胞变形。当肿瘤位置较深或者肿块较小时，可考虑采用超声引导下定位进行穿刺，肿块面积较大时可以进行多方位的穿刺；在进行针吸之前，必须要了解患病动物的临床病史以及相关的影像学检查结果，避免单纯依靠细胞形态进行诊断，导致诊断结果不准确；兽医在诊断的过程中必须严格按照相应标准执行，阅片时进行仔细观察和比较，避免单纯依靠上皮细胞分化进行诊断的片面性，使细胞学诊断的准确性得到进一步提高。对于可疑病例，或是临床诊断和细针穿刺细胞学（FNAC）诊断结果不符合的病例需进行组织病理学检查，可在一定程度上有效弥补细胞学诊断假阴性缺陷。

二、染色技术

兽医学上有多种染色方法可供使用，染色之前，涂片风干，一般情况下不用固定，常用的染色方法有迪夫-快速（Diff-Quik）染色法、姬姆萨染色法、新亚甲蓝染色法（网织红细胞染液，用于显示细胞核及核仁结构）。染色方法操作简单，染色时间的长短取决于染液使用时间和细胞量。染液应密封、避光保存，有时还需过滤杂质和出现的污染物。

三、样本检查

1. 实体肿瘤样本的细胞学检查

（1）样本评估　初步用肉眼观察染色后的涂片，大量的细胞易聚集在涂片的边缘处，先选择在低倍显微镜下（10×）下观察整体细胞情况，评估细胞构成和样本的背景，确定采集的样本是否能用于诊断，然后选择着重诊断的局部区域，在更高倍镜下或油镜下观察（100×）。根据细胞类型确定病变是炎性还是非炎性，肿瘤多发生于中老年犬，伴随炎症性病变，炎性感染会出现分叶状中性粒细胞，确定增生和肿瘤。由于肿瘤组织属于"新生组织"，细胞学界定潜在肿瘤的标准在于细胞类型和恶性特征，而肿瘤细胞分良性和恶性，良性肿瘤细胞的形态更规则（类似于轻度增生组织的细胞）。

（2）肿瘤细胞类型　根据细胞的起源，将肿瘤细胞分为三大类：离散的圆形细胞、上皮细胞、间质细胞。圆形细胞：细胞外观呈圆形，易脱落，单个存在，如肥大细胞瘤、淋巴瘤、浆细胞瘤、组织细胞瘤、黑色素瘤、传染性性肿瘤等。上皮细胞：细胞脱落良好，细胞成簇或团块状分布，细胞多形性，连接紧密，单个细胞的边缘清晰，核为圆形，胞浆丰富，有时可见腺体和乳头样结构。间质细胞：来源于结缔组织的细胞，不易脱落，大多数有卵圆形至长形的细胞核（脂肪细胞除外），有时呈典型的纺锤形、梭形，胞浆边缘不清晰。

（3）细胞学诊断中恶性肿瘤的判读标准

①细胞大小不等（细胞大小的变化）　多数癌细胞的体积都比较大，但有的癌细胞较小，即所谓"矮小"癌细胞。非恶性细胞也有增大的，如炎性增生细胞和妊娠期生殖道的细胞都可增大，但其核质比例保持正常。

②细胞多形性（形态不一）　细胞变得很长，像一条纤维，或出现蝌蚪形及各种奇形怪状的细胞。

③细胞核的改变（核大小不一）　核大、核质比例增大；存在多核细胞。

④核质比改变（肿瘤细胞核比例升高）　染色质异常分布。

⑤核仁的异常　核仁大小、形状不一或多核仁。

⑥不正常的有丝分裂象。

2. 淋巴结的细胞学评估　淋巴结状态与肿瘤的类型相关（如肥大细胞瘤、上皮细胞瘤、黑色素瘤），评估淋巴结状态可为肿瘤学分期提供依据。对增大的淋巴结进行细针抽吸检查，有助于鉴别肿瘤和反应性病变。例如，反应性增生是淋巴结病变中最常见的类型之一，以中淋巴细胞和不成熟淋巴细胞数量增多为特征；化脓性淋巴炎以中性粒细胞数量增多为特征。大多数的恶性肿瘤可以通过淋巴系统转移，但肉瘤一般通过血液循环系统转移。

3. 体腔液样本的细胞学检查　临床上对动物体腔液的细胞学检查，可为肿瘤的诊断提供大量的信息。

根据病因学可将体腔积液分为蛋白缺少性漏出液、蛋白富含性漏出液、渗出液（表3-1）。蛋白缺少性漏出液见于严重的低蛋白血症（通过<12g/L）和淋巴管阻塞，犬比猫更常见；蛋白富含性漏出液见于肺或肝的晶体渗透压升高，分别见于心衰或肝病引起的门静脉高压所致。肉眼上难以描述蛋白缺少性漏出液和蛋白富含性漏出液，颜色从无色到黄色或橘黄色，眼观透明至微浊。细胞学上，两种漏出液由不同的非退行性中性粒细胞、巨噬细胞、少量的小淋巴细胞和间皮细胞组成。渗出液通常是由于感染、炎症或肿瘤引起的，用肉眼观察是混浊的，多见中性粒细胞，细胞核肿胀且分叶不明显，染色质淡染。

表3-1　根据有核细胞总数和蛋白浓度对积液进行分类

项目	有核细胞（$\times10^9$/L）	总蛋白（g/L）
蛋白缺少性漏出液	<1.5	<20
蛋白富含性漏出液	<5.0	>20
渗出液	>5.0	>20

依据积液的病因和定性试验又可分为出血性积液、乳糜性积液、肿瘤性积液、心包积液等。

（1）出血性积液　血细胞压积（PCV，>10%）接近外周血，需要与医源性出血对比检测，肉眼观察呈血性的液体，通常采用普鲁士蓝染色确定（巨噬细胞中含有含铁血黄素或类胆红素结晶，铁被染为蓝色/绿色）。肿瘤引起的出血性积液应与创伤、抗凝血药（如杀鼠药）引起的出血性积液相鉴别。

（2）乳糜性积液　由于富含乳糜微粒/甘油三酯的胸导管或其他淋巴管渗漏引起，也可在腹腔形成。外观呈典型的奶油样白色。细胞学上，以小淋巴细胞为主。由于吞噬脂肪，巨噬细胞高度空泡化。慢性的乳糜性积液中可见中性粒细胞和少量的肥大细胞、嗜酸性粒细胞和浆细胞。实验室检测，真性与假性乳糜性积液的区别是，前者有能着染苏丹染料的脂滴（乳糜颗粒），积液中甘油三酯浓度大于血清浓度，胆固醇浓度小于血清浓度（非乳糜性积液时结果相反），胆固醇∶甘油三酯变小，积液能被碱性溶液和乙醚萃取物清除。鉴别诊断包括猫心脏病、胸导管破裂和淋巴阻塞（肿瘤或非肿瘤性）。

（3）肿瘤性积液 积液中可能存在来源于实质性肿瘤或白血病的细胞。对怀疑有积液的动物，需要通过沉淀细胞学方法对穿刺液进行检测。癌细胞可能是从淋巴管渗漏并转移至浆膜细胞表面，脱落进入积液中。常见于乳腺肿瘤、前列腺癌和胰腺癌，血管肉瘤的细胞很少产生含有肿瘤细胞的积液。

（4）心包积液 在犬大约 50% 为特异性的，其余多为肿瘤引起的心包积液。在猫，心包积液常与充血性心衰和猫传染性腹膜炎（Feline infectious peritonitis，FIP）有关。在心包积液中脱落的间皮细胞常为反应性的，与肿瘤细胞难以区别。鉴别肿瘤和非肿瘤性因素有助于诊断和预后判断。

第三节 组织病理学诊断

肿瘤的组织病理学诊断可为鉴别肿瘤与瘤样病变、良性与恶性，确定肿瘤的组织学类型与分化程度，以及恶性肿瘤的扩散范围，临床选择和制订合理的治疗方案、推测预后等，提供重要的依据。此外，病理形态学资料的不断积累和总结，可为研究各种肿瘤发生、发展规律、促进和提高肿瘤防治水平等奠定重要的理论基础。

一、活体组织样本的采取与检查

活体组织检查可以提供明确的肿瘤学诊断，对之前的诊断加以补充或提供治疗方案。

1. 钳取活检 临床肿瘤工作中最常用、最简便的取材方法之一。适用于体表或腔道黏膜的浅表肿瘤（皮肤、口唇、口腔黏膜、鼻咽、宫颈等），特别是外生性或溃疡性肿瘤。钳取活检特别要注意钳取部位，观察肿瘤的大体情况及其与周围组织的关系，对于纤维血管瘤、恶性黑色素瘤、骨肉瘤等不应采用钳取活检。对于外生性肿物，在采取稍微深部的组织的同时，最好还带有肿瘤的蒂或其基底部，以便观察有无浸润。对于溃疡性肿物，避免在肿瘤溃疡中心部取样，而应钳取溃疡边缘与正常组织交界处的组织，便于做出正确诊断。此外，当钳取组织时，应注意较脆而容易碎裂的组织，以癌/瘤的可能性较大；较韧而不易钳取的组织，则可能是良性病变。用内腔镜所采取的组织块往往很小，因此，术者必须仔细地将钳内所有微小组织块取出，均应取黏膜表面朝上的位置粘在滤纸上，迅速固定，以防丢失与干涸。

2. 切取活检 切取活检指从病变处采用楔形切口的方式，切取小块组织样本，进行病理检查。优点是取材部位较准确，组织损伤较小。适用于病变体积较大，部位较深，或尚未破溃的肿瘤。也应用于剖胸、剖腹探查时，确定病变的性质或肿瘤有否转移。切取活检时，要明确肿块的部位与深度，对肿瘤性质初步估计。取材要在肿瘤的边缘处切取无明显出血、坏死的组织。

3. 切除活检 切除活检适用于较小或病变较浅的良性肿瘤、增生及恶性肿瘤等。例如皮肤肿瘤，在肿瘤体积不大的情况下，尽可能将其完整地切除。如疑为恶性肿瘤，一般切除范围要大一些，要将肿瘤周围一定范围的正常组织一并切除，避免复发。检查切除样本时，必须注意肿瘤边缘及底部是否已切除干净。

对于切除活检的肿瘤组织，取材要充分，大小厚度要适当，特别是要取肿瘤边缘组织。组织样本离体后应在半小时内保存于含有中性福尔马林缓冲液的样本瓶中（10％水溶液）进行浸泡固定，避免组织受挤压而变形，固定液的体积应为组织体积的4~10倍，固定24~48h，再进行石蜡包埋，HE染色（苏木精-伊红染色）后进行光学显微镜下观察。分析病变时，切忌带主观性、片面性或表面性，结合临床的体格检查、病变部位的大体照片、实验室检测、影像学检测及结合镜下的细胞学形态变化做出正确的诊断。

4. 体腔液的切片检查 检查胸腔、腹腔积液癌细胞时，首先将其离心沉淀，除去上清液，用95％酒精固定沉淀，或加少许蛋清使其凝集，进行石蜡包埋，制作切片观察。有时可取得小块的瘤组织，对诊断更有帮助。

二、病理学诊断报告的书写

书写病理报告时，对于有充分形态学依据的肿瘤，应直接写出诊断。对于少数疑难病例，应详细描写病理所见，根据形态学的可靠程度，分别写出"很可能、可能或不能排除×××"的诊断。若病理形态缺乏特殊性，但符合临床表现时，可写"符合×××"，其目的是正确地反映客观事实，使病理诊断与临床更为接近。

第四节　影像学诊断

兽医学中，肿瘤的影像学诊断主要包括普通X线检查、超声成像、CT检查（电子计算机X线断层扫描技术）、核磁共振检查（Nuclear magnetic resonance imaging, MRI）等，有助于早期发现、早期诊断以及评估是否发生转移，从而提高肿瘤诊断的准确性。

一、X线检查

常规的X线检查是中老年患病动物最基本的检查项目之一。X线本质上是一种波长很短的电磁波，具有穿透性、荧光效应和摄影效应等。X线检查一般拍摄方位包括左侧位/右侧位，背腹位/腹背位。口腔的X线检查可以评价术前骨破坏的程度，患有乳腺癌和淋巴瘤的动物，X线检查胸部和腹部是非常重要的，对于膀胱、尿道或胃肠道的肿物，可以通过造影检查，使之出现一定密度差后行X线透视或摄片，可更清楚地显示被检器官结构改变及新生肿物。较内镜检查方便、简单，但敏感性低。优势：检查过程迅速快捷，设备简单，操作方便，价格低廉，辐射剂量低，适用于筛查，有利手术切除局部肿瘤方案的制订及手术方案可行性评估；不足：图像为组织的重叠影像，图像分辨率低，对小病灶易漏诊，难以提供病灶确切位置及与周围组织的关系等信息。

二、超声成像

超声成像是把超声波定向发射到机体内，超声波在传导过程中遇到不同组织界面发生反射或散射，形成回波，这些携带组织信号特点的回声被捕捉、处理后，以实时、动态图像的形式表现在荧光屏上。多普勒超声检查无须使用对比剂即可显示脏器及肿瘤内的血管走形、血流情况；超声造影可以动态观察病灶的血流动力学情况，有助于肝脏肿瘤等定性诊断；术中超声可以发现小病灶，判断肿瘤与血管的关系，从而指导手术方式。对于腹腔肿物的诊断，超声成像相比 X 线检查更加准确，可确定肿瘤位置和转移的区域。胸部超声成像适用于纵隔、心包膜和心脏的检查，超声成像的缺陷是不能确定检查到的肿物是否为肿瘤，如肝脏的结节性增生、脾脏血肿，但可以在超声引导下进行活组织检查，准确获取组织病理学诊断的样本；超声引导下穿刺引流，可以治疗胸腔积液、腹腔积液、心包积液等。优势：操作简单、方便，无电离辐射损伤，实时、动态成像；多平面成像，可精确测量病灶的大小和深度。不足：图像分辨率低，对于较大病灶常无法显示全貌；由于超声物理特性限制，对骨骼、含气组织（肺、消化道）显示差，一般不用于这些部位的检查；具有实时性，诊断准确率对操作者的能力依赖性较大，一定程度上限制了其诊断效能。

三、CT 检查

CT 检查是现代比较先进的医学扫描的一种，是诊断肺部肿瘤是否转移的金标准，也能评估骨肿瘤和软组织肿瘤对临近骨的影响。其原理是以 X 线束对体部选定层面进行扫描，由探测器接收该层面不同方向的机体组织对 X 线的衰减值，经模/数转换输入计算机，通过计算机处理后得到扫描层面的组织衰减系数的数字矩阵，再将矩阵内的数值通过数/模转换，用黑白不同的灰阶等级在荧光屏上显示出来，构成 CT 图像。三维（3D）重建和 CT 扫描是通用的诊断技术，并且可在 CT 引导下活检，也可以与放疗联合使用。优势：检查方便，较为迅速，不受探头及线圈的限制，满足大部位、大范围扫描；可直接扫描横断面轴位图像，无前后组织影像重叠、不受层面上下组织的干扰，密度分辨率和空间分辨率显著高于普通 X 线，能清楚显示组织结构关系；测量不同组织的 X 线吸收系数，计算不同组织的相对密度值（CT 值），可定量分析组织的密度差异；通过调整图像窗宽（可视灰阶范围）、窗位（中心灰度），可使不同组织密度在图像上对比更明显，有利于观察病变组织及分辨不同解剖部位；CT 增强检查可以显示不同组织的血流动力学特征，提高病变组织的对比度，进一步提高 CT 定性、定位能力。不足：具有一定的放射线损伤，CT 辐射剂量显著高于普通 X 线检查。

四、核磁共振检查

核磁共振检查是利用射频脉冲终止后，氢质子在弛豫过程中发射射频信号（MR 信号），将所产生的 MR 信号进行接收、空间编码、转换后形成图像的一种技术。适用于肝脏、胆道、肾脏、脊髓、头部、眼部、鼻窦等肿瘤。例如腹部/脊柱/头部核磁共振检查，动物俯卧或仰卧（建议俯卧）于扫描床上，根据动物体型选择合适的线圈，使动物扫描部位置于线圈内，动物身体长轴与床面长轴一致，双前肢置于身体两侧，头颅正中矢状面尽可能与线圈纵轴保持一致，并垂直于床面。定位成像：采用快速成像序列，同时做水平位、矢状位、横断位三方向定位图，在定位片上确定扫基线、扫描方法和扫描范围。成像序列：SE 序列或快速序列，要求至少包含横断面 T1W、T2W、T2Flair 和矢状面 T1W、T2W。核磁共振检查比 CT 检查能更好地评估软组织和脑部病变。优势：无电离辐射，无创伤；软组织分辨率和对比度高；多方位成像，其质量高于 CT 检查；可进行多参数、多序列成像；可提供组织代谢、功能方面的信息。不足：设备的安装和维护都非常昂贵，检查费用相对较高；严禁各类金属物品、磁性物质进入核磁共振检查室。

第五节　内镜诊断

一、内镜概述

内镜又称内窥镜，可经口进入胃内或其他天然孔道进入体内，能在直视下观察脏器内腔的改变，确定病变的部位、范围，并进而采取细胞学和活组织标本，以确定病变的性质。如对于鼻腔肿瘤病例，常用间接或直接的鼻咽镜检查；对喉癌病例，常用间接或直接喉镜检查。由于内腔镜镜管多为金属制直管，缺乏可曲性，在检查之前需对患病动物进行麻醉，以避免检查时带来较大的痛苦，容易躁动，特别在操作时如用力不当，有引起穿孔的危险，出血、感染等亦偶可发生。

二、内镜在肿瘤诊断中的应用

1. 胃镜（食管镜）　适应证：有上消化道症状，疑有食管、胃和十二指肠炎症、溃疡及肿瘤者；上消化道出血者，病因诊断；影像检查疑有上消化道病变而未确诊者。另外，临床上某些疾病可借助内镜进行治疗，如通过食管镜扩张手术后的吻合口狭窄，通过支气管镜取除气管内的异物。

2. 肠镜　通常指结肠镜，是目前诊断直肠、结肠病变的最佳选择，针对持续性水样粪便、血便可以更直观地检查。分为纤维结肠镜和电子结肠镜。纤维结肠镜由光学玻璃纤维、内镜体及附件构成，可对全结肠进行直视观察，适用于检查结肠内息肉、肿瘤、溃疡、炎症、不明原因出血灶等；配合 X 线钡剂灌肠或钡气双重造影，可提高早期大肠癌和小腺瘤发现率和诊断准确率。电子结肠镜是通过安装于肠镜前段的电子摄像探头将结肠黏膜的图像传输于电子计算处理中心，后显示于监视器屏幕上，电子结肠镜相比纤维结肠镜更加方便、准确。主要检查从肛门到末端回肠的下消化道，可观察到大肠黏膜的微小变化，用于诊断结肠/直肠炎症、恶性肿瘤、溃疡、息肉、糜烂、出血、色素沉着、血管曲张和扩张、充血、水肿等。适应证为腹痛、腹泻、便秘、便血、经 X 线检查不能确诊的可疑良性或恶性结肠肿瘤等；钡剂灌肠发现可疑病变不能定性；回盲部病变需行回肠末端活检等。检查时注意事项：①肠道清洁程度是影响肠镜检查成败的关键因素，因为任何粪便残渣都会沾污镜头影响观察，导致插镜失败、病变遗留、延误诊断，甚至引起并发症。②肛管直肠狭窄、肠镜无法插入时，不宜做肠镜检查，如小动物发生肠穿孔、腹膜炎、肛裂、肛周脓肿等，禁止做该项检查。

3. 膀胱镜　适应证：凡怀疑在膀胱、输尿管和肾脏内有病变存在，如有血尿、脓尿、排尿困难等症状，腰、腹部或耻骨上区有肿块，以及 X 线片上提示泌尿系器官有可疑疾病或泌尿系外部近脏器有病变时，可行膀胱镜检查；膀胱肿瘤的活体组织采取；上尿路梗阻引起尿少、尿闭者；通过膀胱镜进行膀胱肿瘤电灼、切除术等。禁用于急性尿道炎、膀胱炎、肾盂肾炎等急性感染和尿道狭窄。

第四章　肿瘤细胞分子生物学

第一节　肿瘤发生的分子基础

一、肿瘤的发生

癌症是指一种不断无性繁殖的体细胞通过侵入、破坏和侵蚀正常组织而具有致死性的疾病。驱动癌症发展的是控制和调节后生动物生长控制的不同方面的基因的随机体细胞突变。控制癌症的起源和进展的过程是进化的过程。在这个过程中，自然选择作用于各种体细胞克隆的固有或获得的多样性，培育某种形式的繁殖优势，进而调控癌症的发生与发展。后生动物必须抑制单个体细胞建立自己独立的群落的趋势，但同时也必须支持足够的体细胞增殖来建立和维持整个有机体。例如，脊椎动物在其漫长的生命周期中，无论是为了发育，还是为了长期的维护和修复，都需要大量和持续的细胞增殖。从目的论的角度来看，脊椎动物进化的当务之急是找到一种方法，在需要的时候允许细胞增殖，同时有效地抑制突变细胞的发生，导致不受控制的生长。

二、肿瘤细胞增殖

细胞增殖是所有生命的基本特征之一，即细胞数量的倍增。而肿瘤细胞的典型特征是正常细胞的增殖调控体系紊乱，从而失控性无限生长，使得细胞恶性转化，发生癌变。肿瘤细胞具有多样性和异质性，而且具有很强的增殖能力，超出正常组织中生长的限制。控制细胞增殖和存活的关键通路的数量有限，调控异常是所有肿瘤形成的必要条件。细胞增殖紊乱与凋亡抑制是肿瘤发生的先决条件。关键问题是识别肿瘤细胞与正常细胞之间的差异，以及如何利用这些差异进行治疗。肿瘤转移是恶性肿瘤最重要的生物学特征之一，是肿瘤临床治疗的难题。侵袭是肿瘤转移的前提。但是，侵袭和转移又是相互独立的表型和生物学行为。肿瘤转移是极其复杂的多步骤的序贯过程，是众多因子相互协调以及共同作用的结果。其中，促进肿瘤转移的因子主要有黏附分子与受体、基质降解酶、细胞运动因子等；抑制肿瘤转移的因子主要有上皮性钙黏附蛋白、组织基质金属蛋白酶抑制因子（TIMP）等。

第二节　细胞周期

一、细胞周期概述

细胞周期的发现是 20 世纪 50 年代细胞学的重大发现，标志着仅注重细胞形态观察的细胞学向形态和功能并重的细胞生物学发展。细胞周期是指细胞在分裂成两个新的子细胞的过程中，发生复杂变化的过程，又称为细胞分裂周期。了解细胞变化的生物化学和遗传学调控机制是细胞生物学的基础。细胞周期调控机制与恶性肿瘤的发生密切相关，涉及多基因（癌基因和抑癌基因）/蛋白、多步骤、多阶段的复杂的生物学过程。

在脊椎动物生物学中，克隆自主性的限制是通过层层机制实现的，每一层机制都必须以某种方式抑制或否定，否则癌症就会出现。正常的体细胞完全依赖于接收到适当的有丝分裂信号后进行增殖。细胞只对一定程度的增殖动力做出反应。在某些情况下，持续的有丝分裂信号只能在特定的体细胞环境中发生。随着人们对哺乳动物细胞周期分子调控机制的深入了解，有望设计出一些针对细胞异常增殖或肿瘤的抑制剂。

二、细胞周期调控过程

细胞周期分为三个时期，G_0/G_1 期（DNA 合成前期）、S 期（DNA 合成期）、G_2/M 期（DNA 合成后期）。G_1 晚期（即 M 期结束后，S 期 DNA 复制之前），主要监测细胞的大小及遗传物质是否完整，一旦监测到基因组结构异常，细胞就会迅速启动修复系统。p53 和 pRb 是哺乳动物细胞中 G_1 期主要的调控蛋白，DNA 发生损伤时，通过 ATM（ATR）/CHK1（CHK2）-p53/MDM2-P21 信号通路，直接磷酸化 p53 N 端的转录激活结构域，激活 p21，阻滞 G_1 期向 S 期的转换。S 期主要监测细胞内存在的 DNA 的完整性，并恢复 DNA 复制的继续进行。ATM-CHK2-CDC25A 和 ATM-NBS1-SMC1 通路参与 S 期的 DNA 合成。DNA 损伤一旦发生，CHK2 能被 ATM 活化，CDC25A 下游靶分子被激活，磷酸化 CDK2（CDK2 作为 S 期启动的重要分子）的 Tyr，下调 CDK2 活性，抑制 CDC45 与染色体结合，而 CDC45 作为催化 DNA 聚合酶 α 结合复制复合体的重要酶，阻止 S 期的启动。NBS1 作为 ATM 的直接底物，参与 S 期 DNA 监测点调控。G_2/M 期，DNA 复制结束，细胞周期由 S 期进入 G_2 期，为细胞分裂做准备。主要功能是 DNA 损伤的细胞禁止进入 M 期，以保证细胞基因组的完整性和稳定性。涉及多种分子信号转导通路的相互作用，ATM/ATR-CHK2/CHK2/CDC25C-CDC2 是主要的转导途径。哺乳动物细胞内关键的 CDC25C 磷酸酶，介导活化 CDC2 的 Thr14 和 Tyr15 的磷酸化位点，保证通过 G_2/M 期，周期蛋白 B/CDC2 复合物活化，诱导细胞从 G_2 期进入 M 期。2 个关键信号分子 ATR 和 ATM，经不同的途径调控 G_2/M 期进程。

三、细胞衰老

细胞衰老是指在经历了大量复制周期的原代细胞中观察到的、一种稳定的 G_1 期细胞生长停滞状态。衰老有一些限定特征，包括一个特征性基因表达谱（如 β 半乳糖苷酶高表达和 c-fos 低表达）以及对凋亡和有丝分裂原引起的生长刺激作用的抗性。在非分化细胞中，复制依赖性的衰老可通过使端粒缩短超过临界点而引发，同时伴随 CDK 抑制物 p21 和 p16 表达的增加。啮齿动物细胞能通过 p16INK4a 位点 p53 的突变而避免衰老，而既影响 p53 又影响 p16 的关键靶作用物 Rb 能使细胞永生化。端粒缩短引起 CDK 抑制物增加的机制尚不清楚。然而，衰老就像分化和增殖一样，能被生长因子信号转导通路启动的特定程序调控。衰老的诱导取决于 CDK 抑制物的调节作用：CDK 抑制物的强表达足以诱导衰老，并且 INK4a 或 p53 突变能抵消 ras 诱导的衰老作用。

四、调控细胞周期的信号通路

1. 激活细胞周期的酪氨酸激酶通路 细胞周期蛋白 D1 的转录调控可将生长因子与细胞周期联系起来，RTK、ras、raf 或 ERK 的活化能激活细胞周期蛋白 D1 转录，使 mRNA 的水平升高达 20 倍，通常在受到有丝分裂原刺激后 6h 左右达到高峰。而且，ras 的抑制作用能阻止细胞周期蛋白 D1 在受到有丝分裂原刺激时发生的转录增强反应，并以一种 Rb 依赖性的方式抑制细胞进入 S 期。因此，由 ras-ERK 通路引起的细胞周期蛋白 D1 诱导作用在使细胞通过 G_1 期限制点中起重要的作用。人为诱导细胞周期蛋白 D1 在小鼠乳腺上皮细胞中过度表达，最初会引起细胞过度增殖，并最终导致肿瘤，这表明改变对细胞周期蛋白 D 水平的调节能促进细胞生长，并诱发肿瘤形成。在静止细胞中，如果细胞没有受到进一步增殖刺激，结构性细胞周期蛋白 D 和 CDK4 的过度表达，不能产生有活性的细胞周期蛋白 D 激酶复合物，或使 Rb 磷酸化，这提示存在一种活性 CDK 的可调节性组装现象。细胞周期蛋白 D 激酶抑制物（如 p27）可以阻止细胞周期蛋白 D 依赖性激酶的组装与活化，因而细胞周期蛋白积累不足时影响细胞生长。在巨噬细胞中，CSF-1 引起 p27 减少。通过改变 cAMP 水平而增加 p27，将阻断细胞对 CsF.1 的有丝分裂原性反应。在静止的 T 细胞中，抗原-受体的刺激用能诱导无活性的 CDK 复合物产生。进一步的 IL-2 刺激将减少 p27 的量，并发增殖反应。西罗莫司（雷帕霉素）能阻断 IL-2 介导的 p27 减少，提示有 mTOR 依赖性的翻译机制的参与。细胞周期蛋白 E-CDK2 和细胞周期蛋白 A-CDK2 复合物的活化需要两个条件：由一种 CDK 活化的激酶（CAK）引起的磷酸化作用，以及由 Cdc25 磷酸化酶引起的 CDK2 抑制性残基的去磷酸化作用。c-myc 能诱导 Cdc25A 与 B 的转录，并激活细胞周期蛋白 E-CDK2 活性而不改变其丰度。c-myc 并不总是被 ras-ERK 通路有效地诱导，因此，c-myc 的这种效应可能有助于说明在某些情况下由 ras-ERK 活化诱导的增殖作用需要 c-myc 的过度表达来补充。

2. 抑制细胞周期的信号转导通路 细胞增殖的抑制：CDK4 减少、Ink 家族抑制物 p15 增加，与细胞周期蛋白 D 激酶结合，或 Kip 家族抑制物 p27 或 p21 增加，会导致对 cyclinD 和 cyclinE 依赖性激酶的直接抑制作用，提示有不同的通路导致 CDK 活性降低。原代细胞中 ras 诱导细胞周期停滞，同时也伴随着衰老过程的其他表现。在一些细胞类型中，p16 可被诱导。在另一些细胞中，p21（Kip 家族）也由于 p53 的活化而被诱导。在 p21 或 p53 功能缺乏时未见细胞周期抑制现象。在某些情况下，对这些 CDK 抑制物的诱导，需要比诱导细胞周期蛋白 D1 更强且更长时间的 ras-ERK 通路的活化作用。而且，Rho 的活化（通常在有丝分裂原刺激时伴随 ras 的活化而产生）能阻断 ras 对 p21 的诱导作用。正常的有丝分裂原信号可能会活化 ras，并足以刺激细胞周期蛋白 D 的表达，但不足以诱导 CDK 抑制物，尤其是同时存在其他被活化的通路（PI3K 酶、RhoGTP 酶）时。一个强的 ras-ERK 信号可以促进细胞分化，但必须将其置于特定转录因子（如 MvoD）的环境中（这些转录因子有助于诱导 CDK 抑制物）。在正常发育或生理情况下，在转录水平还不足以诱导分化的细胞中可能不会存在持续的、强烈的 ras-ERK 信号，但其可作为一种引发衰老的警报信号，以保护机体在发生突变时，避免不适度的细胞增殖。在诱导衰老时需 p53 存在，这一现象与衰老是一种保护性监测机制的观点相一致。

第三节　细胞凋亡

细胞凋亡是生命过程中不可缺少的组成部分，是多细胞生物赖以存活的需要，对维持机体的正常发育和内环境稳定起重要作用。细胞凋亡具有两种生理意义：一是机体靠细胞凋亡机制来清除细胞分化过程及成熟个体中多余及老化的细胞，二是清除对机体有害的癌细胞及感染细胞起到机体防御作用。无论是高等动物还是低等动物，细胞凋亡规律一旦失常，则个体不能正常发育，或发生畸形，或不能存活。某些化疗药物、肿瘤细胞诱导分化剂、某些激素、某些细胞因子可诱导细胞凋亡，许多化疗药物的抗肿瘤能力与诱导细胞凋亡的能力相关，因而诱导癌细胞凋亡的能力已成为评价抗癌药物的新指标。

一、细胞凋亡概念

细胞凋亡（Apoptosis）的概念是由英国 Kerr 等首次提出的。细胞凋亡又称程序性细胞凋亡（Programmed cell death，PCD），是由于细胞内环境变化或死亡信号触发以及在基因调控下所引起细胞主动死亡的过程，是一种不同于细胞坏死的细胞生理性死亡，涉及一系列基因激活、表达及调控等，不是病理条件下自体损伤的一种现象，而是为了更好地适应生存环境而主动争取的一种死亡过程。细胞坏死（Necrosis）又称细胞意外性死亡（Accidental cell death）是指细胞由于受到物理损伤、化学损伤、生物侵袭以及高温、低温或者营养供应阻断的影响而急速被动死亡的过程。细胞凋亡对机体稳态的保持至关重要，凋亡调控的失衡可导致肿瘤的发生。目前许多抗癌药物是通过调节肿瘤细胞凋亡来实现抗肿瘤作用的。在哺乳动物细胞中，参与细胞凋亡的基因很多，调控更复杂。根据功能的不同，大致可以分为以下几大类：Caspase 家族、Apaf 蛋白、Bcl-2 家族、细胞色素 C（Cytochrome C，cyt-C）、TNF 和 TNF 受体家族、IAP 家族（Inhibitor of Apoptosis Proteins）等，其中 IAP 家族成员 Survivin 不仅能够抑制细胞凋亡，而且在促进细胞增殖、细胞转化中具有重要作用，很可能成为肿瘤治疗的新靶点。

二、细胞凋亡与细胞坏死的区别

细胞死亡分为细胞凋亡和细胞坏死两种形式。这是两种截然不同的过程和生物学现象，在形态学、生物化学代谢改变、分子机制、结局和意义等方面有本质的区别。细胞坏死的形态学特征首先是膜通透性增加，细胞外形发生不规则变化，内质网扩张，核染色质不规则位移，进而线粒体及核肿胀，溶酶体破坏，细胞膜破裂，细胞质的内容物外溢，引起严重的炎症反应。细胞坏死过程中没有新的基因表达和蛋白质合成，不需要 ATP 供能，DNA 被随机降解为任意长度的片段。坏死细胞常常是成群的细胞一起丢失。

细胞凋亡的特征是细胞体积缩小，随即与邻近的细胞的连接丧失，彼此脱离，失去微绒毛，胞质浓缩，内质网扩张呈泡状并与细胞膜融合，线粒体无大的变化，核染色质浓缩呈半月形，染色质凝聚靠近于核膜周边，核仁裂解，进而细胞膜内陷，形成凋亡小体，细胞凋亡的过程不导致溶酶体破裂，没有细胞内涵物外泄，不引起炎症反应和次级损伤，Ca^{2+}/Mg^{2+} 依赖核酸内切酶活性增强，使 DNA 降解，DNA 电泳表现为梯状。细胞凋亡过程需要 ATP 供能。细胞凋亡是单个细胞的丢失，其结局是被吞噬细胞或邻周细胞所识别、吞噬，或自然脱落而离开生物体。细胞凋亡的发生是否需要新的基因表达和蛋白质的主动合成，取决于细胞类型和诱导凋亡的因素，或许某些信号途径需要新基因的表达，而有些不需要。细胞凋亡是一个非常复杂的生理过程，机体内、外多种因素可影响细胞凋亡的发生，并明显受到分子遗传学影响。总之，细胞凋亡的分子机制尚不清楚，有待于深入研究。

细胞凋亡与细胞坏死既有区别，也有联系。如在体外培养细胞进行凋亡诱导，当诱导物的剂量增加时，诱导细胞可由凋亡转为坏死，在体内尤其是癌症的化疗过程也是如此。当诱导物种类与剂量相同，但细胞培养时间延长时，也可使凋亡细胞发生继发性细胞坏死。这表明二者的分界不太明显，细胞凋亡在一定情况下可转化为细胞坏死。但有一点必须明白，细胞坏死是不可逆的，即细胞结构和功能的损伤是不可逆转的，是被动的过程。

三、肿瘤细胞凋亡机制

1. 细胞凋亡与肿瘤的发生、发展及转移　细胞凋亡是细胞"自杀"的一种主动形式，在肿瘤的发生发展过程中起重要作用，并与肿瘤的转移、复发以及治疗效果有关。细胞凋亡对肿瘤起负调控作用。肿瘤的发生、发展不仅是由于细胞增殖速度过快，而且与细胞死亡率下降有关。在肿瘤增殖过程中，通过启动细胞凋亡机制，使表型接近于正常的癌细胞群得到消除，而恶性表型显著的癌细胞群的凋亡明显被抑制，从而保证肿瘤细胞群体的高增殖率。肿瘤的这种凋亡程序既可被生长因子所抑制，也可被化学药物所激活。

细胞凋亡与细胞增殖是一对并存的矛盾，正常情况下两者处于动态平衡，细胞增殖缓慢，细胞凋亡亦少。Bcl-2 在介导肿瘤发生时，其本身并不能够引起肿瘤，但与 c-myc 结合则具有明显的协同作用。Bcl-2 和 c-myc 均具有抑制细胞凋亡的作用，当其过度表达时，抑制细胞凋亡的作用增强，从而促进细胞增殖。c-myc 具有促进细胞增殖和介导细胞凋亡的双重功能，并且这种功能紧密相伴，因此 $c\text{-}myc$ 基因的调控障碍成为致癌的重要环节。野生型 $p53$ 基因具有明显的促细胞凋亡作用。$p53$ 基因突变对细胞凋亡具有抑制作用，有利于肿瘤发生。人们将正常 $p53$ 基因转入缺乏 $p53$ 基因的白血病病毒感染细胞中，使 $p53$ 过度表达，发现细胞出现凋亡，这一试验结果有力地说明了 $p53$ 在肿瘤发生中的作用。肿瘤细胞的自发凋亡是机体抗肿瘤的一种保护机制，受到环境所提供的各种刺激因素的调控，包括内源性和外源性调控因素。内源性调控因素主要包括由基因编码的细胞因子及其受体，如 TNF-α 及其受体（TNFR）、Fas 及其配体（FasL）、各种白细胞介素及其受体、TGF-β 及其受体（TGF-R）等；外源性调控因素包括化学物质（如顺铂、维甲酸等）、外界微生物、高温和 γ 射线等。

2. 细胞凋亡与肿瘤防治　肿瘤分子生物学研究表明，癌基因和原癌基因的激活与肿瘤的发生发展之间有着极为密切的关系，而癌基因中有一大类属于生长因子家族，也有一大类属于生长因子受体家族。这些基因的激活与表达，直接刺激了肿瘤细胞的生长，同时，这些癌基因及其表达产物也是细胞凋亡的重要调节因子。许多癌基因表达后，会阻断肿瘤细胞的凋亡过程，使肿瘤细胞增多。因此，从细胞凋亡角度来理解肿瘤的发生，是由于肿瘤细胞的凋亡机制异常，肿瘤细胞减少受阻所致。利用细胞凋亡设计肿瘤治疗方案就是重建肿瘤细胞的凋亡信号传导系统，即抑制癌基因的表达，激活死亡基因的表达。这已成为肿瘤治疗的新思路，提示人们在肿瘤治疗中筛选并应用能更加特异地诱导细胞凋亡的药物，并研究其最适剂量和最佳给药时间。

（1）抗凋亡的生长因子信号转导通路　RTK，尤其是 IGF-1、PDGF 或 NGF 引起的刺激，能在不同细胞中诱发抗凋亡信号。这些抗凋亡作用能被 PI3K 活性抑制物或 PKB 抑制物所阻断，PI3K 和 PKB 的活化形式能保护细胞免遭各种刺激，包括锚定蛋白的缺失和生长因子的丧失所诱导的凋亡。ras 活化也能保护细胞免受凋亡作用。在 PC12 细胞中，ERK 活化能保护细胞免受凋亡作用。在成纤维细胞中，ERK 通路的活化实际上促进凋亡。PKB 的一个关键靶作用物可能是 Bcl-2 家族蛋白 BAD。Bcl-2 和 Bcl-xl 可使线粒体持续发挥作用，并且阻止半胱天冬酶原（Procaspase）活化的蛋白。半胱天冬酶原经过蛋白水解作用，产生活性的半胱天冬酶（Caspase），并导致一个不同胱冬酶活化引起的酶促级联反应，从而引起不同的细胞凋亡现象。BAD 能通过直接结合的方式灭活 Bcl-2 存活蛋白。然而，PKB 磷酸化 BAD 可促进 BAD 与一种 14-3-3 蛋白的相互作用，并阻止 BAD 与 Bcl-2 或 Bc-xl 结合。BAD 诱导的细胞凋亡，不能在缺乏 PKB 靶磷酸化位点的情况下被 PKB 阻止，提示 BAD 的磷酸化是 PI3K 通路的一种关键的抗凋亡行为。

（2）促凋亡的生长因子信号转导通路　生长因子信号转导通路在特定情况诱导细胞凋亡。在成纤维细胞以及其他一些有关细胞中，c-myc 在缺少其他强的生长因子信号传入的情况下过度表达，从而使 ras-ERK 通路活化。对于 c-myc 和 E2F-1 来说，细胞凋亡的发生与否通常取决于 p53 的功能，c-myc 与 E2F-1 均通过增加 p19ARF 蛋白的水平而影响 p53 活性。p19ARF 蛋白与 CDK 抑制物 p16 一样来源于相同的部位 INK4a，尽管共用同一个编码外显子（此外显子以选择性阅读框方式翻译），但其氨基酸顺序并不相同。p53 的水平与活性通常由于结合 MDM2 而降低。p19ARF 蛋白能结合 MDM2，并防止 MDM2 抑制 p53。因此，c-myc 与 E2F-1 能通过 p19ARF 活化 p53。而且，缺失 p53 或 p19ARF 的原代小鼠胚胎成纤维细胞能对抗 c-myc 诱导的凋亡作用。在缺乏 p19ARF 时，其他刺激如 DNA 损伤仍能诱导 p53 活性，并引发细胞生长停止或凋亡的监测点反应。c-myc 和 E2F-1 可能通过诱导 p19ARF 而引发 p53 介导的凋亡，并且 p19ARF 可被看作是监控生长因子信号转导通路的 p53 监测点信号。与此观点相一致，缺失 p19ARF 的原纤维细胞，也像缺失 p53 的细胞一样，在对活化的 ras 的反应中，并不表现出复制性衰老，不经历衰老过程而是被刺激增殖。

第四节　细胞自噬

自噬是一个高度保守的自我降解过程，在细胞应激反应和生存中起着关键作用。自噬已被证明参与调节肿瘤细胞的运动和侵袭、癌症干细胞的增殖和分化、上皮-间质转化、肿瘤细胞休眠和逃避免疫监视等。自噬通过调节炎性小体的激活和促炎细胞因子（如 IL-1β 和 IL-18 等）的释放，在巨噬细胞的激活中发挥重要作用。一些研究表明，受损线粒体的自噬降解通过限制细胞内 ROS 和游离线粒体 DNA 的水平来抑制炎性小体的初始激活。自噬也作用于下游降解活性炎症小体，从而限制炎症反应的持续时间。炎症小体激活产生的免疫反应可能被认为是抗肿瘤的，因为它可抵御 M2 巨噬细胞和其他类型细胞产生的促侵袭和免疫抑制的微环境下的不利因素。事实上，由于巨噬细胞和淋巴细胞分泌的趋化因子和细胞因子（如 IL-1β、IL-6、IL-2 和 IFN-γ）增强了抗肿瘤免疫应答，Atg8 家族成员 GABARAP 缺陷的小鼠对化学诱导的癌变具有抗性。也有研究表明，由于自噬缺乏而不能及时抑制炎性小体的激活，可能会由于巨噬细胞死亡和其他免疫细胞不受控制地被募集而促进癌症的发生。

各种研究强调了自噬在调节肿瘤细胞迁移和侵袭、肿瘤干细胞表型、耐药、肿瘤休眠和肿瘤免疫监测等方面的关键作用。对关键细胞命运调节剂（如 Twist、Smad4 和 GATA-4）的自噬降解的研究表明了一种机制范式，但与自噬的许多高级功能一样，极有可能还涉及其他尚未确定的机制。另外，需关注的是自噬及其参与细胞之间存在相互调节机制。例如，在肿瘤细胞迁移过程中，自噬调节 Rho 活性，反之，Rho 信号调节自噬；自噬促进 PXN 降解，而 PXN 是自噬小体形成所必需的。在细胞水平上，确定自噬对肿瘤细胞的作用，可为评估自噬抑制剂治疗或预防转移性肿瘤的临床效果奠定基础。

第五节 肿瘤血管的生成

一、血管生成概述

血管生成对于肿瘤的发展和转移非常重要。Folkman 等在 20 世纪 70 年代初发现，实体瘤的发展有赖于新血管的生成。血管生成是指在原有的血管床上再生成新的血管，它有别于血管发生过程，后者是指从早期胚胎结构中发育出血管系统。血管生成是一个由多种细胞因子和多种细胞成分参与的、动态的、协调的复杂过程，其起始的中心环节是血管内皮细胞或基质干细胞的迁移、分裂、分化，以及随后的管腔化，受到血管生成诱导因子和抑制因子的精密调节。如黑色素瘤，首先观察到在从良性痣发展到恶性肿瘤的过程中，血管总量有了显著的增加。深入了解肿瘤新生血管的生成具有重大的理论和实际意义，阐明肿瘤与新血管生成之间潜在的联系，可发现新的药物作用靶标，为恶性肿瘤的治疗开辟新的思路。

肿瘤中的新生血管是如何生成的呢？是什么机制调控着肿瘤细胞向血管生成表型转变呢？经研究发现，血管生成的开关通路似乎与血管生成中正、负调控因子的平衡有关。在正调控因子中，VEGF 完全符合"直接作用"的血管生长因子的标准。负调控因子主要包括内源性的血管抑制素和血小板刺激素。血管抑制素是由原发瘤产生的血管生成抑制因子，在转移瘤中抑制新血管的生成。血管抑制素的这种作用已在实体瘤的转移中得到证实。野生型 p53 能上调血小板刺激素表达，但在肿瘤细胞转向血管生成表型的过程中其表达下调。Folkman 提出原发瘤产生的血管生成激动剂和抑制剂都能直接作用于肿瘤细胞，作用效果取决于血液中的含量。血管生成是一个复杂的过程，除了上述的这几个因子之外，还有许多其他的因子也参与其中，如整联蛋白 avp3 和蛋白水解酶等。肿瘤血管生成是近年来肿瘤研究的热点，抑制肿瘤血管生成的方法可以作为抗肿瘤的辅助疗法。一些试验也证实抑制肿瘤新生血管的生成，可以有效地抑制肿瘤的生长。现在，临床上已经把肿瘤血管生成作为恶性肿瘤预后评价的指标。随着肿瘤血管生成抑制剂研究的蓬勃发展，相信肿瘤血管生成抑制剂将成为肿瘤治疗的有效药物。

二、相关信号通路

1. HIF-1α 信号通路 缺氧是肿瘤微环境的特征之一。缺乏供血在快速生长的肿瘤细胞中普遍存在，缺氧能促进肿瘤血管的生成，包括血管生成拟态（VM）形成和血管生成，同时也促进肿瘤细胞浸润。在缺氧的条件下，HIF-1α 在肿瘤细胞中高表达，可引起参与肿瘤 VM 相关基因的变化，最终导致 VM 形成。HIF-1α 作为血管生成中关键的调控开关，通过直接或间接调节血管内皮钙粘连蛋白（VE-cadherin）、肝细胞受体（Eph）A2

和 LN-5γ2 链基因的表达来促进 VM 形成，为肿瘤提供血液供应。在缺氧条件下，HIF-1α 表达增强，进而影响 VE-cadherin 表达缺失和 Vimentin 表达上调，使卵巢癌细胞呈现 EMT 样变化，促成 VM 形成。除了缺氧环境本身能促进肿瘤转移、上皮间质转化（EMT）和血管生成外，HIF-1α 还能促进赖氨酰氧化酶样蛋白-2（LOXL-2）的表达而引起肝癌 EMT 和 VM 的发生。因此，在缺氧的微环境中，HIF-1α 信号通路被激活，通过影响 EMT 而促进 VM 生成，这也是目前许多抗肿瘤治疗的靶点之一。另外，研究证实沉默 HIF-1α 可使食管鳞状细胞癌中 VE-cadherin 和 EphA2 的表达受到抑制。因此 HIF-1α 可通过 VE-cadherin 和 EphA2 来影响 VM 的形成。

2. VEGF 信号通路　VEGF 被认为是肿瘤血管生成的主要效应因子。低氧激活了肿瘤细胞 HIF-1α 的表达，HIF-1α 与 VEGF 基因的上游增强子序列结合促进了 VEGF 的表达。关于鼻咽癌的一项研究证实 VEGFR1 是 VM 形成过程中唯一参与信号转导的 VEGF 受体。VEGF-A 作为 VEGF 的主要成员之一，可介导黑色素瘤细胞中的 VM 和血管生成。在骨肉瘤中用 siRNA 沉默 VEGF 的表达可使细胞凋亡、抑制分裂和 VM 生成。肿瘤微环境中细胞表达的 VEGF 与 VEGFR2 结合，激活 PI3K 途径的下游靶标，如膜型基质金属蛋白酶-1（MT1-MMP）和基质金属蛋白酶（MMP）-2，导致 VM 网络结构形成。VEGF 通过激活 PI3K/AKt 信号通路诱导脉络黑色素瘤中 VM 的形成。MMP 激活后能促进肿瘤细胞外基质中的成分 LN5 水解成片段沉积在肿瘤外环境中，为 VM 的形成提供空间结构，在此基础上肿瘤细胞分泌一些细胞外基质（如Ⅳ型胶原等），还有一些可构成细胞外基质成分的过碘酸希夫阳性物质，参与构成 VM 的基底膜样结构。VEGF 信号通路与 VM 的形成呈正相关，不仅促进肿瘤血管的生成，也是促进 VM 形成的主要原因之一。

3. Wnt/β-catenin 信号通路　Wnt/β-catenin 信号通路涉及广泛的生理过程，包括胚胎发育、细胞增殖和体内代谢平衡等，有助于内皮细胞分化和血管重塑。Yao 等研究显示，205 例非小细胞肺癌标本中约 61.95% Wnt5a 高表达，与 VM 之间存在显著相关性，并可能是通过促进 β-catenin、VE-cadherin、MMP-2 和 MMP-9 的表达而形成 VM。另一项研究同样显示，Wnt 信号通路激活剂 BML-284 能促进胃癌细胞 MMP-2 和 MMP-9 的表达，与 VM 形成呈显著正相关性。此外，Wnt/β-catenin 信号通路拮抗剂 Dickkopf（Dkk）-1 可扭转血管生成拟态管状结构的形成，可能是通过抑制 VEGF 及受体 mRNA 的表达而影响 VM 形成。尽管目前关于 Wnt 信号通路与血管生成拟态的相关性研究较少，但二者的关系可能十分密切，有待于进一步深入研究。

4. MAPK 信号通路　MAPK 信号通路由受体酪氨酸激酶、细胞因子和异源三聚体 G 蛋白偶联受体调节。SB203580 作为 p38/MAPK 信号通路的抑制剂，能够降低胶质瘤细胞 VM 的形成。沉默迁移诱导基因（Mig）-7 表达，可能是通过丝裂原活化蛋白激酶/细胞外调节蛋白激酶（MEK/ERK）信号通路抑制胶质瘤细胞的 VM 形成和侵袭能力。利用氯化钴（CoCl₂）处理肝癌细胞后，MEK/ERK 信号通路增强了缺氧诱导 VM 的形成。目前的研究证明 MAPK 信号通路可促进肿瘤 VM 形成。

5. PI3K/Akt 信号通路　PI3K/Akt 信号通路在调控细胞代谢、生长、增殖等功能方面发挥重要作用，在促进 VM 形成方面同样具有积极作用。Ding 等利用人脐静脉内皮细胞和胃癌细胞共培养，发现癌症相关成纤维细胞的衍生物肝细胞生长因子可能是通过上调 PI3K/Akt 信号通路，促进胃癌细胞 VM 的形成。另外，在肿瘤中表皮生长因子受体（EGFR）通常过度表达，其下游信号传导级联在恶性肿瘤发展期间经常被激活。PI3K 和

Akt 作为 EGFR 的重要下游效应因子，负向调节 EGFR/PI3K/Akt 信号通路，可降低缺氧诱导的 VM 加剧。提示 PI3K/Akt 信号通路是肿瘤 VM 形成的重要参与者。

6. 其他 STAT3 能提高 HIF-1α 的稳定性和活性，在胃腺癌患者的 VM 组织中 STAT3 的表达明显增强，并可能是通过上调 HIF-1α 表达而增强 VM 的形成。Notch 通路也参与了 VM 的形成，Notch 同源物 4 通过节点蛋白（Nodal）促进黑色素瘤的侵袭性和 VM 的形成。lncRNA-生长停滞特异性转录本（GAS）5 通过抑制 Notch 通路的激活来抑制 VM 的形成。VM 是与内皮细胞无关的一种新的肿瘤供血方式，是由多能性和类似干细胞样（包括肿瘤和内皮）表型的癌细胞组成的管状网络，为实体肿瘤生长提供足够的血液供应。

第六节　肿瘤与免疫

肿瘤发生发展的始末与机体免疫系统一直存在着相互关系。1994 年，Kuznetsov 等提出了肿瘤与免疫系统的经典关系模型，建立了细胞毒性 T 淋巴细胞和免疫性肿瘤细胞免疫响应的数学模型，模型能够用于描述小鼠脾脏中 B 淋巴细胞 Bcl-1 的发展和退化的动力学过程。通过模型和试验数据的对比，能够展示许多体内可以观察到的现象，如肿瘤休眠状态和肿瘤逃逸状态。在关于肿瘤与免疫系统关系的研究中，发现存在许多影响因素，如细胞因子、辅助 T 细胞等。其中，当辅助 T 细胞受到巨噬细胞或树突细胞抗原表达过程的刺激时，能够分泌细胞因子 IL-2 促进 T 细胞的增殖，对肿瘤细胞具有杀伤作用。

持续感染和慢性炎症能激活许多核转录因子，在炎症局部产生趋化因子、细胞因子、COX2 等炎症介质，形成炎性微环境，会提高肿瘤发生的危险性。炎性微环境中活化的核转录因子主要是 NF-κB、STAT3、HIF-1α 等，受这些核转录因子调控产生的炎症介质募集多种髓系来源的炎症细胞（如单核巨噬细胞、肥大细胞、中性粒细胞，嗜碱性粒细胞、嗜酸性粒细胞等），这些细胞在细胞因子作用下，产生更多的炎症介质，后者具有促细胞增殖、细胞存活、新生血管形成、浸润、转移、抑制特异性免疫应答以及对激素或化疗药物不敏感等作用。某些类型的肿瘤，在肿瘤发生之前，炎性条件已经存在；在某些类型的肿瘤中，瘤性改变诱导了炎性微环境的形成，从而促进肿瘤发生。Toll 样受体（Toll-like receptor，TLR）不仅能够促发急性炎症后的免疫保护作用，而且更多地参与了肿瘤的免疫逃逸。当用细菌脂多糖（LPS）刺激肿瘤细胞时，发现肺癌、结直肠癌细胞等经过 LPS-TLR4 信号转导途径均可释放大量的 TGF-β、VEGF、IL-2 及 IL-8 等。研究显示：IL-8 与肿瘤转移关系密切，同时肿瘤细胞释放 IL-8，还可以起抗凋亡作用；肿瘤细胞表达 TLR，参与肿瘤的免疫逃逸，是促进肿瘤发生发展的关键性因素。肿瘤微环境是通过活化髓系和淋巴系细胞以及肿瘤细胞本身产生细胞因子实现的，肿瘤微环境中的炎症反应具有促进肿瘤发生的生物学效应。因此，对肿瘤相关炎症的信号转导途径的研究，将有利于鉴定新的靶标分子，用于更有效的肿瘤诊断和治疗。

免疫抑制是肿瘤微环境的共同特点，也是肿瘤免疫治疗的屏障。肿瘤微环境中存在两群免疫抑制细胞：髓系来源抑制性细胞（Myeloid derived suppressor cells，MDSC）和调节性 T 细胞（Regulatory T cells，Treg）。MDSC 是由粒细胞、单核/巨噬细胞和处于早期分化阶段的髓系前体细胞组成的细胞群。在正常生理状态下，MDSC 主要集中在骨髓，但有肿瘤形成时，骨髓内 MDSC 大量增殖，并向各组织器官聚集。研究发现，肿瘤组织内 MDSC 对 T 细胞表现出强烈的抑制作用，通过诱导机体免疫耐受促进肿瘤生长，高分泌 IL-6 和高表达 MMP-9，具有很强的促肿瘤转移功能。调节性 T 细胞严重浸润肿瘤组织，通过分泌抑制性细胞因子（如 TGF-β 及 IL-35）或者未知的接触机制抑制免疫应答。有报道卵巢癌、乳腺癌、肝癌组织中大量调节性 T 细胞的浸润预示肿瘤预后不良。许多肿瘤还表达膜受体〔如程序性细胞死亡受体 1（Programmed death receptor ligand-1，PD-L1）〕，与 T 细胞表达的 PD-1（Programmed death-1，PD-1）结合后，使免疫受体酪氨酸抑制基序（ITIM）磷酸化，从而募集磷酸酶 shp-2，使肿瘤细胞促进细胞毒性 T 淋巴细胞（CTL）凋亡，以抑制 T 细胞活化。肿瘤与免疫系统之间存在复杂的相互作用，表现在：免疫系统通过免疫应答抑制肿瘤生长和进展；免疫系统通过诱导炎症反应，促进肿瘤生长、存活和血管形成；肿瘤利用免疫调节机制形成免疫抑制微环境，不仅抑制宿主免疫应答，而且形成了阻断抗肿瘤性免疫治疗的屏障。因此，深入探讨肿瘤与免疫系统之间的分子机制，将为肿瘤免疫治疗的理论研究奠定基础，而这些基础研究的进展能提供更多新的肿瘤免疫治疗策略。

第七节　肿瘤与表观遗传调控

一、肿瘤与 DNA 甲基化

DNA 甲基化是动植物中研究得最多的表观遗传修饰，在发育、分化和生殖中起着重要作用。当 DNA N-甲基转移酶（DNA methyltransferase，DNMT）在 CpG 二核苷酸的胞嘧啶残基上添加一个甲基时，就会发生 DNA 甲基化。这些 CpG 二核苷酸偶尔会富集在称为 CpG 岛（CGIs）的 DNA 的某些区域，而 CpG 岛又位于基因启动子上。DNA 甲基化通过两种不同的机制导致基因表达沉默：①DNA 甲基化可以为甲基结合域蛋白提供结合位点，进而与组蛋白去乙酰化酶（Histone Deacetylase，HDACs）相互作用，降低染色质的可及性，抑制基因激活；②甲基化阻止基因表达，主要通过阻止转录因子与基因的启动子区域结合来阻碍转录激活。在正常情况下，基因组中的大部分 CpG 位点都被甲基化，而 CGIs 通常未甲基化；相反，癌细胞表现出全基因组低甲基化和 CGIs 启动子超甲基化。全基因组低甲基化通常发生在基因组重复序列、逆转录转座子和 CpG 弱启动子，导致染色体的重排、活化和逆转录转座子的易位，从而导致基因组不稳定。此外，甲基化的缺失可能导致原癌基因（如 RAS、S-100 和 MAGE）的激活。在犬白血病和淋巴病例中分别出现 30％和 69％的全基因组低甲基化。此外，这些异常的甲基化模式与犬白血病和淋巴瘤的肿瘤转化和进展的早期阶段有关。正如在不同类型的人肿瘤中所观察到的一样，进一步证实对犬肿瘤 DNA 异常甲基化机制与功能的深入研究能为人类肿瘤的研究提供参考。

在人类和犬黑色素瘤细胞中，TNF-α 的甲基化已被证实。此外，在犬黑色素瘤细胞系和黑色素瘤组织中，甲基化状态与 TNF-α 表达水平呈负相关。人类和犬黑色素瘤细胞中的肿瘤抑癌基因 miR-203 的 CpG 岛中存在超甲基化 DNA，对 miR-203 进行脱甲基化可能是治疗人和犬黑色素瘤的有效靶向治疗方法。在犬恶性黑色素瘤中发现有数千个正常组织中未甲基化的 CpG 位点甲基化增多和正常组织中甲基化的 CpG 位点甲基化减少，其中 23 个基因存在于所有黑色素瘤细胞系和黑色素瘤临床样本中，筛选出 3 个可能参与犬恶性黑色素瘤发生的同源框基因 HMX2、TLX2 和 hoxa9。在 B 细胞淋巴瘤中，还发现其他一些重要的肿瘤抑制基因的高甲基化和表观遗传沉默，如组织因子途径抑制剂 2（TFPI-2）、死亡相关蛋白激酶（DAPK）、细胞周期蛋白依赖激酶抑制剂 2A（CDKN2A/p16）等。此外，在犬高级别 B 细胞淋巴瘤中，DAPK 高甲基化与总生存率相关，并被认为是预后不良的一个因素。一项研究中定量了 5-甲基胞嘧啶（5-methylcytosine，5mC）免疫染色犬乳腺肿瘤样本的整体 DNA 甲基化，并建立了组织病理学和临床发病的相关性，结果显示良性和恶性组织样本的 DNA 甲基化模式存在显著差异，低甲基化模式在恶性肿瘤和复发性较高的肿瘤中更普遍，因此，对于 DNA 甲基化的评估可能作为检测犬乳腺肿瘤复发倾向的有效工具。甲基双加氧酶（Methyl dioxygenase，TET2）是一种重要的抑癌基因，通常在造血肿瘤中发生突变。但在实体肿瘤中很少突变。TET2 突变也在犬肥大细胞瘤中发生，但发生频率很低（约为 2.7%）。相反，在人类全身肥大细胞增多症中，TET2 突变率高达 40%。犬 T 细胞淋巴瘤样本中也发现了 TET2 突变，但频率较低。因此，虽然犬在大多数时候是研究人类肿瘤性疾病表观遗传学的良好模型，但由于存在不同的 DNA 异常甲基化模式，其研究结果不能直接在两物种间相互转化，仍需进一步研究与证实。

二、肿瘤与组蛋白修饰

在细胞核中，DNA 与一种叫作组蛋白的蛋白质紧密结合在一起，形成一种叫作染色质的 DNA-蛋白质复合体。组蛋白可分为两组：核心组蛋白（包括 H2A、H2B、H3 和 H4）和连接组蛋白（包括 H1 和 H5）。这些蛋白质共同组成了核小体（真核生物染色质的基本单位），核小体被 146 个 DNA 碱基对包裹。组蛋白包括一个 C 端结构域和一个非结构的 N 端结构域（通常称为组蛋白尾部）。这些组蛋白尾部易受不同翻译后共价修饰的影响，如甲基化、乙酰化、磷酸化、泛素化、脱氨化、丙酰化和丁酰化，这些修饰能够重塑染色质的酶直接影响染色质的结构，在肿瘤的发生、发展中发挥关键作用。因此，组蛋白修饰与细胞的复制、修复和重组等过程密切相关。

一些研究发现白血病、乳腺癌、肺癌和结肠癌中，均出现了组蛋白 H4 第 16 位赖氨酸残基的乙酰化修饰（Histone Lys16 acetylation，H4K16ac）和组蛋白 H4 第 20 位赖氨酸残基。三甲基化（Histone H4 Lys20 trimethylation，H4K20me3）。三甲基化（H4K20me3）的整体缺失，可作为肿瘤诊断及预后的分子标记。此外，组蛋白 H3 第 9 位赖氨酸残基乙酰化（Histone H3 Lys9 methylation，H3K9me）和组蛋白 H3 第 27 位赖氨酸残基乙酰化（Histone H3 Lys27 methylation，H3K27me）模式的改变也在人肿瘤中观察到，包括膀胱癌、结直肠癌、胶质瘤、乳腺癌和肺癌。在组蛋白的各种修饰酶中，组蛋白乙酰化酶/脱乙酰基酶（Histone acetylase and Histone deacetylase，HAT 和 HDAC）和组蛋白甲基转移酶（Histone methyltransferase，HMT）的表达在肿瘤中失调，可作为开发抗肿瘤药物分子靶点研究的主要焦点。一项关于犬尿路上皮癌的研究显示，伏林司他作为一种HDAC，在体外试验中可以抑制癌细胞的增殖并阻滞细胞周期，介导组蛋白 H3 的乙酰化、p-Rb 的去磷酸化和 p21 的上调。同时，在小鼠移植瘤模型中观察到肿瘤生长的抑制，在临床犬尿路上皮癌病例中，与正常对照组相比，患犬组中有显著的组蛋白去乙酰化，而较低的组蛋白乙酰化水平与不良预后相关。果蝇 zeste 基因增强子同源物 2（EZH2）作为一种 HMT，可以通过抑制抑癌基因的作用促进癌症发生，是多种类型癌的关键标志物，如结直肠癌和前列腺癌等。在 21% 的犬骨肉瘤样本中发现组蛋白甲基转移酶（如

SETD2）突变，并表现出多种突变类型，包括移码突变、无义突变、剪接突变和错义突变。这种突变可能是骨肉瘤的驱动因子，并表现出人类和犬骨肉瘤之间的遗传相似性。另一项研究在 42％的犬骨肉瘤样本中检测到 SETD2 体细胞点突变、缺失和染色体易位。通过对 12 例犬乳腺癌（7 例单纯癌和 4 例复合癌）病例进行全基因组测序、全外显子组测序、RNA-seq/或高密度微阵列分析发现：与单纯癌相比，复合癌不存在拷贝数异常和低突变率；相反，犬复合癌表现出一系列表观遗传失调，如 35 个染色质修饰基因的下调或异常富集活化组蛋白修饰 H4-乙酰化，同时显示抑制性组蛋白修饰 H3K9me3 下调。但目前在犬肿瘤中针对组蛋白修饰的研究较为初步。

三、肿瘤与非编码 RNA

研究显示，miRNA 在人类疾病的发生发展中发挥着重要作用，包括心血管疾病、神经退行性疾病和多种肿瘤。在犬乳腺癌中发现 miR-29 和 miR-29b 均上调，miR-15a 和 miR-16 在犬乳腺导管癌中显著下调，而 miR-181b、miR-21、miR-29b 和 let-7f 在犬管状乳头状癌中显著上调。应用 miRNA 微阵列方法检测 8 例转移性和 12 例非转移性葡萄膜黑色素瘤病犬的福尔马林固定石蜡包埋（FFPE）组织中 miRNA 的表达，筛选出 14 个差异表达的 miRNA，cfa-miR-362、cfa-miR-155、cfa-miR-182、cfa-miR-124 高表达与肿瘤转移级别密切相关*。验证了 10 个 miRNA（cfa-let-7c、cfa-miR-10b、cfa-miR-26a、cfa-miR-26b、cfa-miR-29c、cfa-miR-30a、cfa-miR-30b、cfa-miR-30c、cfa-miR-148a、cfa-miR-299）在转移性和非转移性乳腺肿瘤中表达显著不同。miR-9 在肥大细胞肿瘤和骨肉瘤中过表达并与转移相关，而 miR-34a 也与犬骨肉瘤细胞系的侵袭能力相关。一项研究认为，由于 miRNA 在血液中和组织中表达稳定、易获取，适合作为诊断标志物，并筛选出 miR-223-3p、miR-130a-3p 与 let-7b-5p，对犬骨肉瘤进行联合或两两组合的诊断，结果与患犬临床特点有较强的相关性，因此证明将 miRNA 作为犬骨肉瘤的预后指标有较强的意义。在犬脾淋巴瘤中，一些 miRNA 也与肿瘤分期相关。循环 miRNA-214 和 miRNA-126 可能是犬肿瘤疾病诊断和预后的潜在标志物。Let-7g 在犬弥漫性组织细胞肉瘤中表达下调。另一项研究报道了循环血清 miRNA（let-7b、miR-223、miR-25 和 miR-92a）在患有淋巴瘤的犬中显著降低，而 miR-423a 的水平与对照组相比显著升高。miR-99a 在犬的淋巴瘤血浆中也有差异表达。在犬膀胱移行细胞癌中，miR-103b 和 miR-16 被认为是潜在的尿液诊断生物标志物。在犬乳腺肿瘤中，miR-21 可能为早期诊断有价值的预后标志物，如果同时联合 miR-29b 进行诊断，可以增加检测犬乳腺肿瘤的敏感性。与正常细胞相比，犬乳腺上皮癌细胞脱落的外泌体中存在 miRNA 表达差异。犬淋巴瘤外泌体中的 3 种 miRNA（miR-151、miR-8908a-3p 和 miR-486）被证明在长春新碱敏感性淋巴瘤细胞系和耐药淋巴瘤细胞系之间表达不同。

LncRNA 是长度大于 200 nt 的非编码转录物，在动物机体的发育和生理活动中发挥着重要作用，但也与疾病的进化，特别是肿瘤有关。一项针对高成瘤性和低成瘤性犬肾细胞（MDCK）表达 lncRNA 的研究证明，某些差异化表达的 lncRNA 能激活某些癌症相关的经典通路。lncRNA HOX 反义基因间 RNA（HOX antisense intergenic RNA，HOTAIR）可以作为分子支架连接并靶向组蛋白修饰复合物 PRC2 和 LSD1，随后通过偶

---

* cfa 代表犬种属的编码。

联组蛋白 H3K27 甲基化和 H3K4 去甲基化重编程染色质状态，通过沉默表观遗传基因促进癌症转移。HOTAIR 过表达与乳腺癌和其他类型肿瘤的转移和侵袭性增强有关。对 lncRNA 的跨物种分析表明，犬淋巴瘤中 lncRNA 的表达水平与人类弥漫性大 B 细胞淋巴瘤（diffuse large B cell lymphoma，DLBLC）相关的 lncRNA 的表达水平一致。在犬口腔黑素瘤中，基于转录组测序技术，与对照组相比，鉴定出了 417 个差异表达的 lncRNA，但其中大部分 lncRNA 的功能未能鉴定；与对照组相比，lncRNA ZEB2-AS 在犬口腔黑色素瘤中高表达。在一项犬口腔癌研究中，确定了 26 个人类与犬共有的保守差异化表达 lncRNA，包括 SOX21-AS、ZEB2-AS 和 CASC15 lncRNA，之后的功能分析提示这些 lncRNA 与癌症相关基因、细胞周期和碳水化合物代谢相关。与基因突变不同，肿瘤中发生的表观遗传变化是潜在可逆的。因此，有可能应用表观遗传药物治疗肿瘤，从而逆转一些恶性表型，如转移潜能、致瘤性和多药耐药性。目前已有较多研究致力于开发靶向缺陷 DNA 甲基转移酶（DNMTs）、组蛋白修饰酶以及肿瘤领域的表观遗传药物，但与人类肿瘤学不同，表观遗传药物在兽医肿瘤学中仍然很少使用。

第五章　肿瘤的治疗

肿瘤的治疗方式有很多种，包括手术、化疗、放疗或联合应用。为了给患病动物提供合适的治疗方案，需要全面了解病例的基本情况，如临床病史、血液学检查（血常规、生化）、尿液分析、X线检查、组织病理学诊断、组织学分期及临床分期等。达到完全缓解是治疗的目标，完全缓解是无可视肿瘤，而不是所有的肿瘤细胞都被清除，意思是肿瘤可能会复发。例如，对于淋巴瘤、骨肉瘤，治疗的目的是延长动物的存活时间，但最终会转移。化疗只是一种辅助治疗手段，可缩减肿瘤体积，控制微小转移，改善患病动物的生活质量，并不能达到完全缓解，这种为姑息疗法。手术前化疗（辅助疗法），以缩小肿瘤体积为目的，但要注意到化疗的副作用，如呕吐、腹泻、骨髓抑制等。注意，临床肿瘤医生需要靠技术和经验评估手术、放化疗的风险。

第一节　外科手术治疗

手术切除是动物肿瘤治疗的常用方法，手术范围包括肿瘤全部及其所在部位组织的全部或大部分。肿瘤的手术治疗不同于一般的外科手术治疗，对于不同性质和不同部位的肿瘤，所采用的治疗方法也有所不同，是否能够手术治疗取决于外科医生的经验、技能和合适的仪器设备、人员配备等。肿瘤外科医生需要研究了解肿瘤的生物学行为，熟知肿瘤分期及评估预后。良性肿瘤生长缓慢，常有完整的包膜，不向周围组织浸润，亦不发生转移，因此，将肿瘤完整切除常能完全治愈。切除的肿瘤都应该进行病理检查以明确其性质。恶性肿瘤生长迅速，肿瘤周围又没有包膜，会向周围组织浸润，有时还会通过血道或淋巴道引起转移。凡肿瘤局限于原发部位及区域淋巴结，未发现其他部位转移灶，患病动物全身情况能耐受根治手术者，均应选择手术。根治性手术对原发病灶的切除一定要尽量彻底，如乳腺肿瘤切除时应切除周边的淋巴结。恶性肿瘤的手术治疗应将肿瘤及其周围一定范围的正常组织一并切除。对有淋巴道转移可能的恶性肿瘤，应将其所属区域淋巴结彻底清除。是否需要做淋巴结清除术，主要取决于原发肿瘤的生物学特性、肿瘤的部位和局部扩展等情况。

适合于外科治疗的恶性肿瘤，一般以没有广泛浸润或远处转移为条件，需要大范围切除其边缘的正常组织，一般为环绕肿瘤主体 2～3 cm。当病灶超过手术可能根治的范围时，单纯手术治疗，不仅效果不佳，而且不适当的手术常会促使肿瘤的扩散和发展。因此，凡肿瘤范围过于广泛或已有远处转移者；年老体弱、一般情况差而不能负荷手术者；有严重的心血管疾病，肝、肾功能不佳者等，均不宜手术治疗。但这些禁忌也是相对的，必须根据具体情况做全面的考虑。恶性肿瘤的手术治疗应本着"早期诊断、早期治疗"的原则。早期发现肿瘤，在其尚未转移或播散时施行手术可获得良好的疗效。但如果肿瘤已无法根治，或患病动物伴有严重的脏器功能障碍、年老体衰不能耐受根治性手术，不可勉强做此手术，可酌情采用姑息疗法或其他疗法。

一些姑息疗法（如肿瘤姑息性切除、肛周腺癌局部切除术、膀胱等脏器部分切除术），虽然切除原发或转移病灶不能达到彻底治愈的目的，但可防止肿瘤危及生命和减少对机体功能的影响，提高患病动物的生存质量，消除某些不能耐受的症状，或用一些简单的手术（如神经阻滞、血管结扎）防止或减轻可能发生的症状，如减轻疼痛、防止出血与感染、解除梗阻、维持营养、改善机能等。

第二节　化学药物治疗

化学药物治疗简称化疗，是利用化学药物阻止癌细胞的增殖、浸润、转移，直至最终杀灭癌细胞的一种治疗方式。兽医临床可选用的化疗药物种类很多，药物的选择取决于动物种类、肿瘤类型、医生的经验、处理药物的设备和费用。由于全身用药不能在靶位达到有效的治疗浓度，故一般选择病灶内和腔内给药。将化疗药物（如丝裂霉素、顺铂、5-氟尿嘧啶、博来霉素）用适量的生理盐水溶解或稀释后，经引流的导管注入各种病变的体腔内，可达到控制恶性体腔积液的目的。在用药之前要清楚药物的分布、代谢、杀灭肿瘤细胞的活性代谢产物及其治疗效果。将不同的化疗药物置于同一方案中，需要了解药物作用的细胞周期，如长春碱类具有细胞周期特异性，而烷化剂如环磷酰胺则不具有。注意各种药物的副作用：由于骨髓和胃肠道是最易受到侵害的部位，如环磷酰胺和长春新碱不要交替使用；中性粒细胞减少和败血症是化疗期间易出现的问题，化疗之前要进行白细胞（WBC）计数；使用铂金类化合物或多柔比星可能会引起呕吐（给药后 8h），可使用止吐药（胃复安）进行预防；多柔比星还能引起腹泻（输液和应用抗生素，以防细菌转移，严重腹泻，降低药物剂量）；严重脱毛的现象见于特殊品种，如贵宾犬、比熊犬、西施犬等，多柔比星和环磷酰胺是导致严重脱毛的药物；任何化疗药物都会引发过敏反应，以多柔比星为甚，常引起摇头、焦躁不安、荨麻疹、呕吐、水肿等典型症状，因此，在动物化疗之前，应先注射扑尔敏、地塞米松。顺铂、卡铂等铂类（尤其是患有肾脏疾病的动物）和多柔比星具有肾脏毒性；环磷酰胺会引起犬无菌性出血性膀胱炎。

应用化疗药物时，存储、操作、配送及处理都应安全操作，穿戴安全防护服、护目镜、手套、口罩等，操作前后要洗手，废弃物分类放置，以免操作过程中接触到化疗药物。给药之前认真核算剂量，通风橱内配药，减少气溶胶的形成，告知主人化疗药物的副作用及注意事项。手术切除主要肿块后，由于负反馈作用，一些残存的处于停止期的细胞会进入增殖周期，此时给予化疗效果最好。淋巴瘤是临床上最常见应用化疗药物的肿瘤性疾病，但容易产生耐药性。辅助化疗：针对临床上相对较为局限性的肿瘤，实施手术切除或放射治疗有一定难度的，可在手术或放射治疗前先化疗。目的是希望化疗后肿瘤缩小，从而减少切除的范围，缩小手术造成的伤残；其次，化疗可抑制或消灭可能存在的微小转移，提高患病动物的生存率。现已证明，新辅助化疗对膀胱癌、乳腺癌、骨肉瘤及软组织肉瘤等而言，可以减小手术范围，或把不能手术切除的肿瘤经化疗后变成可切除的肿瘤。

第三节　放射治疗

肿瘤放射治疗是利用放射线治疗肿瘤的一种局部治疗方法。在兽医临床上，放射治疗一般作为辅助治疗，与手术（或放疗）联合应用，常用于肿瘤太大而无法切除，或部位太深手术无法完全切除的肥大细胞瘤、局灶性淋巴瘤、肛周腺癌、乳腺癌、脑部肿瘤等，以便缩小肿瘤体积或清除残余的肿瘤组织。线性加速高能发射器是常用的放射设备，发射高能射线传至皮肤表面的下层部位，产生的副作用小，具有治疗深部肿瘤的能力，高能射线的吸收度和组织密度无关，可以使射线平均分布并穿透放射区内的所有组织，降低并发症的发生率。放射生物学的原则是促进肿瘤细胞死亡，降低对正常细胞的损伤。一般采用分级剂量方案。放射时减少对正常组织结构的暴露，1993 年国际放射单位和测量委员会（Radiation Units and Measurements，ICRU）规范了标准的治疗体积的术语，用于描述剂量和治疗方案报告：肿瘤靶区（Gross tumor volume，GTV）为临床可见病灶；临床靶区（Clinical target volume，CTV）为 GTV＋肿瘤的微观扩张区域；计划靶区（Planning target volune，PTV）为 GTV＋CTV＋存在不确定因素的治疗边缘；治疗靶区（Treated volume，TV）为接受规定放射剂量的组织区域，必须包括 PTV；受照射靶区（IV）为接受临床有效剂量的组织区域。将动物全身麻醉后进行治疗。造血组织对放射的敏感性最高，其次是上皮组织，间质组织是最后。放射治疗的并发症分为急性毒型和慢性毒型。前者表现湿性脱毛和局部炎症（黏膜炎、结膜炎、结肠炎），后者表现毛发白化、骨坏死、脑病等。

为了加强局部放射治疗的疗效，最好在放疗之前或放疗之中合并应用化疗。对转移性病例，采用化疗和放疗联合治疗方式，通过互补破坏 DNA 的效应，增强对肿瘤细胞的杀伤作用，常用化疗药物有烷基化药物、铂金类化合物和多柔比星，临床尚无"最佳"药物剂量和药物时间的规程，一般放疗前（2h）给予动物化疗药物，与标准剂量相比，给药剂量要低，以避免毒性作用。肿瘤类型和放疗规程决定了治疗方案的选择。

第四节　光动力学疗法

光动力学疗法（Photodynamic therapy，PDT）是利用光敏剂（5-氨基菊芋糖酸、meta-四间羟基苯基二氢卟酚、苯紫红素乙酯锡和铝酞菁）抑制肿瘤的一种治疗方式。当光敏剂被特定波长的光激活时，就会表现出抗肿瘤活性，诱导肿瘤凋亡和坏死。给药途径如口服、静脉、局部给药，具有肿瘤选择性（处于细胞分裂 S 期的细胞最敏感）。适用于皮肤的鳞状上皮癌、血管外皮细胞瘤、食管鳞状上皮癌。优点：对周围正常组织安全，耐受性好，毒性低，与其他疗法无拮抗。缺点：只适用于浅表肿瘤，穿透力差，光敏持续时间有限，激光费用高，因为即使全身用药，光的穿透深度通常也只有 1～1.5 cm，并且实际深度还因波长而异，常发生炎性反应（红斑、水肿）。

第五节　分子靶向治疗

分子靶向治疗是以肿瘤细胞的标志性分子为靶点，干预细胞发生癌变的环节。分子靶向治疗是从细胞分子水平上，以恶性肿瘤细胞内的表型分子为靶点，来设计相应的治疗药物，药物进入体内会特异地选择致癌位点相结合而发生作用，如通过抑制肿瘤细胞增殖、干扰细胞周期、诱导肿瘤细胞分化、抑制肿瘤细胞转移、诱导肿瘤细胞凋亡及抑制肿瘤血管生成等途径达到治疗肿瘤的目的，使肿瘤细胞特异性死亡，而不会波及肿瘤周围的正常组织细胞。肿瘤的生长因子受体、信号转导分子、细胞周期蛋白、细胞凋亡调节因子、蛋白水解酶、血管内皮生长因子等都可以作为肿瘤治疗的分子靶点。与传统细胞毒化疗不同，肿瘤分子靶向治疗具有特异性抗肿瘤作用，并且毒性明显减少，开创了肿瘤治疗的新领域。

第六节　溶瘤病毒疗法

溶瘤病毒疗法是基于天然或基因工程改造的病毒能够选择性地感染、增殖和杀死癌细胞，同时保持健康细胞的完整的一种新型肿瘤疗法。这种双重效应使其成为癌症研究领域的热点，重要的是，犬与人类的癌症在生物学、遗传学、表型和临床方面具有相似性，其研究结果能更好地应用于人的临床。

一、溶瘤病毒介导肿瘤消融术的机制

溶瘤病毒介导肿瘤细胞破坏的可能作用机制分为三类：破坏肿瘤细胞、破坏肿瘤血管和诱导宿主的抗肿瘤免疫反应。在大多数情况下，三者协同作用于肿瘤细胞。

溶瘤病毒能直接破坏肿瘤细胞，细胞裂解后释放的大量子代病毒颗粒攻击肿瘤细胞，再次复制裂解细胞，一旦瘤细胞被全部裂解后，病毒因自身缺陷无法复制，被免疫系统清除和破坏。

溶瘤病毒也能靶向肿瘤部位破坏肿瘤血管、削弱肿瘤的血管生成能力，在这个过程中血管内皮生长因子（Vascular endothelial growth factor，VEGF）是最重要的因子之一。一些溶瘤病毒，如牛痘病毒，能表达 VEGF 抗体，在体外试验中表现出对多种犬肿瘤细胞的细胞毒性，在异种移植犬软组织肉瘤小鼠模型中也能明显抑制肿瘤的生长。因此，采用基因编辑技术，使溶瘤病毒表达 VEGF 抗体可能会大大提升溶瘤病毒的有效率。

溶瘤病毒能诱导宿主的抗肿瘤免疫反应，溶瘤病毒感染动物后，其肿瘤部位中性粒细胞数、T 淋巴细胞数、巨噬细胞数、自然杀伤细胞数、树突状细胞数均升高，这些激活的免疫细胞在肿瘤部位通过吞噬肿瘤细胞或表现出细胞毒性来消融肿瘤。此外，溶瘤病毒还能增加干扰素-γ（IFN-γ）、白介素-2（IL-2）、IL-6、肿瘤坏死因子-α（TNF-α）、干扰素-γ 诱导蛋白-10（IP-10）、巨噬细胞炎性蛋白-1α（MIP-1α）、巨噬细胞炎性蛋白-1β（MIP-1β）、单核细胞趋化蛋白-1（MCP-1）和单核细胞趋化蛋白质-3（MCP-3）的表达，这些蛋白能刺激树突状细胞、中性粒细胞、巨噬细胞、自然杀伤细胞，使其发挥非特异性免疫效果。

此外，溶瘤病毒还能与其他传统治疗方法协同增强肿瘤细胞对放疗和化疗药物的敏感性。转基因表达把具有治疗作用的外源性基因插入到溶瘤病毒基因组中，让重组病毒感染癌细胞并表达所插入的目的基因，从而发挥抗肿瘤作用。

二、用于犬肿瘤临床试验的溶瘤病毒

目前，研究发现许多野生型或重组病毒可作为治疗犬肿瘤的溶瘤剂，下面主要介绍 8 种常见的溶瘤病毒，如麻疹病毒（Measles virus，MV）、犬瘟热病毒（Canine

distemper virus，CDV）、新城疫病毒（Newcastle disease virus，NDV）、仙台病毒
（Sendai virus，SV）、水疱性口炎病毒（Vesicular stomatitis virus，VSV）、呼肠孤病毒
（Reovirus）、牛痘病毒（Vaccinia virus，VACV）、腺病毒（Adenovirus）。

1. 麻疹病毒　麻疹病毒属于副黏病毒科，20 世纪 70 年代，一例霍奇金病患儿意外感
染麻疹病毒后肿瘤消退，由此发现麻疹病毒的溶瘤潜能。麻疹病毒能自然感染淋巴细胞和
呼吸道上皮细胞，通过 H 蛋白与信号淋巴细胞活化分子（Signaling lymphocytic
activation molecule，SLAM 或 CD150）和膜补体调节蛋白 CD46 的结合感染淋巴细胞；
通过与脊髓灰质炎病毒-4 受体（PVRL4/necatin-4）结合感染呼吸道上皮细胞。nectin-4
在某些人类癌症如卵巢癌、乳腺癌和肺癌中过表达。麻疹病毒的一种基因变异体 rMV-
SLAMblind 与 nectin-4 相结合进入癌细胞，这种变异体对灵长类动物没有毒性，但对体
外培养的犬乳腺肿瘤细胞而言，rMV-SLAMblind 变异体依赖于犬 necatin-4 的阳性表达
诱导细胞死亡。此外，研究显示，体内试验中移植 necatin-4 阳性表达的犬乳腺肿瘤细胞
的免疫抑制小鼠，经麻疹病毒治疗后，肿瘤体积与未经麻疹病毒治疗的对照组相比体积减
小 50%，因此，麻疹病毒溶瘤治疗适用于转移性或手术不能切除的肿瘤。与人类相比，
犬体内缺乏抗麻疹病毒的中和抗体有利于系统性治疗，但要避免神经毒性。

2. 犬瘟热病毒　犬瘟热病毒是一种副黏病毒，主要感染呼吸道和/或神经系统，与麻
疹病毒极为相似，有希望成为溶瘤治疗的一种候选病毒。犬瘟热病毒以 CD150 和 nectin-4
作为受体。事实上，中枢神经系统感染与 nectin-4 受体的表达有关，而这种受体仅存在于
犬体内。在体外，犬瘟热病毒能够抑制犬源性腺纤维肉瘤细胞的增殖。犬瘟热病毒的
Onderstepoort 株在体外能感染并抑制组织细胞肉瘤细胞，诱导 IL-1、IL-6 和 TNF 的表
达。FXNO、YSA-TC 和 MD-77 毒株也能感染犬组织细胞肉瘤细胞，感染 FXNO 的细胞
产生明显的早期细胞病变。重组株 pCDVeGFP N 能通过诱导凋亡的方式引起大量 B 细胞
和 T 细胞来源的犬恶性淋巴瘤细胞死亡。弱毒犬瘟热疫苗株 CDV-L 通过激活 NF-κB 信号
通路诱导犬乳腺癌细胞凋亡，产生抗肿瘤作用，而对犬肾上皮细胞（Madin-darby canine
kidney cells，MDCK）没有杀伤作用。但是，由于犬瘟热疫苗是犬常规免疫接种的一种
疫苗，其自身的抗体会限制溶瘤治疗。

3. 新城疫病毒　试验表明，新城疫低毒力减毒致瘤毒株 NDV-MLS 使体外培养的原
发性犬源 B 淋巴瘤细胞的存活率降低了约 40%，对外周血单核细胞无明显影响。并不是
所有的淋巴瘤对新城疫病毒都同样敏感，诸如剂量和给药途径等因素会对病毒感染肿瘤组
织的效果产生影响。此外，新城疫病毒非毒性毒株具有稳定的安全性和免疫刺激潜能，因
此研究新城疫病毒对犬类肿瘤的治疗作用具有广阔前景。

4. 仙台病毒　仙台病毒又称日本血凝病毒，是啮齿类动物的一种限制性病原体，主
要感染呼吸道。有研究开展了在 6 例犬体内评估仙台病毒用于乳突状细胞瘤治疗的试验，
用 $1×10^7 \sim 1×10^{8.6}$ 倍平均胚胎感染剂量（EID_{50}）多次注射（瘤内和瘤周围皮内），结果
显示，4 例患有原发性或复发性肿瘤的犬得到完全缓解（其中 3 例持续时间较长），其余
2 例病情稳定，注射部位出现轻微的压痛和水肿的副作用，这些结果为仙台病毒治疗犬皮
肤/皮下肥大细胞瘤（Mastocytoma，MCT）的进一步研究提供了依据。仙台病毒对小肿
瘤的治疗效果良好，然而，在一般情况下，这些肿瘤通常是手术可以切除的。仙台病毒极
有可能成为肥大细胞瘤的辅助或新辅助治疗手段，同时还需明确这种治疗方法能否与手术
疗法相协同，如能否消除手术后残余的癌细胞以及缓解肿瘤带来的其他症状等，而且评估

药物的相互作用也很重要，尤其是与类固醇药物联合使用时，这可能会降低其治疗效果。

5. 水疱性口炎病毒 水疱性口炎病毒为负链 RNA 病毒，对 IFN-α/β 非常敏感，易感染牛和人，犬很少感染。一项用 1×10^{10} TCID$_{50}$/0.5 m^2 静脉注射治疗 10 例血液和实体肿瘤患犬的研究中，在接受两次病毒剂量治疗的骨肉瘤（Osteosarcoma，OSA）患犬中未发生不良反应、病毒脱靶和神经毒性。VSV-gp 是另一种基因改造的溶瘤病毒 VSV 变异体，其中 VSV 糖蛋白 G 被取代，诱发较低的神经毒性，1/10 感染复数的 VSV-gp 可体外溶解黑色素瘤细胞。当用两倍 10^7 PFU 剂量治疗时，可以延长小鼠黑素瘤模型的存活时间，提示 VSV-gp 为治疗犬黑色素瘤以及其他肿瘤的有效候选药物。

6. 呼肠孤病毒 几乎在所有健康犬体内都能检测到抗呼肠孤病毒中和抗体。尽管如此，仍有几种呼肠孤病毒可能成为犬肿瘤的溶瘤药物；然而，目前只对从腹泻犬中自然分离的呼肠孤病毒血清型-3（Reovirus Serotype 3）进行了研究，其商品化的 Reolysin® 在体外试验中，对犬肥大细胞瘤、淋巴瘤、乳腺肿瘤、组织细胞肉瘤均表现出明显的治疗效果。犬肥大细胞瘤小鼠内脏移植模型体内试验结果显示：经 Reolysin® 单次治疗后，肿瘤明显消退，与紫外线治疗的小鼠相比，1×10^8 PFU Reolysin® 治疗的小鼠异种移植的犬 T 细胞淋巴瘤的生长明显被抑制。在另一项体外试验研究中显示，Reolysin® 通过 caspase-3 介导的凋亡，降低 T 细胞和 B 细胞淋巴瘤的细胞活力。同样，Reolysin® 能在犬组织细胞肉瘤细胞中复制并诱导 caspase 依赖性凋亡，单次肿瘤内注射呼肠孤病毒可完全抑制非肥胖糖尿病/重症联合免疫缺陷（NOD/SCID）小鼠皮下移植瘤的生长，其诱导的细胞死亡是由体外呼肠孤病毒感染诱导的 I 型干扰素表达程度决定的。呼肠孤病毒在犬肥大细胞瘤、淋巴瘤、骨肉瘤、乳腺肿瘤和黑色素瘤等肿瘤细胞中的溶瘤作用似乎并不依赖于 Ras 信号通路的激活。此外，Reolysin® 的安全性已经在 19 只患晚期肿瘤的犬中得到证实。

7. 牛痘病毒 从牛痘病毒 Lister 毒株中提取的 5 株和哥本哈根毒株中提取的 1 株目前有望成为犬类肿瘤的溶瘤药物。GLV-1h68 一种编码发光融合基因 β-干乳糖苷酶（β-galactosidase）和 β-葡萄糖醛酸酶（β-glucuronidase）的 Lister 衍生株，能显著抑制裸鼠乳腺癌移植模型的肿瘤生长。LIVP1.1.1 是从野生型 Lister 株中分离得到的。在犬软组织肉瘤（Soft tissue sarcoma，STS）移植的小鼠，静脉注射 1×10^7 PFU 的 LIVP1.1.1 或 GLV-1h68，均可抑制肿瘤生长。GLV-1h109 毒株来源于 GLV-1h68，但含有 *GLAF-1* 基因，该基因编码单链抗血管内皮生长因子抗体，能调控肿瘤血管的生成。在体外研究中，GLV-1h109 能通过感染、复制，裂解犬 STS 和前列腺癌细胞，使其存活率下降 70% 以上。与 GLV-1h68 相比，GLV-1h109 显示出更好的肿瘤特异性复制。另一种溶瘤毒株 LIVP6.1.1，也是从野生型 Lister 株中分离得到的，与其他分离毒株相比，其毒性较小，但可有效杀死体外培养的犬软组织肉瘤、前列腺癌、黑色素瘤和骨肉瘤细胞。在犬软组织肉瘤或前列腺癌鼠移植瘤模型体内，静脉注射 5×10^6 PFU，肿瘤生长受到显著抑制（约 50%），无毒性反应。值得注意的是，LIVP6.1.1 易在肿瘤部位复制，促进软组织肉瘤中浸润细胞［粒细胞、单核细胞、巨噬细胞和主要组织相容性复合体Ⅱ类阳性（MHCⅡ＋）、CD45＋细胞］增加，外周血中未发现细胞群的变化。此外，LIVP 6.1.1 株衍生的 GLV-5b451 含有编码单链抗犬血管内皮生长因子抗体的 *GLAF-1* 基因，可有效地体外感染、复制和杀死乳腺癌、乳腺腺瘤、前列腺和 STS 细胞，导致约 60% 的细胞死亡。单剂量的 1×10^7 PFU（GLV-5b541 或 LIVP 6.1.1）能够抑制小鼠犬 STS 细胞移植瘤模型的肿瘤生长，且无毒性。基于以上研究，牛痘病毒的 Lister 毒株可能是一种前景广阔的治疗犬肿瘤的溶瘤药物。

8. 腺病毒 有研究提示人腺病毒-5 型（Human adenovirus type 5，Ad 5）和犬腺病毒-2 型（Canine adenovirus type 2，CAV-2）可能作为治疗犬类肿瘤的溶瘤药物。目前主要以 CAV-2 为基础的载体 OC-CAVE1 和 ICOCAV17，作为犬类肿瘤的溶瘤病毒。OC-CAVE1 包含骨钙蛋白（OC）启动子，骨肉瘤等肿瘤具有较高的骨钙蛋白活性，促使病毒靶向肿瘤细胞，进行大量复制增殖来溶解肿瘤细胞。犬 OSA 细胞移植瘤小鼠模型静脉注射 OC-CAVE1 后，病毒可以靶向肿瘤部位，降低病毒的肝脏摄取吸收并有效控制肿瘤生长。ICOCAV17 可表达一种分解细胞外基质的酶，有助于在给药后的病毒分布。该病毒对体外培养的犬骨肉瘤细胞和黑色素瘤细胞有抑制生长的作用，每 3 周接受 1×10^{10} PFU 剂量治疗的犬黑色素瘤或骨肉瘤细胞异种移植瘤模型小鼠，存活率显著提高，且无任何毒性迹象。一项研究将感染了 ICOCAV17 的犬间充质干细胞通过静脉注射治疗犬的自发性肿瘤，结果显示 27 例患犬无明显不良反应，总缓解率高达 74%，完全缓解率 14.8%，肺转移也得到有效抑制。另外，对以 Ad5 为基础的两种载体 Ad5CMVGFP 和 AdCD40L 作为溶瘤剂在犬中进行了研究。Ad5CMVGFP 在体外能有效感染原代犬 OSA 细胞；AdCD40L 用于治疗 19 只患有黑色素瘤的犬，结果显示，AdCD40L 对犬恶性黑色素瘤疗效显著，接受治疗的患犬肿瘤体积迅速缩小，且无肿瘤体积变大或转移迹象。

第六章　临床常见的肿瘤

第一节　皮肤肿瘤

一、皮肤肿瘤概述

皮肤肿瘤泛指任何生长于皮肤或皮下组织的不正常增生的团块。据统计约占犬肿瘤的1/3；皮肤肿瘤在猫的发生率仅次于淋巴系统肿瘤，约占所有猫肿瘤的1/4。皮肤肿瘤常见于老年的动物，发生原因不明，可能跟物理损伤（放射线、高温等）、基因、激素、病毒等相关。需注意肿块的发生时间、大小、软硬及生长速度。例如长期过度的暴晒会导致比格犬患血管瘤、血管肉瘤及鳞状上皮细胞癌。有些肿瘤的发生与病毒感染有关，如发生于年轻犬嘴部的良性乳突瘤，以及猫的皮肤型淋巴瘤。

无论最终是否决定手术，都应该在手术前进行细胞学检查，区分肿物是肿瘤、炎症反应、肉芽肿，还是由细菌感染引起的脓肿、外寄生虫感染导致的。细胞学检查甚至可以帮助判断肿瘤类型、淋巴结有无转移等。肿物的类型、性质以及转移决定治疗方式的选择。在细胞学检查过程中，动物不会感到太大的疼痛，因为处理时间短，抽取细胞后，动物就能离开等待结果。

治疗皮肤肿瘤的方式以手术切除为主，但有少数的良性肿瘤，如乳突瘤（Papilloma）、皮脂腺瘤（Sebaceous gland tumor），在不影响动物的生活条件时可以不切除。手术切除的范围主要是由肿瘤的类型及性质决定，如良性的皮脂腺瘤，可以沿团块边缘1cm手术切除；但如果是皮肤型的肥大细胞瘤，则需要离肿物边缘3cm以上（甚至更大范围）切除，才可达到完全切除的效果。鳞状上皮细胞癌，如果发生在四肢上，侵袭性极强，需要考虑截肢才能达到完全切除。治疗皮肤肿瘤，还有放疗、化疗等方式。当然，治疗方式的选择主要取决于术前的诊断、当地的治疗条件以及宠物主人的治疗意愿，综合选择对动物最好、最有效的方式。与其他疾病的治疗原则一样，"早期发现，早期治疗"才是最重要的，日常需要关注动物，如果发现动物身上出现了异常的肿物，需要尽快带至动物医院就诊才能获得更好的治疗结果。

二、肥大细胞瘤

（一）肥大细胞瘤概述

肥大细胞瘤（Mast cell tumors，MCT）来源于多能CD34＋造血祖细胞，通常存在于全身的骨髓、结缔组织、皮肤、胃肠道和呼吸道中，但几乎从未出现在体循环中。肥大细胞是对细菌和寄生虫感染的先天性和适应性免疫反应的正常组成部分。响应抗原的肥大细胞激活导致肥大细胞脱粒并将各种细胞因子和趋化因子释放到血液中，从而促进宿主免疫反应。肥大细胞瘤的特征是肥大细胞异常增殖和积累，肿瘤性肥大细胞团可以自发地脱颗粒，释放生物活性分子（如组胺和肝素）参与超敏反应、变态反应和炎症过程。

1. Kit 在肥大瘤发生中的作用　Kit 基因首先在 Hardy-Zuckerman 4 猫肉瘤病毒（HZ4-FeSV）中发现。这种急性转化型逆转录病毒会导致猫出现纤维肉瘤。HZ4-FeSV 的转化活性由致癌基因 *V-Kit* 携带，该基因被认为是通过猫白血病病毒中猫 Kit 序列的截断和转导产生的。Kit 基因编码一种跨膜酪氨酸激酶受体（TKR）蛋白，参与肥大细胞、黑色素细胞、Cajal 间质细胞和造血干细胞的发育、增殖和功能。Kit 蛋白结构包括 5 个免疫球蛋白样结构域的细胞外区域、跨膜结构域和细胞内区域。细胞内区域包括近膜结构域和两个由激酶插入物隔开的酪氨酸激酶结构域。造血干细胞因子激活 Kit 蛋白会触发细胞内不同的下游信号级联反应，诱导肥大细胞发育、存活、增殖、分泌功能和趋化性。

Kit 突变很常见，见于肥大细胞瘤、胃肠道间质瘤、黑色素瘤和急性髓性白血病等。Kit 突变最初是在一个人肥大细胞白血病患者的 HMC-1 细胞中发现的，后来在小鼠和大鼠肥大细胞瘤中发现，这表明 Kit 突变在肥大细胞肿瘤发生发展中发挥作用。将犬 Kit 蛋白质序列与来自小鼠和人类的序列比较，同源性分别显示为 82% 和 88%。跨物种的高蛋白质序列保守性引发了关于 Kit 突变是否也可以在其他物种的肥大细胞瘤中发现的猜测。事实上，在人类、猫和犬的肥大细胞瘤中至少发现了 51 个 Kit 基因的独特功能突变。Kit 基因功能获得性突变会破坏正常的 Kit 蛋白功能，导致在缺乏配体结合的情况下结构性激活 Kit。这些突变可以根据其在基因中的位置分为两类：调节型突变或酶袋型突变。调节型突变：在人类、猫和犬中，Kit 蛋白调节区域通常会受到突变的影响，如由外显子 8 和 9 编码的细胞外配体结合第 5 免疫球蛋白样结构域，以及由外显子 11 编码的近膜结构域，参与调控抑制 Kit 酶激素。发生在编码 Kit 蛋白胞内激酶域的外显子 13～21 中的 Kit 突变称为酶袋型突变。

2. 酪氨酸激酶抑制剂　酪氨酸激酶受体（如 Kit），是分子靶向治疗的候选者。酪氨酸激酶抑制剂（TKI）用于兽医医学以治疗携带 Kit 突变的肥大细胞瘤。TKI 直接与酪氨酸激酶受体（包括 Kit）中的 ATP 结合位点结合，阻断酪氨酸激酶受体自磷酸化，防止由调节型突变引起的激活，从而阻止下游信号级联反应的启动，使肿瘤性肥大细胞增殖和肿瘤生长受到抑制。由酶袋型突变引起的 Kit 蛋白结构的变化，导致 TKI 对结合位点的亲和力降低。携带这种突变类型的肿瘤性肥大细胞对大多数 TKI 疗法具有耐药性。因此，基因内 *Kit* 突变的位置会影响肿瘤对 TKI 治疗是否有反应或耐药，因此，突变位置具有预后重要性。

（二）犬肥大细胞瘤

犬肥大细胞瘤是第二大常见的恶性肿瘤之一，占犬全部皮肤肿瘤的 10%～21%，在临床表现和生物学行为方面具有高度异质性，具有可变性、复发和转移的可能性。犬的预后和治疗选择临床体征和肿瘤解剖位置、生长速度、大小、大体外观（如溃疡）、转移、术后复发、临床分期和肿瘤组织学分级的影响。与人类患者不同，没有明确的证据表明犬肥大细胞瘤具有家族遗传性，尽管拳师犬和其他斗牛犬后代似乎更容易发生肥大细胞瘤。

1. 肿瘤的位置及流行病学　多发于中老年犬，发病年龄为 7 月龄至 18 岁，平均年龄为 9 岁左右，无性别倾向，拉布拉多犬、拳师犬、金毛寻回犬、可卡犬、比格犬、波士顿犬、哈巴狗、沙皮犬和斗牛梗患肥大细胞瘤的风险较高。肥大细胞瘤可发生在机体的任何部位，通常位于皮肤（真皮）或皮下。存在多种形式：①分化良好的皮肤：肥大细胞瘤生长缓慢、无毛、孤立性病变，通常存在数月。②分化差的皮肤：肥大细胞瘤有时会快速生长、溃疡和瘙痒性病变，附近有小的"卫星病变"。腹部触诊可能有局部淋巴结肿大或器官肿大的证据。躯干和会阴是犬皮肤肥大细胞瘤易发的区域（40%～50%），其次是四肢（30%～40%），而头颈部发生的频率较低（10%～15%）。其他不常见的位置包括眼结膜、唾液腺、鼻咽、喉头和口腔。然而，拳师犬和哈巴狗的肥大细胞瘤通常是组织学上的低或中等级别，具有较好的预后。沙皮犬，尤其是年轻的个体，也容易发生肥大细胞瘤，但肿瘤往往分化较差，易侵袭转移。大多数犬表现出单个肿块，11%～14%的犬表现多个肿块。除了最常见的皮肤形式，肥大细胞瘤也表现出内脏形式且具侵袭性，如胃肠道、肝脏、脾脏的肥大细胞瘤。c-Kit的突变可能会增加犬患肥大细胞瘤的易感性。犬肥大细胞瘤的病因尚不清楚，可能与皮肤的慢性炎症及使用刺激剂有关。

2. 临床症状 皮肤肥大细胞瘤的临床表现极其多变，大多数病例的症状和原发肿瘤有关，很少患犬会在初次就诊时出现全身症状。大多数犬会表现出单个肿瘤，临床表现为凸起、坚实、边界清楚及脱毛等。11%～14%的犬会表现为多发性肿瘤。皮下的肥大细胞瘤通常触诊柔软并有肉感，临床上常常会将其误诊为脂肪瘤（有10%～15%的肥大细胞瘤曾被误诊为脂肪瘤）。MCT（肥大细胞瘤）中组胺、肝素等生物活性物质的释放可能使皮肤表现出明显的炎症特征（如局部组织红肿和溃疡），触诊MCT时因肥大细胞脱颗粒引起局部发红和风疹形成，肥大细胞脱颗粒还能引起患犬的胃肠道症状，如呕吐（可能带血）、厌食、黑粪症、腹痛及肝脾肿大、苍白等，血细胞计数可见血细胞减少症及可能出现循环的肥大细胞。术后伤口愈合过程中也会出现不同程度的组织水肿、渗出、愈合延迟等现象。

3. 肿瘤组织学分级和临床分期 Patnaik's三级肿瘤组织学分级依据：细胞形态、有丝分裂指数、细胞数量、组织侵袭程度和间质反应。如表6-1所示。Ⅰ级MCT由成行或成团的单形分化良好的肥大细胞组成，细胞核圆形，胞质中等大小，局限于真皮内，分化良好，无有丝分裂象，间质反应轻微或坏死。Ⅱ级MCT为中等分化，由中等多形性的肥大细胞组成，细胞核呈圆形或锯齿状，胞质大多呈细颗粒状，可延伸至真皮下层和皮下组织，偶尔也可进入更深的组织。Ⅱ级MCT每个高倍镜视野下可见0～2个核分裂象，部分MCT可见水肿、坏死和透明胶原。Ⅲ级MCT分化不良，细胞形态丰富，由多形性肥大细胞组成，凹形至圆形的泡状核，一至多个突出的核仁，呈片状排列，取代皮下组织和下层组织。Ⅲ级MCT每10个高倍镜视野下有3～6个核分裂象，MCT可见出血、水肿、坏死和透明胶原。一般来说，Ⅰ级MCT较不易发生转移及系统性扩散，Ⅱ级及Ⅲ级则相反。

表6-1 Patnaik's肥大细胞瘤组织学分级

分级	名称	特点
Ⅰ	分化良好	无核分裂象，规则圆形/卵圆形核，胞质颗粒大，染色丰富
Ⅱ	中等分化	无或少见有丝分裂象（0～2/高倍镜视野）。与未分化细胞相比，细胞质边界难以区分，核质比较低，颗粒较多
Ⅲ	分化不良	有丝分裂象（3～6/高倍镜视野）增多。胞质边界不清，不规则的细胞核和间隔的颗粒

为更准确地预测犬皮肤肥大细胞肿瘤的生物学行为，Kiupel 提出了一种二级组织学分级：高级别 MCT 的特征为以下任一标准：10 个高倍镜视野中至少有 7 个核分裂象；10 个高倍镜视野内至少有 3 个多核细胞（3 个或更多核）；10 个高倍镜视野内至少有 3 个奇异核细胞（高度不典型，有明显的凹痕、切分和不规则形状）；核肿大（>10% 的肿瘤细胞的核直径变化相差至少 2 倍）。选择有丝分裂活性高或异质核分化程度高的区域来评估不同的参数。根据新的分级系统，高级别 MCT 与较短的转移时间或新肿瘤发展时间以及较短的生存时间显著相关。高级别 MCT 的中位生存时间少于 4 个月，而低级别 MCT 的中位生存时间超过 2 年。两种组织学分级法相比较，提示二级组织学分级系统对犬乳腺肿瘤有较高的预后价值，而三级组织学分级系统提供了一些关于生存预后的额外信息。

Horta 等提出了基于 WHO 临床分期标准的修订版。如表 6-2 所示，根据是否有淋巴结转移，将Ⅲ期分为Ⅲ.1 期（多发性肿瘤，无局部淋巴结转移）和Ⅲ.2 期（大/浸润性或多发性肿瘤，并伴发局部淋巴结转移）。以前 WHO 分期的第Ⅱ期变成了第Ⅲ期。之前 WHO 分期的第Ⅱ期成为新Ⅲ期，之前第Ⅲ期分为Ⅲ.1 期（新Ⅱ期）和Ⅲ.2 期（新Ⅳ期），之前 WHO 分期中第Ⅳ期修订为新Ⅴ期。

表 6-2 犬皮肤和皮下肥大细胞肿瘤 WHO 临床分期的修订

分期	特征
Ⅰ	单发肿瘤，无区域淋巴结转移
Ⅱ	多发肿瘤（≥3），无区域淋巴结转移
Ⅲ	单发肿瘤，区域淋巴结转移
Ⅳ	大/浸润性肿瘤；无界限，或多发肿瘤（≥3），区域淋巴结转移
Ⅴ	伴有远端转移的肿瘤，包括骨髓浸润和外周血中肥大细胞的存在

4. 诊断方法

（1）细针穿刺技术　大多数犬肥大细胞瘤病例能通过细针穿刺技术诊断，肥大肿瘤细胞容易脱落，细胞学检查表现为小至中型的圆形细胞，含有大量均一的细胞颗粒，通过瑞氏或姬姆萨染色、甲苯胺蓝染色可鉴别胞质内颗粒。分化良好的肥大细胞核呈圆形或椭圆形，一般核仁不明显，胞质丰富。分化不良的肥大细胞没有明显的胞质颗粒，但是细胞核呈椭圆形，嗜碱性强，核仁较明显，胞质界限清晰，淡染，呈"荷包蛋"样外观。肥大细胞瘤常伴有嗜酸性粒细胞的增多。细针穿刺技术能做出诊断，但不能进行肿瘤组织学分级。如果细胞是多形性的，怀疑可能是高级别肿瘤。为了获得准确的组织学分级，需要进行组织病理学检查。

（2）切口活检　切口活检包括在不试图完全切除肿块的情况下采集肿块样本。一旦肿块被诊断为肿瘤并通过组织病理学分级，就可以制订明确的外科手术程序。在进行切口活检时，避开明显的炎症或坏死区域，选择合适的切口位置，以便在最终手术中切除整个活检道。与细针穿刺技术相比，切口活检的缺点是切口破裂和成本增加。

（3）组织切除活检　切除活组织检查是指将肿块切除进行组织病理学评估。如果通过细针穿刺技术检查诊断为肥大细胞瘤，并且肿瘤位于可以进行广泛手术切除的部位，则切除活检是合适的。在某些情况下，例如困难的手术部位，不方便进行手术切除组织。由于第一次手术是治愈的最佳机会（如筋膜平面不间断，无疤痕组织，肉眼可见肿瘤），需注意在这些部位进行切除活组织检查可能会危及手术治愈的机会。

（4）其他诊断　癌症的标志之一是细胞失控性增殖生长。细胞增殖是评估犬患肥大细胞瘤的一个强有力的预后依据。任何导致增殖与细胞死亡比率升高的干扰因素都可能导致肿瘤生长。细胞增殖的程度是由细胞周期内的细胞数量（生长率）和细胞在周期内的进展速度（增殖率）决定的。兽医学中最常见的增殖标记分子包括核仁组织区嗜银蛋白（AgNOR）、Ki67 和 MI。AgNOR 代表银染色可见的非透明蛋白，AgNOR 位点的数量增加与细胞增殖有关。Ki67 是一种增殖的核蛋白，见于所有循环细胞，但在静息细胞中无法检测到，其表达与预后、肿瘤分级明显相关。MI 是一个阶段指标标记，用于识别细胞周期中处于 M 阶段的细胞。结合评估生长率（Ki67）和增殖率（AgNOR），可确定肿瘤细胞群的增殖，并且二者已被确立为犬皮肤肥大细胞瘤的重要预后指标。相反，使用阶段指标标记（如 MI），作为唯一的增殖预测指标，可能会导致假阳性或假阴性评估，因为MI 可能反映增殖状态或核异常。

5. 治疗方法　肥大细胞瘤的临床治疗取决于肿瘤大小、位置、组织学分级和是否转移。皮肤型肥大细胞瘤的治疗方式，可选择手术切除、放射疗法、化学疗法及支持疗法等。以外科手术切除皮肤型肥大细胞瘤为常用治疗方法。手术方式必须考虑肿瘤的发生部位，如长在四肢就不适合手术切除，因为没有多余的皮肤可以缝合，宜选择放疗。由于肥大细胞瘤具有明显侵犯性，因此，在切除肿瘤时必须切除较多的正常组织（包括较深部的皮下及肌肉组织），以确保肿瘤组织完全被切除，并且很有可能在切除大范围的组织后，仍有一些肿瘤细胞未被切除，为避免肿瘤复发，应辅助化疗及放疗等。

对于低级别的肥大细胞瘤肿瘤，手术切除联合放疗和/或化疗，以及辅助治疗，可促进低级别的Ⅰ级和部分Ⅱ级肥大细胞瘤肿瘤的完全治愈。手术治疗包括按适当的安全边缘切除肿瘤，以防止术后肿瘤复发，但是手术切除肥大细胞瘤并不能保证肿瘤周围的安全边缘。当手术切除肥大细胞瘤时，肥大细胞瘤脱颗粒可能会引起肿瘤周围的炎症和/或水肿、胃肠道症状等，尤其是在时大的肿瘤肿块时，建议手术期使用 H1 和 H2 受体阻滞剂以降低局部和全身效应的风险。切除 2cm 肿瘤周围组织和深筋膜的Ⅰ和Ⅱ级犬肥大细胞瘤病例，其复发率与报道的 3cm 安全缘相似。在获得无肿瘤组织学切缘方面，保守切缘入路（2cm）不逊于宽切缘入路（3cm），可在犬体内实现无肿瘤组织学切缘，降低术后并发症的风险。由于Ⅲ级肿瘤局部复发和转移的风险很高，应切除至少 3cm 的外侧边缘加上深筋膜平面。

根据欧洲关于犬和猫肥大细胞瘤的共识性文件，治疗犬肥大细胞瘤最常用的化疗方案是：①静脉注射长春花碱（2mg/m²，每周1次，连续4周，然后每2周1次，连续4次）＋口服强的松龙（又名泼尼松龙，2mg/kg，每天1次，连续1周，再每天1mg/kg，连续2周，之后每2d 1mg/kg）；②口服洛莫司汀（70mg/m²/21 天，4 个疗程）；③交替静脉注射长春花碱（2mg/m²，第1周注射之后，再4周1次）和口服洛莫司汀（60mg/m²，第3周，第4周联合应用）；④交替静脉注射长春花碱（3.5mg/m²第3周1次，每4周1次），口服洛莫司汀（70mg/m²，第1周口服，然后每4周1次）和口服强的松（前2周每天2mg/kg，然后第3周至第24周每天1mg/kg，之后在4周内逐渐减少至停用）。

几种化疗药物已被用于治疗犬的肥大细胞瘤。长春花碱常与泼尼松龙联合使用，其细胞毒性作用体现在有丝分裂周期中抑制微管结合而导致细胞死亡。泼尼松龙与细胞质受体结合，进入细胞核，改变 DNA 转录，改变细胞代谢。洛莫司汀作为辅助治疗犬肥大细瘤的化疗药物，因其可干扰 DNA、RNA 和蛋白质的合成和功能而被广泛应用，且耐受性良好。Kit 抑制剂、托西尼布（Toceranib，TOC）、马赛替尼和伊马替尼已被安全有效地用于治疗不可切除的犬的高级别肥大细胞瘤。马赛替尼推荐用于 *C-kit* 基因突变活跃的肥大细胞瘤。一种酪氨酸激酶抑制剂依鲁替尼正在研究中，可作为未来治疗犬肥大细胞瘤的替代药物。依鲁替尼通过靶向酪氨酸激酶抑制肿瘤细胞的生长和抑制肿瘤细胞中 IgE 依赖的组胺释放。

托西尼布是兽医学中最常用的酪氨酸激酶抑制剂（TKI），在美国、欧盟和澳大利亚被许可用于治疗不可切除或复发的Ⅱ级和Ⅲ级犬皮肤肥大细胞瘤。托西尼布最初是作为抗血管生成剂，但后来发现通过抑制 Kit 自磷酸化和肥大细胞增殖具有有效的抗肿瘤特性。早期研究报道，托西尼布可用于标准疗法失败的复发肥大细胞瘤的治疗，如果携带 Kit 外显子 11 突变串联复制序列（11ITD），肿瘤更敏感。犬的总生存时间、肿瘤进展时间和肿瘤对托西尼布反应的持续时间不受肿瘤 ITD 突变状态的影响。此外，在这些研究中，并非所有患有 ITD 的犬都对治疗有反应。无反应犬的肥大细胞瘤可能在 Kit 的酶促结构域中含有二次突变，从而诱导肿瘤 TKI 耐药。在最近的一项研究中，观察到托西尼布治疗的客观缓解率（ORR：完全缓解或部分缓解）为 46%。尽管肿瘤 ITD 状态对总生存率没有影响，但对 ITD 突变和非 ITD 突变肥大细胞瘤犬之间的 ORR 差异并未在本研究中进行统计分析。与 ITD 突变型肥大细胞瘤相比，非突变型肥大细胞瘤的犬无进展生存期显著增加。与长春花碱治疗相比，Toceranib 治疗对肥大细胞瘤有效的犬的比例更高（二者分别为 30% 和 46%），但这一差异没有统计学意义。考虑到与 Toceranib 治疗相伴而来的更高的费用和可能更频繁、更严重的不良事件，无论肿瘤突变状态如何，长春花碱仍然可能是主要的治疗选择，而 Toceranib 作为一种挽救治疗药物。

酪氨酸激酶抑制剂——甲磺酸马赛替尼目前未获准在美国使用，但在欧盟用于治疗具有确认突变 Kit 的不可切除的Ⅱ级和Ⅲ级犬皮肤肥大细胞瘤。与安慰剂治疗的犬相比，马赛替尼显著提高了复发性或不可切除的Ⅱ级或Ⅲ级肥大细胞瘤携带调节型 Kit 突变的犬的总生存率。与安慰剂治疗的动物相比，马赛替尼治疗犬的肿瘤进展时间也有所增加，无论肿瘤突变状态如何。肿瘤对马赛替尼治疗的反应在未接受过化疗的犬中更为明显，这表明化疗可能会影响 TKI 耐药肿瘤细胞的生长，限制马赛替尼治疗的有效性。马赛替尼开始治疗 6 个月后，完全肿瘤反应、部分肿瘤反应或疾病稳定对犬 12 个月和 24 个月的存活率具有很高的预估价值，而犬 6 周时的肿瘤反应并不能提供预估价值。由于大多数研究评估犬对酪氨酸激酶抑制剂的反应不到 6 个月，因此在评估接受酪氨酸激酶抑制剂治疗的犬的长期健康益处时，必须仔细解释结果。

含有酶袋型突变的酪氨酸激酶抑制剂耐药肿瘤可能仍然对酪氨酸激酶抑制剂与传统化疗药物的联合治疗敏感。一项Ⅰ/Ⅱ期研究评估了 41 例犬的托克拉尼与洛莫司汀的联合治疗，确定了脉冲给药环境下药物的最大耐受剂量，并得出结论，该联合治疗耐受性良好，对一些患有高度不可切除或转移性肥大细胞瘤的犬具有治疗价值。肿瘤 Kit 突变状态不影响治疗反应。在一项使用相同的药物组合和不同的给药方案的研究中，10 例犬中有 2 只在 1 年以上的时间内观察到完全缓解，但犬的耐受性不佳。在一项对 40 例患有Ⅱ级或Ⅲ级肥大细胞瘤的犬进行的回顾性研究中，托西尼布与长春花碱联合应用（作为手术辅助或新辅助治疗），或单独应用（作为药物姑息治疗），治疗的耐受性相当好，在 29 例患有Ⅱ期和Ⅲ期肥大细胞瘤的病犬中，观察到 90% 的初始反应率（完全反应和部分反应）。目前正在研究不依赖酪氨酸激酶抑制剂的犬肥大细胞瘤的治疗方法，用于治疗对酪氨酸激酶抑制剂和传统化疗药物耐药的肥大细胞瘤。

放疗可作为术后肥大细胞瘤的治疗方法，与泼尼松龙或化疗联合使用。在转移风险高的肥大细胞瘤中，即使在细胞阴性的淋巴结中，放疗也被认为是一种预防性的方法。在患有高级别肥大细胞瘤的犬的研究证实，预防性和治疗性淋巴结照射是有益的，并可改善预后。在决定实施放射治疗之前，应考虑到难以获得放射治疗设备、相关的经济成本和与放射治疗方案相关的经常发生的急性皮肤不良反应（主要是在面部和会阴）。长春花碱经常与泼尼松龙联合使用，用于控制转移性肥大细胞瘤，转移风险高且未实现完全手术切除的病例。

6. 预后和生存时间 临床分期、肿瘤位置、细胞增殖和生长速率、微血管密度、DNA 倍性、肿瘤复发、全身体征、年龄、种族、性别、肿瘤大小以及通过聚合酶链反应检测到 c-Kit 基因的活性突变是已知影响预后的因素。如果肿瘤位置不允许肿瘤完全切除，或存在多个肥大细胞瘤，则预后较差。如果已经转移或发生在别的器官上（如脾脏），预后较差。治疗的重点在于维持犬良好的生活质量，减缓并改善肥大细胞瘤所造成的影响（如呕吐、腹泻、食欲降低、疲倦等），但由于无法很有效地完全控制这些症状，很多病犬于 6 个月内死亡。

低级别肥大细胞瘤不太可能转移，而中等级别肿瘤一般不转移，尽管个别存在一些转移行为。高级别肥大细胞瘤常转移。在犬中，肥大细胞瘤相关的预后与肿瘤的组织学分级相关。Ⅰ级肥大细胞瘤预后较好，而Ⅱ～Ⅲ级肥大细胞瘤预后较差。值得注意的是，相同组织学分级的恶性肥大细胞瘤受到有丝分裂指数（MI）的巨大影响。MI 是细胞增殖的一种间接测量指标，与肿瘤的组织学分级直接相关。MI<5 的犬存活时间明显长于 MI>5 的犬；患有Ⅱ级肥大细胞瘤和 MI<5 的犬的中位生存期为 70 个月，远高于患有Ⅱ级肥大细胞瘤但伴有 MI>5 的犬 5 个月的生存时间。

细胞增殖标志物 Ki67 和 AgNOR（核仁组织区嗜银蛋白）也可能是判断肿瘤预后的良好指标。Ki67 是一种存在于细胞核中的蛋白，除了 G_0 期或静止期外，在细胞周期的所有阶段都有表达，被单克隆抗体 MIB-1 识别。它的水平与细胞增殖相关，并在肿瘤病例中增多。然而，MI 比 Ki67 不太敏感但更特异，MI 筛查应作为肥大细胞瘤的三类或连续预后标志物。肿瘤内微血管密度可作为肥大细胞瘤术后治疗的一个敏感预后指标，并与 MI 和肥大细胞瘤侵袭性相关。通过检测血管生成生长因子及其受体（如血管内皮生长因子），评估抗血管生成化疗的反应。与其他形式的肥大细胞瘤相比，来自胃肠道、肝脏、脾脏和骨髓的肥大细胞瘤预后最差。有报道称，仙台病毒疗法（仙台病毒具有溶瘤特性）可作为犬肥大细胞瘤未来可能的替代疗法。6 例不同级别和分期的肥大细胞瘤患犬接受了仙台病毒单药治疗（n=2）或联合手术治疗（n=4），其中 5 例犬对治疗完全应答（肥大细胞瘤局部复发和/或剩余肿瘤块完全清除），只有 1 例犬显示部分反应（肥大细胞瘤局部复发和部分转移被清除），连续观察 2～3 年，5 例犬康复。

电化疗法（Electrochemotherapy，ECT）是近年来用于治疗皮肤非肿瘤性和肿瘤性病变的一种技术，并已被证明对犬肥大细胞瘤的治疗非常有效。将化疗药物与电化疗法联合使用，可提高肿瘤细胞对化疗药物的吸收，且疗效高、毒性低。这些优势加上电化疗法易于管理和相对便宜，使电化疗法成为兽医临床不同组织类型肿瘤的一线治疗方法。此外，电化疗法可单独使用或与其他肿瘤治疗方法联合使用，也可在术中使用。术中电化疗法通常用于单独电化疗法不能消灭所有肿瘤的情况，手术切除和电化疗法联合治疗是最佳的方法。在这种情况下，电化疗法被切除，但没有完全的安全边缘，术中在伤口闭合前对所有的手术边缘应用电化疗法。对于较大的肿瘤肿块，手术和术中联合使用电化疗法应慎重考虑，因为单独在较大的肿瘤肿块中使用电化疗法可能导致肿瘤组织大面积破坏后继发毒性中毒、创面延迟愈合、疤痕和局部坏死。

（三）猫肥大细胞瘤

猫肥大细胞瘤的临床表现包括内脏（脾、肠）病变和皮肤肥大细胞瘤。皮肤肥大细胞瘤是猫中第二常见的皮肤肿瘤类型，占猫科动物皮肤肿瘤的 2%～21%，通常平均在 9 岁时多发，多为良性，无性别差异。肥大细胞瘤是猫脾脏疾病的最常见原因。猫肥大细胞瘤经常涉及多个其他内脏和骨髓。关于哪些因素显著影响预后尚无共识。

1. 肿瘤的位置及流行病学　在不同品种的猫中，暹罗猫多发，表现组织细胞型（非典型性表现型）和肥大细胞型。英国的缅甸蓝猫、俄罗斯蓝猫和布偶猫，头部和躯干部的皮肤、脾脏、肠、肝脏和淋巴结是猫体内肥大细胞瘤最常见的部位。超过 50% 的肥大细胞瘤见于内脏部位，脾脏是最见，其次是肝脏和肠道。肠道肥大细胞瘤是猫体内第三大最常见的原发性肠道肿瘤，主要影响小肠，仅次于淋巴瘤和腺癌，此前曾被视为猫肥大细胞瘤的一种侵袭性形式。低分化肠肥大细胞瘤患猫，符合猫肠硬化型肥大细胞瘤的描述，可存活 2～30d；高分化或中分化肿瘤患猫可存活 28～538d。猫小肠硬化型肥大细胞瘤很少被报道，尽管对于肿瘤的特征是低或高有丝分裂指数存在分歧，但具有这种变异的猫的存活时间短是共识。据报道，肠硬化型肥大细胞瘤与胃肠道肥大细胞瘤表现出不同的组织学外观，但组织学诊断指南尚未制订。在猫中，56%～68% 的皮肤和脾脏肥大细胞瘤的 Kit 突变主要出现在外显子 8 和 9，但外显子 6 和 11 中也存在突变。外显子 8 中的 ITDs 是最普遍的，且由 Kit 蛋白激活。已经报道同时发生两种 Kit 突变的肿瘤病例，但突变状态和预后之间的显著相关性未被证实。尚未报道猫肠道肥大细胞瘤中的功能获得性突变。

2. 肿瘤组织学分级　临床对猫肥大细胞瘤生物学行为的研究相对较少，大多数预后标志物与生存的相关性相对较弱。有丝分裂指数可能是猫皮肤肥大细胞瘤最有力的预后指标，尽管存在相当大的可变性，但高指数与较差的临床预后相关。Ki67 评分和异常细胞质 Kit 蛋白定位染色与有丝分裂指数相关，但与单独评价有丝分裂指数相比，没有补充预后价值。Patnaik 和 Kiupel 组织学分级系统没有提供对猫皮肤肥大细胞瘤预后有用的信息。相反，已根据细胞和核形态将肿瘤在组织学上分为非典型或肥大细胞型。肥大细胞瘤可进一步分为分化良好和分化不良的肿瘤，两种亚型均可表现为多形性细胞。然而，目前还没有猫皮肤肥大细胞瘤组织学分级的官方指南，因此，在已发表的报道中，组织学亚型的定义不一致。为了克服这个问题，最近一项对 25 例猫的研究提出了猫皮肤肥大细胞瘤的两类组织学分级。高级别肿瘤的分类依据是每 10 个高倍视野中出现 >5 个有丝分裂象，以及以下 3 个标准中至少符合有 2 个：肿瘤直径 >1.5cm、不规则核形状、核仁突出/染色质簇。根据该分级方案，与肿瘤低分化的猫相比，肿瘤分级较高的猫的中位生存期（349d）明显缩短。

3. 治疗方法　手术切除是猫皮肤非典型肥大细胞瘤的理想治疗方法，不完全切除肿瘤似乎与肿瘤复发无关，也不会减少生存时间，因此，猫的手术安全边缘并不像犬那么重要，因为猫的肥大细胞瘤倾向预后良好。据报道，年轻的猫会出现自发肿瘤消退，这让人联想到人类的小儿肥大细胞增多症。然而，在过去的 30 年里，没有其他已发表的病例，因此，猫的自发回归变异的存在尚不确定。具有多形性低分化肥大细胞的肥大细胞瘤病猫有出现不良结果的风险，因此，建议对这些猫进行术后辅助放疗和/或化疗。

然而，多发性肥大细胞瘤、复发性肿瘤、脾脏肥大细胞瘤或淋巴结浸润与预后密切相关。非典型肥大细胞瘤形式（以前称为组织细胞形式）发生在4岁以下的幼龄猫，在大多数情况下，自发性退化。然而，如果没有发生消退，肥大细胞瘤就应该手术切除。在不完全手术切除猫的肥大细胞瘤时，放疗可能是治疗猫肥大细胞瘤的一个很好的替代方法。对猫脾肥大细胞瘤提倡进行全脾切除术。脾切除术显著延长了脾脏肥大细胞瘤猫的生存时间，而化疗似乎对生存时间的增加没有积极作用，作为一种单一的治疗方法，化疗似乎导致了猫的健康状况恶化，因为与只接受支持性治疗的猫相比，化疗缩短了它们的生存时间。因此，对猫肥大细胞瘤的化疗作用仍有争议。对于既往患有肠肥大细胞瘤的猫，预后谨慎，肿瘤转移到肠系膜淋巴结是常见的。然而，最近的一篇文献对猫胃肠道肥大细胞瘤进行了描述，31例猫的中位存活期为531d，35%的猫存活超过1年。猫的肠肥大细胞瘤应通过手术切除，且肿瘤位置的安全边缘宽约10cm，因为组织学扩展通常超出原发病变的明显区域。

虽然化疗方案在猫肥大细胞瘤的治疗中较少提倡。然而，化疗可用于组织学多形性、浸润性和转移性肿瘤。猫最常用的化疗药物是长春花碱、洛莫司汀和托西尼布。猫对洛莫司汀（口服，48~65mg/m²，4周）有良好的耐受性，并已证实洛莫司汀对猫的肥大细胞瘤有活性。猫对TOC的耐受性也很好，托西尼布似乎有明显的抗肥大细胞瘤活性。在接受皮肤、内脏和胃肠道肥大细胞瘤治疗的50例猫中，单独使用托西尼布或与皮质类固醇联合应用，有35例完全或部分缓解。其他酪氨酸激酶抑制剂，包括米哚妥林、尼罗替尼和达沙替尼，在体外对携带Kit外显子8突变串联复制序列的猫肥大细胞瘤显示出剂量依赖性生长抑制作用。Kit酶袋结构域的突变尚未在猫肥大细胞瘤中报道，这使得酪氨酸激酶抑制剂成为一种有吸引力的治疗选择。

第二节　乳腺肿瘤

乳腺肿瘤是母犬最常见的恶性肿瘤之一，发病率和死亡率很高。由于乳腺肿瘤的形态和生物学异质性，乳腺肿瘤发生机制尚未明确。众多研究已经确定了犬乳腺肿瘤的预后因素（环境、遗传和生物因素），如年龄、激素类型和肥胖与乳腺肿瘤的发生相关。犬乳腺肿瘤是一种发生于雌性犬的自发性肿瘤，病理组织学诊断约50%为恶性肿瘤。手术切除是目前治疗的主要手段，对于进展期的乳腺肿瘤病犬，应结合手术后的放疗、化疗等辅助治疗，但犬生存期短。乳腺肿瘤的发生发展过程是多阶段、多基因参与的复杂过程，其中机制尚未完全阐明。深入研究犬乳腺肿瘤发生、发展和转移过程中的分子机制，鉴定特异的分子标志物，有助于乳腺肿瘤的预防和诊断，同时也可为临床设计和使用针对乳腺肿瘤的药物提供线索和理论支持。

一、犬乳腺肿瘤

（一）犬乳腺的组织形态学概述

犬的乳腺通常由两侧平行于腹壁中线的乳腺复合体组成。乳腺复合体一般有5对乳腺构成，乳腺复合体由生理上包围的腺体组织和末端的乳头构成。从近头端开始，乳腺复合体依次为近头侧和尾侧胸部乳腺复合体、近头侧和尾侧腹部复合体和腹股沟复合体。乳腺是由管泡状的改良的汗腺发育而成，小叶间由结缔组织连接。乳腺周围的基质含有神经、血管和幼生腺体及丰富的脂肪组织。腺泡由实质构成（软组织细胞），小叶内导管起始于腺泡，伸入到小叶间内的输乳管内，依次进入输乳窦，连接乳头窦，通向乳头表面。每个乳头总共有8～12个乳头管通向乳头表面。腺泡内衬为单层立方或柱状形上皮，具有分泌功能。在腺泡上皮与其基底层之间存在特征性的星形肌上皮细胞。肌上皮细胞具有收缩功能，有助于乳汁的排出。根据导管大小不同而排列不同的导管上皮细胞，小叶内和小叶间导管排列有单层立方上皮细胞，较大的导管壁和窦等排列双层立方柱状上皮细胞，乳头导管被覆角化复层鳞状上皮，延伸到乳头的皮肤表面。

乳腺由相互吻合的不同动脉供应血液，胸部乳腺复合体由近头侧胸壁前浅动脉、胸外动脉和肋间动脉的分支供应。近头侧腹壁前浅动脉和尾侧腹壁前浅动脉相吻合供应近头侧腹部乳腺复合体。此外，尾侧腹壁前浅动脉还供应尾侧腹部和腹股沟乳腺复合体血液。乳腺的静脉流出与动脉供血相似。然而，与动脉相比，显示更多的静脉与更多的头尾和后外侧吻合。近头侧和尾侧胸部乳腺的静脉血排入近头侧腹壁前浅静脉以及胸廓内静脉和肋间静脉分支。腹部和腹股沟部乳腺的静脉血由尾部腹壁前浅表静脉排出。同一列乳腺之间和越过体中线的乳腺之间会出现淋巴的交汇。通常每个乳腺复合体的淋巴经过许多小淋巴管排入皮下淋巴网络连接到更大的淋巴管中，最终引起淋巴结引流。尾侧腹部和腹股沟乳腺复合体的淋巴通常汇入到由浅表腹股沟淋巴结组成的同侧腹股沟淋巴中心。近头侧腹部乳腺复合体的淋巴引流到腋窝和腹股沟淋巴中心。类似于动脉和静脉，对侧淋巴管可以吻合。然而，Patsikas及其同事发现肿瘤从一个乳腺的区域性淋巴结通过逆行淋巴微循环到另一个乳腺。除此之外，两侧腹股沟淋巴结之间对侧连接。因此，肿瘤除了经典的淋巴中心的逆行引流，也可以通过淋巴管向对侧转移扩散。临床兽医在评估淋巴结时应考虑到这一发现，必须对这些淋巴结进行肿瘤扩散评估，然而，典型的同侧淋巴中心的淋巴结仍然是犬乳腺肿瘤临床诊断的重点。

（二）犬乳腺肿瘤的流行病学调查研究进展

犬乳腺肿瘤是兽医临床上第二位最常见的母犬肿瘤性疾病，仅次于皮肤肿瘤，占母犬肿瘤性疾病总发病率的50%以上。国外文献报道犬乳腺肿瘤的发生率存在区域差异，预防性早期切除子宫、卵巢的惯例地区，犬乳腺肿瘤的发病率正在下降；反之，发病率正在逐渐上升。受影响最大的是近头侧腹部和腹股沟部的乳腺复合体，50%～70%的犬显示多形态性的乳腺肿瘤，年龄、品种、性别、激素、饮食和恶性前病变是影响犬乳腺肿瘤发生的常见的因素。犬乳腺肿瘤的年龄分布与大多数犬肿瘤的分布非常相似。2岁以下的犬很少发生，6岁以上发病率高，而与10岁以上的犬相比，发病率低。根据Lebeau提出的年龄转化表对大型和非常小的品种进行校正发现，犬乳腺肿瘤的发病年龄与人的乳腺肿瘤发病年龄一致。中老年犬易发生，平均年龄为8～10岁。此外，患良性乳腺肿瘤的犬平均年龄为8.5岁，而患恶性的平均年龄为9.5岁。品种的影响是不明确的，甚至对品种倾向有一些矛盾的描述。事实上，与中等大小的犬相比，犬乳腺肿瘤更易发生在大型和小型品种。因此，推测品种倾向可能反映了肿瘤发病年龄。

乳腺生长发育和细胞的增殖由内源性卵巢类固醇激素（雌激素和孕酮）调控。这些激素的增殖效应可能促进肿瘤细胞生长。雌激素可刺激乳腺导管增生。据报道孕激素可刺激腺体分泌和肌上皮细胞的腺泡发育和增生。据推测孕酮的促肿瘤效应与生长激素

（Growth hormone，GH）上调有关，这些可能促进乳腺干细胞的增殖。性激素属于类固醇激素，可分为雌激素和孕激素两类，其作用都是由受体介导的。与犬良性乳腺肿瘤相比，恶性乳腺肿瘤的雌激素和孕激素受体表达降低。血清中类固醇激素的含量与类固醇受体的表达量成反比。因此，恶性乳腺肿瘤患犬血清类固醇激素的水平显著高于良性乳腺肿瘤犬或正常母犬，通过使用外源性激素衍生物，使雌激素和孕激素水平升高，会增加乳腺肿瘤患病风险。

　　饮食和身体状况在犬乳腺肿瘤发生过程中起着重要作用。9～12月龄的小型犬患乳腺肿瘤的风险率低。然而，研究发现发生肿瘤前一年的肥胖或高脂肪饮食对患乳腺肿瘤风险无影响。年龄在1岁以上的肥胖犬、诊断乳腺结节前一年和红肉摄入量过多的犬患犬乳腺肿瘤和乳腺发育不良的风险大。癌前病变如非典型乳腺增生或母犬原位癌增加患新的原发性乳腺肿瘤的风险，这些新的乳腺肿瘤一般发生在同侧，较少发生在对侧。

（三）犬乳腺肿瘤的病理学诊断研究进展

　　犬乳腺肿瘤临床检查，包括肿瘤部位的物理检查，应仔细触诊所有乳腺区域和引流淋巴结。近70％的患犬出现多样型的乳腺肿瘤，尾侧乳腺复合体是易发部位。犬的血液学和生化指标可能改变，出现嗜睡、厌食、体重减轻、呼吸困难、咳嗽、淋巴结水肿或跛行等非特异性病变。另外，胸部3D X线检查和腹部超声检查可排除肺或腹部转移，转移最常见的是通过淋巴管到淋巴结和肺，经血液进一步转移至肝、骨和脑，但这是不常见的转移部位。细胞学检查可用于区分犬乳腺肿瘤与其他肿瘤，但由于广泛的基质浸润或炎性反应，相对高比例的非肿瘤细胞易影响细胞学检查。组织病理学检查被认为是乳腺肿瘤诊断和分类的黄金标准。同期肿瘤通常显示出不同的大小和组织病理学。基于组织学标准进行犬乳腺肿瘤的分类，可以分为良性和恶性肿瘤。良性乳腺肿瘤分为腺病、纤维腺瘤、良性混合性肿瘤和导管乳头状瘤。恶性肿瘤的最重要标准是核和细胞多形性、有丝分裂指数、存在肿瘤内坏死、浸润性肿瘤生长和局部淋巴结转移，但炎性细胞浸润与恶性肿瘤之间的相关性仍然不明确。也可以依据细胞起源进行犬乳腺肿瘤的分类，可分为上皮肿瘤、间充质肿瘤、具有上皮和间质分化的肿瘤（也称为混合性肿瘤）。恶性上皮肿瘤称为癌，包括原位癌、导管癌、简单癌、混合癌和特殊类型的癌（鳞状细胞癌和黏液性癌）。原位癌是指未通过基底膜延伸的分化好的恶性上皮肿瘤，而浸润性导管癌是癌细胞已穿破乳腺导管或小叶腺泡的基底膜并浸润间质的恶性上皮肿瘤，占75％～80％。简单癌进一步细分为管内乳头状癌、实体癌和未分化癌（退行性癌）。恶性间充质肿瘤称肉瘤，如纤维肉瘤、骨肉瘤。癌肉瘤是由类似上皮细胞和结缔组织的细胞组成的一种恶性混合性乳腺肿瘤。大多数犬恶性乳腺肿瘤是癌，5％是肉瘤，肉瘤是恶性程度最高的肿瘤。从简单癌、混合癌到肉瘤的恶性程度逐渐增加。肉瘤发生转移的概率高于癌瘤。犬乳腺肿瘤的异质生物学行为阻碍了建立有效、可靠的预后分类系统。

　　1. 犬乳腺肿瘤的临床分期　临床分期是针对特定犬乳腺肿瘤的预后找到适当治疗方案的工具。目前已经有犬乳腺肿瘤的两个分类系统。第一个是原来的世界卫生组织（WHO）分期系统，第二个是经修订的WHO分期系统。在两个分类系统中，分别涉及肿瘤大小、淋巴结状况和远端转移（TNM系统）。因此，必须检查每个单个肿瘤结节和引流淋巴结，以及寻找远端转移。在下文中，仅介绍经修订的WHO分期系统。该TNM系统包含从Ⅰ期到Ⅴ期随肿瘤恶性程度增加的五个阶段。第Ⅰ、Ⅱ和Ⅲ期代表不同大小的犬乳腺肿瘤，既没有淋巴结转移，也没有远端转移。Ⅳ期的特征是淋巴结转移的存在与原发肿瘤大小无关，无远端转移。无论肿瘤大小或淋巴结状况如何，Ⅴ期都存在远端转移，如表6-3所示。

表6-3 修订的WHO分期系统（TNM系统*）

状态	Ⅰ	Ⅱ	Ⅲ	Ⅳ	Ⅴ
原发肿瘤大小	<3cm	3～5cm	>5cm	任何类型	任何类型
淋巴结状况	否	否	否	是	否/是
远端转移	否	否	否	否	是

注：* T：原发肿瘤最大直径；N：局部淋巴结状况；M：远端转移。

几项研究证实：TNM系统的预后价值判断总生存期，Chang和同事发现Ⅰ期、Ⅱ期和Ⅲ期与生存时间之间的显著差异，Ⅳ和Ⅴ期与生存时间之间存在显著差异。在另一项研究中，与Ⅱ、Ⅲ和Ⅳ期相比，处于临床Ⅰ期的犬平均生存时间最长。肿瘤大小是临床分期系统的决定因素之一。据报道，直径超过3cm（术后2年内80%复发）与直径小于3cm（术后2年内35%复发）相比，犬的无病生存时间（DFS：从手术到转移或复发发生的时间）和术后总生存期显著降低。直径大于3cm的肿瘤通常与增殖指数升高或孕酮受体的表达降低相关。此外，直径大于5cm的肿瘤，淋巴结转移的可能性增大。诊断时转移的情况与预后有关。肿瘤越大，转移风险系数越高，存活时间越短。患良性肿瘤的犬术后良好，患恶性肿瘤的犬预后不定，大多数患恶性肿瘤的犬在手术时未出现明显转移，1～2年内也会因肿瘤问题死亡。在一项为期2年的临床随访中，有明显的淋巴结转移的犬与无淋巴结转移的犬相比，死亡率分别为85.7%和21.1%。另一项研究结果显示，有淋巴结转移的患犬术后总生存期为5个月，无转移的患犬存活时间为28个月。

2. 犬乳腺肿瘤的组织学分级 Elston/Ellis分级系统（Elston和Ellis，1991）是评估乳腺癌组织分化水平的工具。其三个分级标准是腺管形成程度、细胞核多形性和有丝分裂指数。Ⅰ级（3～5分）是分化良好的肿瘤；Ⅱ级（6分或7分）是中度分化的肿瘤；Ⅲ级（8分或9分）是分化差的肿瘤。组织学分级与DNA增殖指数和DNA倍体有关。分化好的癌细胞，增殖指数低；反之，分化差的，增殖指数高。此外，表皮生长因子（Her-2）在犬Ⅲ级恶性乳腺肿瘤中的表达提示预后差。Karayannopoulou及其同事进行的为期2年的随访研究表明，Ⅲ级肿瘤患犬的术后生存时间明显短于Ⅱ级或Ⅰ级患犬，分化程度降低与死亡风险增大密切相关。推荐使用人类Elston/Ellis常规分级系统准确预测犬恶性乳腺肿瘤，如表6-4所示。

表6-4 修订的乳腺癌Elston/Ellis常规分级系统

腺管形成	核多形性	核分裂象*	评分
腺管生长良好，腺管形成>75%	相当于正常导管上皮，形态规则、一致，偶见核仁	偶见有丝分裂象和核深染 0～5/0～9/0～11	1分
腺管形成量中等，与肿瘤实质混合，10%～75%	中间大小，核中度多形和异型性，有核仁，核质深染	2～3个有丝分裂象和核深染 6～10/10～19/12～22	2分
腺管形成少或无，腺管形成<10%	大于正常导管上皮2.5倍，明显核多形和异型性，一个或多个核仁	≥11≥20≥23 2～3个有丝分裂象和核深染	3分

腺管形成	核多形性	核分裂象*	评分
Olympus BX-40 显微镜			
目镜	40×		
视野直径（mm）		0.55	
视野范围（mm²）		0.239	
组织学分级			总分
Ⅰ（高分化）			3～5
Ⅱ（中分化）			6～7
Ⅲ（低分化）			8～9

注：* Elston 和 Ellis 方法（1991；1998），评估 10 个视野下有丝分裂数。

3. 犬恶性乳腺肿瘤的分子亚型　乳腺肿瘤的亚型分类依据激素受体［雌激素受体（ER）和孕激素受体（PR）］、表皮生长因子受体（Her-2/C-erB-2）和一些肌上皮细胞基本标记物的表达情况，分为 Luminal A 型（管腔 A 型）（ER＋和/或 PR＋，Her-2－）、Luminal B 型（ER＋和/或 PR＋，Her-2＋）、Her-2 过表达型（ER－和 PR－/Her-2＋）、基底样型（Basal-like，ER－、PR－和 Her-2－）及正常乳腺样型（Normal breast-like）。正常乳腺样（Normal breast-like）亚型的概念和分型最早是由 Prerou 提出，但 Gruvberger 等认为该型并不是一个真正的分子亚型。基于基因（CAV-1 阴性，上皮细胞标志物 CK5/6、CK14 和 p63 都是阴性）的表达不同，不同的研究将乳腺肿瘤分为不同的亚型，既有 5 种亚型分类，也有 4 种亚型分类。Luminal A 型和基底样型大多发生在组织学Ⅰ级乳腺肿瘤，Luminal B 型大多发生在Ⅱ和Ⅲ级乳腺肿瘤，Luminal A 和 B 亚型的肿瘤细胞均表现典型的管腔上皮细胞的基因特征，但这两种亚型的分子生物学特征和临床预后具有显著的不同。犬乳腺肿瘤的治疗方法主要是手术切除（很少采用化疗方法），没有有效的标准治疗方案。受体评价已被引入抗雌激素疗法，其副作用包括雌激素受体阴性肿瘤患犬的子宫内膜炎。关于乳腺肿瘤雌激素受体阳性和雌激素受体阴性是否在本质上是有区别的两种疾病，还处于假说阶段，但雌激素受体仍是判断乳腺肿瘤的首要分子标志物。

4. miRNA 在乳腺肿瘤中的研究进展　miRNA 在不同类型犬乳腺肿瘤组织中表达模式不同，与正常犬乳腺组织样本相比，cfa-miR-15a 和 cfa-miR-16 在犬乳腺导管癌中表达显著降低，而在犬管状乳头状癌中差异不显著，可用来鉴定恶性肿瘤的分化程度；cfa-miR-181、cfa-miR-21、cfa-miR -29b 和 let-7f 在犬管状乳头状癌中表达显著上调；miR-21 和 miR-29b 在犬乳腺导管癌和管状乳头状癌中表达升高；cfa-miR-203 在良性肿瘤中表达下调。犬乳腺导管癌的组织病理学确诊是通过肿瘤细胞侵入乳腺来确定。另外，犬管状乳头状癌是侵袭乳腺，产生异常的管状突起进入导管。cfa-miR-200 家族由 cfa-miR-200a、cfa-miR-200b、cfa-miR-200c、cfa-miR-141 和 cfa-miR-429 组成，通过犬乳腺癌细胞系（CMT-12、CMT-27、CMT-28）对 miRNA qPCR assays 分析发现，cfa-miR-200a/b 在三株细胞系中高度表达；而 miR-200c 在不同的犬乳腺癌细胞系中表达不同，在 CMT-12 和 CMT-27 细胞系中高度上调，在 CMT-28 细胞系表达下调。与犬原发乳腺肿瘤相比，

miR-29b、miR-101、miR-143、miR-145 和 miR-125a 在犬转移肿瘤中下调。与良性肿瘤组织相比，cfa-miR-29b、cfa-miR-101、cfa-miR-143、cfa-miR-145 和 cfa-miR-125a 在犬乳腺肿瘤转移组中显著下调。与正常乳腺组织相比，miR-210 在所有犬乳腺肿瘤组织中的表达水平更高。cfa-miR-125b、cfa-miR-136 和 let-7f 的表达水平从高到低依次为正常犬乳腺组织、良性肿瘤、非转移性恶性肿瘤、转移性肿瘤。

let-7 家族是哺乳动物的第一个被确定的 miRNAs，在秀丽隐杆线虫中发现，在整个动物类群中保守，为公认的肿瘤抑癌基因。let-7 家族由 12 个成员组成：let-7-a1、let-7-a2、let-7-a3、let-7-b、let-7-c、let-7-d、let-7-e、let-7-f1、let-7-f2、let-7-g、let-7-i 和 miR-98。let-7 通常在分化程度较低的细胞中缺失，表现出间质表型并代表晚期癌，相反，let-7 在分化程度高的细胞中高表达，表现出上皮表型并代表较早期癌；let-7f 在犬乳腺正常细胞中高表达，而在侵袭性癌细胞中表达水平降低。然而，let-7 异常调控机制及其在肿瘤发生中的作用目前尚未完全了解，进一步研究癌症中 let-7 活性的分子机制将改善治疗。

cfa-miR-145 作为一种肿瘤抑癌基因，在特异性阶段中通过沉默不同的靶基因发挥肿瘤抑制功能。对 SNP（犬乳腺癌细胞系）和犬正常乳腺组织 miRNA assay 的研究结果显示：与正常相比，cfa-miR-145 在 SNP 细胞中高表达，表达差异 933.499 倍。cfa-miR-125 有 2 种已知的同种亚型：cfa-miR-125a 和 cfa-miR-125b。研究发现，与正常乳腺组织相比，犬和人类转移乳腺癌病例的 cfa-miR-125a 和 cfa-miR-125b 均明显下调。cfa-miR-10b 不仅可作为一种肿瘤抑癌基因，阻止乳腺癌的发展，而且作为一个癌基因，会引起乳腺癌的侵袭和转移。与正常犬和非乳腺肿瘤性疾病患犬相比，cfa-miR-10b 在犬乳腺癌、肉瘤及良性肿瘤中表达增加；cfa-miR-21 是与乳腺癌细胞侵袭和转移相关的重要 miRNA，在包括犬乳腺癌在内的各种实体肿瘤中表达上调，在促进肿瘤进展中发挥作用。研究发现，与正常乳腺组织相比，cfa-miR-21 在乳腺肿瘤转移瘤和非转移肿瘤中显著过度表达，并且与晚期淋巴结阳性和存活时间缩短有关。与正常乳腺组织相比，犬乳腺肿瘤中 cfa-miR-210 的表达显著升高，且 miR-210 的表达在恶性肿瘤进展过程中持续升高。cfa-miR-143 和 cfa-miR-138a 在一些犬乳腺癌细胞中调控异常。上调的 cfa-miR-141 通过抑制肿瘤抑制因子 INK4A 在犬乳腺肿瘤发展中发挥重要作用。

cfa-miR-34a 是多种类型癌症中表达下调的若干种 miRNA 之一，与正常的犬乳腺组织相比，qRT-PCR 结果显示 cfa-miR-34a 在乳腺癌中下调至原来的 28.57%，在肉瘤、良性肿瘤和非肿瘤病变中下降至原来的 16.67%，cfa-miR-34a 异常表达与犬乳腺肿瘤的早期诊断相关。cfa-miR-214 在犬乳腺细胞系（CMT-12、CMT-27、CMT-128）中下调。但是，与正常乳腺组织相比，miRNA 基因芯片分析显示 cfa-miR-183 在犬乳腺肿瘤 SNP 细胞中低表达。低表达的 miRNA 可能提示犬乳腺肿瘤具有高增殖和侵袭性。

循环 miRNA 是存在于血液中的小的非编码 RNA 分子，有望成为小动物肿瘤性疾病诊断和预后信息中强大的非侵入性生物标志物。与大多数 RNA 不同，血清 miRNA 浓度随时间、温度和多次冻融循环而稳定，使其可用于检测。循环 miRNA 在犬乳腺癌中存在差异表达，cfa-miR-19b、cfa-miR-126、cfa-miR-214 在犬乳腺癌组循环血清中明显高表达，miR-18a 在犬乳腺癌中高表达，且与淋巴结转移相关，提示循环 cfa-miR-214 和 cfa-miR-126、cfa-miR-19b、cfa-miR-18a 可作为犬乳腺肿瘤疾病诊断和预后的生物标志物。

miRNA 在肿瘤诊断中的研究前景：虽然关于检测特异的 miRNA 实现犬乳腺肿瘤早

期诊断的研究还处于起步阶段，而且一些复杂的机制尚未完全清楚，但随着对 miRNA 作用机理以及与肿瘤之间关系的深入研究，对肿瘤特异的 miRNA 表达谱的分析、确立，以及 miRNA 临床检测方法的不断完善，将促进 miRNA 发挥对犬乳腺肿瘤的早期诊断和预后评估作用，从而为犬乳腺肿瘤带来新的预防、诊断和治疗手段。

二、猫乳腺肿瘤

（一）流行病学

乳腺肿瘤是兽医临床上猫常见的排名第三的肿瘤性疾病，仅次于皮肤肿瘤和淋巴瘤，主要发生于母猫，约占所有猫科肿瘤性疾病的 17％，且 80％～90％为恶性肿瘤，具有发病率高、转移率高、侵袭性强、预后差的特点，易随血液和淋巴转移到肺脏、肝脏等部位。猫与人乳腺癌的流行病学相似，年龄、激素、环境是主要危险因素，平均中位生存期为 8～12 个月。家养短毛猫是最易发的品种，其次是暹罗猫和波斯猫，且预后较差，非纯种猫的发病率高于纯种猫的发病率，公猫的发病率很低。

（二）病因学

猫乳腺肿瘤的发病原因尚不明确，激素分泌异常、基因的改变等在乳腺肿瘤的形成和发展中起着重要作用。与品种、不良饮食、雌激素、孕酮、生长激素、生育、肥胖等因素相关。饮食环境是诱发猫乳腺肿瘤的因素之一，以红肉为主食和过度肥胖的猫在 1 岁时患乳腺肿瘤的风险增加。此外，动物机体的免疫状态与肿瘤的发生有极大的关系，动物机体免疫力低下、免疫缺陷或长期使用免疫抑制剂将增加乳腺肿瘤的发生概率。有些猫使用醋酸甲羟孕酮等避孕药物，会增加患乳腺肿瘤的风险。进行早期卵巢子宫摘除术，可减低猫乳腺肿瘤的发病率，但没有犬效果明显，已生育的母猫也有患乳腺肿瘤的风险，各个乳区均可以发生。第一次发情后对猫实施卵巢子宫摘除术，其患乳腺肿瘤的概率仅为 0.05％，在第二次或以后发情后实施卵巢子宫摘除术，其患乳腺肿瘤的概率达到 8％～26％，随着发情的次数增加，患病概率随之增大。1 岁以内做过卵巢子宫摘除术的猫乳腺肿瘤发病率降低。

（三）临床表现

临床表现为与乳腺相连的肿瘤，肿瘤大小不等，发生于各个乳区，可能与下层组织紧密联系或出血溃疡有关，75％为实质性肿块。其他的临床症状如肿瘤过大或与淋巴管阻塞有关的后肢跛行、瘫痪等症状，腹股沟淋巴结或附近淋巴结异常增大，甚至因肿瘤体积过于庞大而出现肿瘤破溃或因肿瘤恶性程度高而破溃，流脓性或血样分泌物；后期出现与骨转移有关的跛行和与肺转移有关的肺功能不全等。

约 85％以上的猫乳腺肿瘤为恶性肿瘤，其中 25％呈溃疡性，50％以上侵犯多个乳腺。80％的猫乳腺癌可形成淋巴结、肺、胸膜、肝、横隔、肾上腺和肾脏的转移病灶。

（四）诊断

临床检查包括全面检查各乳腺，触诊腹股沟淋巴结与腋下淋巴结，听诊肺和跛形检查等。活检虽可鉴别乳腺细胞瘤、软组织肉瘤及良性间质瘤，但应慎重，以免发生转移。胸腔 X 线检查（左侧位和右侧位）和 B 超检查判断肿瘤是否发生转移。由于大多病例为老年猫，应进行血常规、血液生化和尿液检查。

病理组织学诊断是猫乳腺肿瘤诊断和分类常用的方法，将肿瘤组织的分化程度和异型性作为判断恶性程度的标准。正常健康乳腺组织中可见清晰的乳腺导管结构及其周围间质组织，而乳腺癌组织镜下观察时可能会出现出血、坏死、核分裂象多、间质和导管出现增生、腺上皮呈乳头状生长、乳腺组织被癌细胞填充并在导管内形成癌团、癌组织浸润至肌间、癌细胞浸润至血管等现象。

通常采用经典的 Elston and Ellis（EE）、有丝分裂修饰的 Elston and Ellis（MMEE）、修订的 Elston and Ellis（REE）分级系统，对母猫侵袭性乳腺癌进行组织学分级。对乳腺肿瘤进行分级，反映肿瘤的内部特征及评估肿瘤的分化程度，对于肿瘤的预测和预后有很大的参考价值。一般来说，低分化的肿瘤侵袭力更强，预后更差。淋巴血管浸润，即淋巴管和/或血管内的肿瘤栓子的存在，是母猫侵袭性乳腺癌最重要的预后因素之一。组织学分级可以用于分析猫乳腺肿瘤的生物学侵袭性，评估预后。如表 6-5 所示。

表 6-5　Elston and Ellis（EE）、有丝分裂修饰的 Elston and Ellis（MMEE）、修订的
Elston and Ellis（REE）分级系统对母猫侵袭性乳腺癌进行组织学分级

分级系统	病理学特征		评分
EE、MMEE、REE	小管形成情况（占肿瘤区域的%）		
	75%以上绝大多数肿瘤组织中都有小管		1
	10%～75%的肿瘤组织中有小管形成		2
	<10%的肿瘤组织中很少或无小管形成		3
EE、MMEE	核多形性（分化程度最低/侵袭最严重的部位）		
	核小、形态规则、大小比例合适		1
	核大小、囊泡和变异性适度增加		2
	囊状染色质，核大小和形状变化明显		3
EE、MMEE、REE	有丝分裂指数[a]		
	EE	MMEE，REE	
	0～10	0～33	1
	11～19	34～36	2
	≥20	≥67	3
仅 REE	淋巴血管侵袭		
	无		0
	有		1
仅 REE	核形态异常[b]		
	≤5%异常		1
	6%～25%异常		2
	>25%异常		3
评分	分级（Mills 等）		
3～5	Ⅰ 高分化癌		
6～7	Ⅱ 中分化癌		
8～9 或 8～10（REE）	Ⅲ 低分化癌		

注：[a]　肿瘤周围增殖活性最高区域的每 10 个连续视野中计数有丝分裂象（HPF：×40 倍物镜，视野面积 0.625mm²）。

　　[b]　异常的核形态包括在肿瘤分化程度最低和/或侵袭性最强的部位，高倍镜下（40～60 倍镜）观察到的任何偏离光滑的核轮廓或圆形/椭圆形的核形态的情况，如分裂、棱角、波状或变形性形态。统计显示具有异常核形态的核数，并评估在指定区域内占核总数的百分比。

根据肿瘤大小、淋巴结状况及远端转移等情况进行猫乳腺肿瘤的 WHO 临床分期，Ⅰ期为肿瘤直径小于 2cm，无淋巴结和远距离转移；Ⅱ期为肿瘤直径 2～3cm，无淋巴结

和远距离转移；Ⅲ期为肿瘤直径<2cm 或 2～3cm，无或伴发淋巴结状况，但无远端转移；Ⅳ期主要与远端转移有关，可发生于任何大小的肿瘤，如表 6-6 所示。

表 6-6　修订的猫乳腺肿瘤的 WHO 临床分期

状态	Ⅰ	Ⅱ	Ⅲ		Ⅳ
原发肿瘤大小	<2cm	2～3cm	<2cm 或 2～3cm	>3cm	任何大小类型肿瘤
淋巴结状况	否	否	是	否或是	否或是
远端转移	否	否	否	否	是

肿瘤大小是影响猫乳腺癌预后的最主要因素。肿瘤直径<2cm 的猫，其中位存活期（Median survival time，MST）>3 年，而直径为 2～3cm 的病例，MST 为 15～24 个月，直径>3cm 的病例，MST 为 4～12 个月。肿瘤分期对预后具有指示作用，Ⅰ期或Ⅱ期病例的存活时间（MST>3 年）比Ⅱ至Ⅲ期（MST>2）或Ⅲ期或Ⅳ期（MST 约为 6 个月）的长。手术切除程度也有一定的预后作用，保守切除者，大约 2/3 会复发。双侧乳房切除的 MST 为 917 天，而局部乳房切除病例的 MST 为 348 天。

分子亚型分类依据雌激素受体 α（ER）、孕激素受体（PR）、猫科的同源物人类表皮生长因子受体 2（HER2）、Ki67、细胞角蛋白 5 和 6（CK5/6）的表达。猫乳腺癌分为 6 种亚型，如 Luminal A 型、Luminal B/Her-2 阴性型、Luminal B/Her-2 阳性型、Her-2 过表达型（非 Luminal）、三阴性基底样型和三阴性正常样型。Luminal A 型特征 ER 和/或PR 过度表达，Her-2 阴性，Ki-67 指数低，与较小的肿瘤直径和较低的组织学分级（Ⅰ级)显著相关，大多预后较好，具有较长的生存时间和无病生存时间；Luminal B 型与 Luminal A 型相比侵袭力更强，将 Luminal B 型又分为两个亚型：Luminal B/Her-2 阴性亚型，其特征是 ER 和/或 PR 阳性、Her-2 阴性、Ki-67 指数高；Luminal B/Her-2 阳性亚型，其特征是 ER 和/或 PR 和 Her-2 过度表达；在非 Luminal 型中，Her-2 过表达型的特征是 Her-2 在没有 ER 和 PR 的情况下过度表达，预后不良；三阴性型乳腺癌与恶性程度较高的较大肿瘤（Ⅲ级）显著相关，预后最差，其特征是 ER、PR 和 Her-2 表达缺失。此外，根据 CK 5/6、CK14 和 CK17 细胞角蛋白的表达情况，可将三阴性型乳腺癌分为三阴性基底样型乳腺癌（CK5/6、CK14 和 CK17 表达阳性）和三阴性正常样型乳腺癌。

超声波诊断技术可以有效区分乳腺癌组织和正常组织，可以对肿块内是否有液体出现进行准确的判断，并且能够清晰地显示肿块内部的细小结构和供血情况。同时应用超声技术还可以对良性乳腺肿块和恶性乳腺肿块进行区分。良性肿块超声成像大多形态规则，内部回声均匀，边界清晰光滑，偶见钙化；恶性肿块超声成像大多形态不规则，边缘呈毛刺状，内部回声不均匀，边界不清，伴有钙化。

影响猫乳腺肿瘤预后的因素主要有肿瘤大小、淋巴血管侵袭、淋巴结或远端转移的存在、WHO 的临床分期、组织学类型、组织学分级、肿瘤边缘状态、皮肤溃疡、手术切除情况、环氧合酶-2（COX-2）表达、Ki-67 增殖指数等。分子标记物如血管内皮生长因子、雌激素受体、孕激素受体、表皮生长因子受体-2、环氧合酶-2、肿瘤增殖抗原 Ki-67，已被研究用作识别猫乳腺肿瘤的预后分子标记物，但只有少数标记物进入临床应用。

（五）治疗

手术摘除肿瘤是兽医临床中猫乳腺肿瘤的主要治疗方法。外科手术切除的方式：单一的肿块摘除术、局部乳房切除术、区域性乳房切除术和乳房彻底切除术。单一的肿块摘除术适合于小、结实、无粘连的乳房肿块摘除。局部乳房切除术是摘除单个乳房，适合于乳腺中心、直径小于1cm、与覆盖皮肤或深层皮下组织粘连的乳房肿瘤摘除。区域性乳房切除术是摘除前部（第1～3乳房）或后部乳区（第3～5乳房），适合连续数个乳房肿瘤的摘除。乳房彻底切除术适合于多发性乳房肿块摘除。对猫乳腺瘤，建议做双侧乳房彻底切除术，可有效降低乳腺肿瘤复发率，使患猫的大体存活时间延长，但因创口比较大，需小心护理，以防体温过低，术后做好严密监护管理工作，及时进行抗炎、抗感染、补液、减轻疼痛等支持疗法，预防术后感染。在进行双侧乳房彻底切除术时，建议一并摘除卵巢子宫，术后可预防子宫蓄脓的发生，需注意的是卵巢子宫摘除术应在乳腺肿瘤摘除术前进行，并应仔细考虑手术切口，以免肿瘤细胞脱落发生种植性转移。即使对于发生转移的病例，乳房切除术也是一种较为合理的缓解治疗手段。肺转移可能是临床表现，但大多数猫死于溃疡、出血和炎性癌。

辅助性治疗，多柔比星、多柔比星联合环磷酰胺化疗是临床最常用的化学疗法，可有效防止癌细胞的扩散，延长Ⅱ期和Ⅲ期病例的存活时间。一些不能手术治疗的病例中，联合化疗的有效率达50％，而化疗有效的病例，平均生存时间为75～150d。标准多柔比星方案需连续用5次药，1.0～1.1mg/kg，每3周1次，主要副作用为轻度厌食；剂量增加至1.1mg/kg后，厌食症状加剧，很少会出现骨髓抑制，对患综合疾病的猫不适合。放疗很少用于猫乳腺肿瘤的控制，但对一些不能手术切除的病例有帮助。

第三节　淋　巴　瘤

淋巴瘤是犬和猫最常见的恶性肿瘤之一，发病率约为50％，与人类的非霍奇金淋巴瘤相似。发病原因尚不清楚，但环境因素和遗传易感性被认为起着重要作用。淋巴瘤不是一种单一的疾病，包括许多临床和形态学上不同的淋巴细胞瘤，具有临床表现和组织学亚型的多样性，解剖型包括多中心型、消化型、纵隔型和皮肤型。临床表现为全身性淋巴结病（多中心型）和中级至高级淋巴瘤，更常见于B细胞起源。最常见的副肿瘤症状是与T细胞免疫表型相关的高钙血症。化疗是首选的治疗方法，基于阿霉素的多药方案是目前的标准治疗方案。大多数治愈犬的症状完全缓解，保持良好的生活质量，中位生存期为7～10个月。许多因素影响预后，如临床分期、免疫表型、肿瘤分级和对化疗的反应显得尤为重要。化疗无效，表明耐药，部分原因是ABC转运蛋白超家族的药物转运蛋白表达，包括P-gp和BCRP。最终，大多数淋巴瘤将产生耐药性，旨在逆转耐药性的治疗方法或替代治疗方式（如免疫治疗和靶向治疗）的发展至关重要。

一、犬淋巴瘤

（一）流行病学

犬淋巴瘤占所有犬肿瘤的5％～7％，占犬造血肿瘤的85％。据估计，每年每10万例犬的发病率为13％～30％。淋巴瘤可在任何年龄段发现，多发于中老年犬，平均年龄为5～9岁，发病率随年龄增长而升高。斗牛獒犬、罗威纳犬、可卡犬、杜宾犬、德国牧羊犬、苏格兰梗等中大型犬多发，腊肠和博美犬的风险可能较低。无明显的性别倾向。在过去几十年中，淋巴瘤的发病率有所升高。

（二）病因学

尽管尚未确定犬淋巴瘤的确切原因，但犬生活在工业区和接触（家用）化学品，生活在垃圾焚烧炉、放射性或污染场所附近，以及暴露于磁场，均会增加患淋巴瘤的风险。进一步证据表明，环境毒素可能在癌症发生中起作用，发现解毒酶谷胱甘肽-S-转移酶（GST）的缺陷基因型，特别是 GST-θ1（GSTT1），在犬体内鉴定的 27 种 GSTT1 变体中，有 18％的淋巴瘤病例存在同一种基因型，并且观察到的突变预测会影响 mRNA 剪接，从而影响酶的表达和活性。例如，由于氧化应激或辐射导致的 DNA 损伤无法修复，增加了罹患肿瘤性疾病的风险。研究发现，与无淋巴瘤的金毛寻回犬或混血犬相比，有淋巴瘤的金毛寻回犬的 DNA 损伤修复能力较低。

许多动物都有一种特异性白血病病毒，犬类"淋巴瘤"病毒的可能存在，但病毒病因学仍然没有被普遍接受。

（三）犬淋巴瘤的分子生物学

比较基因组杂交表明，与人类非霍奇金淋巴瘤相比，犬淋巴瘤的基因组不稳定性有限，犬的染色体中拷贝数异常最多的 13 号和 31 号对应人类的 8 号和 21 号染色体。虽然犬 13 号染色体的增加在淋巴瘤中似乎是一致的发现，但在其他肿瘤中也发现了，提示在一般肿瘤进展中发挥作用，而不是淋巴瘤特异的。

原癌基因 $c\text{-}Kit$ 表达一种酪氨酸蛋白激酶，是包括肥大细胞在内的造血干细胞增殖、存活和分化的重要因素。c-Kit 在淋巴瘤中的表达通常较低，但在一些高级别 T 细胞淋巴瘤中发现表达增加。$N\text{-}ras$ 癌基因突变在白血病中很常见，但在淋巴瘤中很少见。

肿瘤抑制基因 $p53$ 的突变在淋巴瘤中相对罕见。虽然 $p53$ 的表达通常是低强度的，但在老年动物淋巴瘤、高等级淋巴瘤和 T 细胞淋巴瘤中表达更常见。磷酸化 Rb（视网膜母细胞瘤）增加和随后 CDK4 的激活，在高等级 T 细胞淋巴瘤中很常见，可能是由于 $p16$ 缺失/犬 11 号染色体丢失、$p16$ 基因 CpG 岛的超甲基化，也可能是由于 $p15p14p16$ 基因位点的缺失。高等级 B 细胞淋巴瘤中磷酸化 Rb 增加似乎与 c-Myc 过度表达和犬 13 号染色体三体相关。

Bcl-2 家族由大约 25 种蛋白质组成，通过控制线粒体外膜通透性孔（MOMPP）的形成来调节细胞凋亡。犬抗凋亡 Bcl-2（B 细胞淋巴瘤 2）在犬 B 细胞淋巴瘤病例中没有持续上调。肿瘤抑制基因 $PTEN$ 和 $CDKN2A/B$ 中的功能缺失突变和/或缺失未在淋巴瘤中发现或未研究。

在犬高等级 B 细胞淋巴瘤中，$Bcl\text{-}6$ mRNA 和蛋白表达均较低或缺失，未能预测临床结果。肿瘤抑制基因组织因子途径抑制物 2（TFPI-2）与抑制肿瘤侵袭和该基因的高甲基化有关，随后在大多数犬高等级 B 细胞淋巴瘤中发现 TFPI-2 表达下调。

在一组患有 B 细胞淋巴瘤的犬中，证实了 NF-κB 是一种控制细胞增殖和凋亡的基因调节器，发现 NF-κB 靶基因表达的增加。此外，研究表明，蛋白酶体抑制剂硼替佐米可降低肿瘤患犬淋巴细胞中 NF-κB 的表达并抑制细胞增殖。关于磷脂酰肌醇激酶（PI3K）和 Wnt/β-catenin 通路在犬淋巴瘤中的可能作用尚未报道。

（四）临床表现

淋巴瘤最常见的临床表现为影响周围淋巴结的多中心型，但也存在结外型，包括纵隔淋巴瘤、腹部（胃肠道）淋巴瘤、肝淋巴瘤、皮肤淋巴瘤、眼淋巴瘤、神经系统淋巴瘤和肺淋巴瘤等。副肿瘤综合征的存在使淋巴瘤的临床表现更加复杂。

1. 多中心淋巴瘤 多中心淋巴瘤是最常见的淋巴瘤，占所有淋巴瘤病例的 75%。病犬的浅表淋巴结肿大，呈典型的橡胶状，离散。这些犬通常无症状，但 20%～40% 的犬出现厌食、嗜睡、发热、体重减轻、呕吐、腹泻和黑便。在疾病的晚期，也可能出现肝脾肿大和弥漫性肺浸润。根据世界卫生组织（WHO）的定义分为五个阶段，见表 6-7。偶尔，淋巴瘤仅限于身体某一区域的单个淋巴结（Ⅰ期）或多个淋巴结（Ⅱ期），但更常见的是全身性、非疼痛性淋巴结病（Ⅲ期），继发于肝脏和/或脾脏（Ⅳ期）或血液和/或骨髓（Ⅴ期）。可以添加子阶段以进一步描述犬的临床表现，使用后缀 A 表示没有系统症状，B 表示存在系统症状，如发热、体重减轻或高钙血症。

表 6-7 世界卫生组织（WHO）关于犬多中心淋巴瘤的分期（Owen，1980）

临床分期	特征
Ⅰ	局限于单个器官的单淋巴结或淋巴组织（不包括骨髓）
Ⅱ	局部侵袭多个淋巴结（扁桃体）
Ⅲ	侵袭全身淋巴结
Ⅳ	Ⅰ～Ⅲ期，伴有肝脏和/或脾脏浸润
Ⅲ	Ⅰ～Ⅳ期，伴有血液或骨髓浸润
亚分期	
A	无全身症状
B	有全身症状（发热、体重减轻 10%、嗜睡、食欲减退、高钙血症）

2. 纵隔淋巴瘤 胸腺或颅纵隔淋巴瘤在青年犬中更常见，纵隔淋巴瘤占病例的 5%，几乎完全是 T 细胞起源。临床症状包括呼吸困难（由于占位效应和/或胸腔积液），多尿/多渴（由于高钙血症），或所谓的（颅）腔静脉综合征。该综合征的特点是头颈部凹陷性水肿，由于纵隔大肿块限制静脉回流心脏。虽然诊断影像（X 线摄影、CT 或超声检查胸部/颅纵隔）会显示颅纵隔肿块的存在，但只有对肿块进行细胞学或组织学活检才能明确诊断为纵隔淋巴瘤或胸腺瘤。细胞学检查在大多数情况下足以获得明确的诊断。对于细胞学检查不能确定的淋巴瘤，可采用免疫表型或 PCR 抗原受体重排（PARP）方法诊断。

3. 胃肠道淋巴瘤 胃肠道淋巴瘤是一种不太常见的形式，占病例的 5%～7%。没有年龄、性别或品种的易感性，但拳师犬和沙皮犬是最常报道的品种。胃肠道淋巴瘤是典型的 T 细胞起源，可以表现为单发病变、多灶性病变或弥漫性疾病。胃肠道超声检查有助于区分肠炎和肠道肿瘤，但在高达 25% 的胃肠道淋巴瘤患犬中，超声检查是正常的。正常的肠壁分层缺失，但是较小程度上肠壁厚度增加，肠系膜淋巴结病变提示为瘤变，但明确诊断需要活检。在大多数情况下，内镜、黏膜活检将足以获得诊断，但偶尔进行全层（透壁）活检或克隆试验（PARR），以辅助诊断。犬胃肠道 T 细胞淋巴瘤常见的副肿瘤综合征是局部或全身（外周血）嗜酸性粒细胞增加。

4. 肝淋巴瘤 原发性肝淋巴瘤相对罕见，与其他解剖型淋巴瘤相比，预后较差。在一项研究中，接近一半（8/18）的犬完全缓解，中位生存期为 63 天。白细胞增多、中性粒细胞增多、低蛋白血症或高胆红素血症降低了获得完全缓解的可能性。无完全缓解和低蛋白血症与较短的生存期相关。已经描述了两种形式的原发性肝 T 细胞淋巴瘤（肝脾型和嗜肝细胞型），其预后都非常差，几乎所有的犬都在诊断后 24d 内死亡。

5. 皮肤淋巴瘤 皮肤淋巴瘤是一种典型的 T 细胞淋巴瘤，通常表现全身性或多灶性。上皮样皮肤淋巴瘤比非上皮样皮肤淋巴瘤更常见。根据 WHO 分类标准，可分为三种形式：蕈样肉芽肿、Sezary 综合征和 pagetoid 网状细胞病。皮肤淋巴瘤的病因尚不清楚，但被诊断为特应性皮炎的犬会增加患蕈样肉芽肿的风险。蕈样肉芽肿是一种 CD8＋T 细胞淋巴瘤，多发于年龄较大的犬（平均年龄 11 岁），没有明显的品种偏好，拳师犬和比格犬相对多发。上皮样皮肤 T 细胞淋巴瘤通常表现为慢性多灶性皮肤病，但也可影响黏膜（尤其是颊部）和黏膜-皮肤连接。皮肤损伤外观多变，包括弥漫性红斑、鳞屑、局灶性色素减退、斑块和结节。起初，该病仅限于皮肤，但在该病的后期，可能发生淋巴结病、白血病和并发内脏受累。

6. 眼淋巴瘤 原发性（周）眼淋巴瘤相对少见（占所有淋巴瘤病例的 0.5%），约 40% 的病例可见眼球改变，可能是由于淋巴瘤细胞浸润或副肿瘤性葡萄膜炎。虹膜常浸润增厚。眼底检查可显示视网膜脱离和视神经浸润。其他眼部表现包括后粘连、低眼压、青光眼和前房积血。眼淋巴瘤大多起源于 B 细胞，可表现为眼内肿块或结膜疾病，也会影响眼外结构，如第三眼睑的眼睑结膜和淋巴组织。结膜淋巴瘤的预后似乎好于眼内淋巴瘤，大多数眼内病例进展为中枢神经系统疾病。

7. 神经系统淋巴瘤 神经系统淋巴瘤在犬类中相对少见，可表现为中枢神经系统淋巴瘤（包括大脑、脊髓、脊柱外结构淋巴瘤和周围神经系统淋巴瘤。对于原发性脑淋巴瘤，淋巴瘤仅影响大脑和/或脑膜，而继发性神经系统淋巴瘤同时涉及神经和神经外系统。中枢神经系统淋巴瘤通常表现为多灶性疾病，可导致癫痫发作、精神状态改变、共济失调和轻瘫/瘫痪等典型症状。另外，也见有中枢性尿崩症的报道。周围神经系统淋巴瘤也可作为原发疾病、多系统疾病的一部分或复发时发生。尽管核磁共振检查（MRI）结果不具有特异性，但在大多数病例中，通过结合临床信息可进行推定诊断。对肿块进行细胞学或组织学活检可明确诊断，或分析脑脊液显示淋巴母细胞。在继发中枢神经系统淋巴瘤的情况下，周围神经系统淋巴瘤不限于神经系统，通常通过神经外系统部位的活检进行诊断。

8. 肺淋巴瘤 淋巴瘤的肺部浸润很常见，既可以是原发性的，也可以是继发于任何其他形式的淋巴瘤。除非导致胸腔积液，淋巴瘤患者的呼吸体征很少见。在大多数情况下，肺部侵袭仅在为筛查或分期目的进行额外诊断检查（胸部 X 线摄影、CT 扫描）的基础上才能被发现。肺淋巴瘤可导致肺泡、支气管和/或间质浸润，胸腔积液，淋巴结病。与细支气管肺泡灌洗相比，胸部 X 线摄影和气管冲洗往往低估肺部侵袭率。由于肺受侵袭并不影响预后，胸部 X 线片不推荐作为常规分期依据。

9. 非典型性犬淋巴瘤 可影响任何器官或部位，据报道有多种非典型形式的淋巴瘤，包括口腔、鼻、鼻后孔、椎体、骨骼、骨骼肌、滑膜（导致颅交叉韧带断裂）、肾上腺（导致肾上腺皮质功能减退）、肾、膀胱、子宫、前列腺、心脏和心包等部位的肿瘤。

10. 副肿瘤综合征 犬高钙血症是一种罕见的副肿瘤综合征，最常与淋巴瘤相关。高钙血症是由 CD4＋T 细胞淋巴母细胞产生的甲状旁腺素（甲状旁腺激素 PTH rP）引起的。高钙血症降低了集合管对抗利尿激素（ADH 或 AVP）的反应，导致肾性尿崩症，并增加了原尿中的钙水平，从而减少了亨利氏襻升支内钠的重吸收，这两种机制都有助于多尿。此外，高钙血症还会导致传入肾小球小动脉的血管收缩，从而降低肾小球滤过率和肾髓质灌注，增加肾小管（髓质粗大的升支）缺氧和急性肾功能衰竭的风险。

PTH rP 在常规甲状旁腺素（PTH）分析中不检测，需要使用特异性免疫放射分析

（IRMA）检测。然而，可以怀疑 PTH rp 的存在，因为恶性肿瘤高钙血症患者的 PTH 水平通常极低。虽然高钙血症几乎完全与 T 细胞淋巴瘤相关，但偶尔也有 B 细胞淋巴瘤的相关报道。

其他副肿瘤综合征包括单克隆丙种球蛋白病、低血糖症、肾淋巴瘤红细胞增多症、嗜酸性粒细胞增多症，以及免疫介导的疾病（包括免疫介导的溶血性贫血、血小板减少症和多发性肌炎）。

（五）诊断

1. 实验室一般检查 对大多数被诊断为淋巴瘤的犬进行常规血液学和临床化学分析，显示出广泛的非特异性异常。大多数犬会有轻度的非再生性贫血，但贫血也可能由失血（胃肠道淋巴瘤）或（继发性）免疫介导的溶血性贫血引起。偶见报道肾淋巴瘤病例红细胞计数增加（红细胞增多症），通常认为是由于促红细胞生成素分泌不当所致。可以观察到形态上的红细胞异常，包括分裂细胞、椭圆细胞和棘细胞。虽然白细胞计数正常，但也有白细胞增多和白细胞减少的报道。在大多数情况下，白细胞增多表现为炎症反应（中性粒细胞），白血病约占白细胞增多病例的 20%。轻度、无症状的血小板减少症是常见的，但偶尔会发现血小板增多症。

虽然肝酶活性或肾脏值的增加可能是由于淋巴瘤影响这两个器官中的任何一个，但通常继发于淋巴瘤，提示反应性肝病和脱水。血清乳酸脱氢酶（LDH）活性的升高，尤其是 LDH2 和 LDH3 同工酶的升高，是犬 NHL 淋巴瘤的重要预后指标。碱性磷酸酶（ALP）活性可能在肝脏侵袭以及之前接触糖皮质激素后增加，但不能预测治疗反应。血清蛋白水平可因胃肠道出血或蛋白丢失（胃肠道淋巴瘤）而降低，但也可因单克隆丙种球蛋白病而升高。淋巴瘤多伴发低血糖症。高钙血症在 10%～15% 的淋巴瘤病例中被报道，并且几乎完全与 T 细胞淋巴瘤相关。

尿液分析不是常规进行的，与健康犬相比，蛋白尿在多中心淋巴瘤犬中很常见。但在大多数情况下并不严重，蛋白尿的出现与淋巴瘤的分期或淋巴瘤亚型无关，对预后无影响。

据报道，多达 55% 的犬伴有骨髓浸润，无法通过外周血计数准确预测。由于在兽医学中，骨髓核心活组织检查或骨髓样本流式细胞术不是常规检查项，因此单个骨髓抽吸样本的细胞学检查仍然是最常用的技术，并被证明足以识别骨髓浸润。由于骨髓活检被认为是一种侵入性手术，其结果对预后（除非有大量骨髓受累）或治疗的影响有限，因此目前不建议常规进行骨髓活检。

2. 影像学检查 （多中心）淋巴瘤患犬的胸部和腹部 X 线片通常会显示异常，但这些异常通常是非特异性的，并且仅仅表明淋巴瘤是一种可能的诊断结果。胸片可显示 70% 淋巴瘤病例的异常表现，包括胸部淋巴结肿大、肺浸润和颅纵隔肿块。

腹部和（周围）淋巴结的超声检查有助于准确评估淋巴结的大小和结构，以及肝脏和/或脾脏浸润。腹部超声检查不适合诊断或排除胃肠道淋巴瘤，因为在多达 25% 的犬，检查结果要么非特异性，要么可能不存在。

CT 扫描提供了极好的细节，是评估疾病程度的理想方法，但通常不能进行具体诊断。例如，对于颅纵隔肿块，CT 扫描有助于分期，但不能区分胸腺瘤和纵隔淋巴瘤。

在人类肿瘤学中，正电子发射断层扫描与 CT 扫描（PET-CT）的结合已成为多种癌症分期的标准。兽医学对这种成像方式的使用有限。针对 Bcl-2 mRNA 的放射性标记肽核酸肽偶联物已经在患有多中心 B 细胞淋巴瘤的犬中应用，并可用于评估疾病程度和监测治疗反应。

3. 细胞学检查、组织学检查　肿瘤淋巴结细针抽吸的细胞学检查是一种快速、敏感和微创的诊断高级别淋巴瘤的技术。然而，细胞学检查可能不足以诊断低级别淋巴瘤或非典型性淋巴增生。组织学活检将提高低级别淋巴瘤的诊断，同时也允许进一步细分淋巴瘤。切除性活检（切除整个淋巴结）是首选，但在许多情况下，切口或穿刺活检就足够了。流式细胞术分析肿瘤淋巴结细针穿刺物的可能性增加，可能会减少对切除性活检的需要。

组织学上，淋巴瘤的特征是基于多种形态学标准，包括生长模式、核大小、核形态（染色质模式、核仁的数量和位置）、有丝分裂指数和免疫表型。大多数淋巴瘤病例是 B 细胞起源（约 70%），也有较少比例的 T 细胞（约 30%）或非 B/非 T 细胞来源（<5%）。这种分布在犬种之间有显著差异。例如，爱尔兰猎狼犬、西施犬、爱尔代尔㹴、约克郡㹴、可卡犬和西伯利亚哈士奇 >80% 的 T 细胞来源，而杜宾犬、苏格兰梗、边境牧羊犬、查理王犬和巴吉度猎犬 >80% 的 B 细胞来源。每个品种的 B/T 分布可能存在地理差异。

4. PCR 技术　PCR 技术已被用于诊断、分期、免疫表型分型和检测微小残留病变（MRD）。最常用的 PCR 技术是 PCR 检测抗原受体重排（PARR），能放大免疫球蛋白和 T 细胞受体的可变区。单克隆峰或寡克隆峰的存在高度提示淋巴瘤的存在。尽管该检测具有高敏感性（75%）和高特异性（95%），但某些感染（如单核细胞性埃立克体病）和其他肿瘤疾病（如急性髓系白血病）可能导致假阳性结果。虽然 PARR 已被用于淋巴瘤患者的分期，但临床分期比 PARR 分期具有更好的预后指标，因此不推荐用于常规分期。PARR 可以用于免疫表型分型，但不如免疫组化技术和流式细胞仪检测敏感性强。

5. 生物标志物检测　检测生物标记物是可用于诊断和/或监测特定疾病的血清蛋白质。基于在肿瘤学中的先前应用，TK1、MCP-1、VEGF、MMP 和内皮抑制素均已用于淋巴瘤的诊断。

结合珠蛋白和 C-反应蛋白水平的检测对于诊断淋巴瘤的敏感性和特异性较低，需要与临床相结合，以便作为诊断指标。TK1 是一种参与 DNA 前体合成的补救酶，其水平不仅在患有淋巴瘤的犬中高于健康犬或患有非血液系统肿瘤的犬，而且与分期和预后相关，使其成为目前最有前途的生物标志物。有一项关于 cL 中单核细胞趋化蛋白-1（MCP-1）表达的单一研究表明，患有淋巴瘤的犬的单核细胞趋化蛋白-1 水平高于健康犬，而且水平也与肿瘤分期相关。血管内皮生长因子（VEGF）、基质金属蛋白酶（MMP）2 和 9 受转化生长因子 β（TGF-β）的控制。有淋巴瘤的犬与无淋巴瘤的犬相比，MMP9 活性更高，VEGF 水平更高，TGF-β 水平更低。此外，MMP9 和 VEGF 在 T 细胞淋巴瘤和 V 期淋巴瘤中更高，VEGF 表达与 T 细胞淋巴瘤的分级相关。然而，这些参数在预测预后方面均无用处。内皮抑制素通过抑制内皮细胞增殖和迁移来防止血管生成和肿瘤生长，在患有淋巴瘤的犬中，内皮抑制素的水平往往更高，但不能用作生物标记物。

（六）治疗

1. 手术　一般来说，手术不是淋巴瘤的主要治疗方式，因为淋巴瘤是一种全身性疾病。然而，也有一些病例可以采用手术治疗。对于早期 I 期淋巴瘤，可以切除孤立淋巴结。显然，对病犬进行完全分期是很重要的。

2. 化疗 化疗是淋巴瘤的首选治疗方法。目标是在最少的咨询（减少动物主人和动物的不适和压力）、药物管理（减少药物在动物主人环境中的排泄）和毒性情况下，获得最大的效果（高完全缓解率、长缓解时间）。使用单一药物或药物组合的各种方案在诱导缓解方面都是有效的。然而，就疗效（诱导缓解、生存）、毒性和总成本而言，目前还没有达成共识。总的来说，联合化疗是最广泛使用的方法，被认为是最有效的。阿霉素、环磷酰胺和皮质类固醇都被用作单一药物。皮质类固醇作为单一药物可能是一种低成本、相对无毒、相对有效的治疗方法。仅用泼尼松龙治疗的不同阶段淋巴瘤患犬平均生存53d（14～210d）；84％接受治疗的犬进入了缓解期。单独用强的松治疗淋巴母细胞淋巴瘤患犬，完全缓解率较低（17％），平均缓解时间为1～2个月。仅接受皮质激素治疗较长时间（超过2周）的犬对联合化疗的反应可能较低。

一线治疗方案：

（1）单药疗法 包括（PEG-）L-天冬酰胺酶、阿霉素、米托蒽醌和洛莫司汀（CCNU）单药疗法。在所有这些方案中，阿霉素单药治疗［连续（每3周给药1次，共5个疗程）或间歇（诱导后在肿瘤进展时增加剂量）］方案似乎是最有效的，但仍不如基于阿霉素的多药方案有效，应保留用于具有姑息目的的治疗。

（2）多药治疗 多药治疗方案通常是环磷酰胺、阿霉素（羟基柔红霉素多柔比里）、长春新碱（长春新碱）、泼尼松龙（基于CHOP疗法）和L-天冬酰胺酶（L-ASP）联合注射方案。CHOP方案产生最高的应答率和最长的应答持续时间，并且构成了大多数高级别淋巴瘤治疗方案的基础。

早期治疗方案包括两个阶段，一个是旨在诱导完全缓解（诱导阶段）的初始强化治疗方案，另一个是旨在维持缓解（维持阶段）的终身强化治疗方案。后来的研究表明，诱导完全缓解后的持续维持阶段没有提供治疗益处，因此总方案时间逐渐减少。尽管6个月的治疗方案（即诱导阶段方案和短期维持方案）被视为标准治疗方案，但12周和15周的方案也有报道，并且似乎同样有效。通过增加药物数量、药物剂量或缩短用药间隔来增加治疗强度，未能改善治疗结果，但会增加不良事件。将泼尼松龙添加到基于阿霉素的多药方案中不会改善治疗结果，应保留用于后续救援方案。

3. 放射治疗 尽管（肿瘤性）淋巴细胞具有放射敏感性，但淋巴瘤通常表现为全身性疾病，因此，放射治疗的作用有限。然而，对于局部型和多中心型淋巴瘤的放射治疗，无论是作为单一治疗，还是辅助治疗都有报道。据报道，在适用于局部Ⅰ期淋巴瘤和鼻部、纵隔、膀胱淋巴瘤的手术和/或化疗辅助治疗中，放射治疗已成功应用。放射治疗也被用作多中心型耐药淋巴瘤犬的挽救治疗方法，在这些病例中，所有外周淋巴结均接受放射治疗（6.2Gy，每周3次），所有犬均获得完全缓解，中位生存期为143d。

用放射疗法治疗多中心淋巴瘤患犬，需要全身照射，这可以通过一次全身照射（WBI）或两次单独半身照射（HBI）完成。HBI的副作用（骨髓、胃肠道）比WBI少，因此大多数兽医都首选HBI。

放射治疗更常用作全身化疗的辅助治疗，可WBI或HBI。WBI具有严重骨髓抑制的风险，因此需要与（自体）骨髓或外周血干细胞移植相结合，WBI已逐渐被（两次）HBI所取代。HBI可在化疗方案期间或结束时进行，放射治疗可采用高剂量率（放射治疗的常规剂量率为400cGy/min）或低剂量率（10cGy/min）。高剂量率HBI方案包括犬身体前半部 8Gy（连续 2d 给予 2.4Gy）一次，并在 34 周后于犬身体后半部重复一次。该方案在基于 CHOP 的化疗方案期间和结束后均已使用，首次缓解的中位持续时间分别为 455d 和 311d，中位总生存期（OST）分别为 560d 和 486d。低剂量率 HBI 方案是采用低剂量率 HBI［10cGy/min，即：在基于 CHOP 的化疗方案中，在连续 2d（相隔 2 周）内进行两次 6Gy］，这导致首次缓解持续时间为 410～455d，OST 为 560～684d，毒性可接受。

4. 免疫疗法 以犬端粒酶逆转录酶（cTERT）为靶点的 DNA 疫苗能够诱导多中心淋巴瘤犬的端粒酶的免疫反应，疫苗和化疗（COP 方案）的联合使用能够产生持久的免疫反应，并提高 B 细胞淋巴瘤犬的生存率。使用由羟基磷灰石陶瓷粉末和从肿瘤淋巴结纯化的自体热休克蛋白组成的自体疫苗证明可以有效地延长疾病控制期，而不增加治疗毒性。在化疗诱导完全缓解后，用装载有自体淋巴瘤细胞总 RNA 的自体 CD40 活化 B 细胞在体内产生肿瘤特异性 T 细胞应答，虽然治疗结果没有改善，但改善了抢救治疗结果。使用非特异性自体 T 细胞的过继免疫治疗被证明是可行和有效的，可延长多中心淋巴瘤犬的首次缓解时间和总生存期。

5. 其他疗法 维甲酸受体（RAR）和维甲酸 X 受体（RXR）仅在皮肤和多中心淋巴瘤的淋巴母细胞中表达，其在淋巴瘤中的作用尚不清楚，但为诊断和治疗提供了潜在价值。对患有皮肤淋巴瘤的犬进行的一项小型研究表明，使用异维甲酸和依曲替酯的缓解率为 42%（6/14）。

靶向治疗有望应用于淋巴瘤治疗，潜在的药物靶点包括间变性淋巴瘤激酶（ALK）和 NF-κB。NF-κB 活性可被 NF-κB 抑制剂硼替佐米或 NF-κB 必需调节因子（NEMO）结合域肽靶向抑制。对患有多中心 B 细胞淋巴瘤的犬使用 NEMO 结合域肽，能成功抑制 NF-κB 活性，降低大多数犬的有丝分裂指数和细胞周期蛋白 D 的表达，且无明显毒性。

犬上皮样皮肤 T 细胞淋巴瘤通常用化疗药物 CCNU 治疗，但酪氨酸激酶抑制剂 masitinib 似乎是一种潜在的替代药物。

基于犬瘟热病毒溶瘤特性的体外研究，溶瘤病毒疗法有望得到应用。

二、猫淋巴瘤

（一）概述

淋巴瘤是猫最常见的肿瘤之一，占所有猫肿瘤的 30%。一般来说，没有性别偏好。猫白血病病毒（FeLV）阳性淋巴瘤是引起造血系统肿瘤最常见的病因，60%～70% 患猫有 FeLV 抗原血症。中位年龄 4～6 岁，多见纵隔型和多中心型。然而，随着 FeLV 血清学检测和疫苗接种的增加，FeLV 阳性淋巴瘤的总体发病率有所下降。抗原血症低至 25%。消化道型淋巴瘤更为常见，通常影响年龄较大的猫（10～12 岁）。尽管如此，通过更敏感的检测技术，如聚合酶链反应，可以发现血清抗原检测呈阴性的猫是阳性的。因此，FeLV 似乎仍然参与了淋巴瘤的发生。

FeLV 是一种逆转录病毒，由单链 RNA、核心、包膜蛋白及逆转录酶组成。这种病毒非常脆弱，很容易被杀死。传播通过猫长时间的亲密接触发生，如咬、舔、梳理和共用物品。FeLV 感染淋巴组织、肠道和骨髓。原病毒融入宿主细胞 DNA。作为插入突变原，病毒改变宿主细胞生长并可能导致肿瘤转化。大约 25% 的持续感染的猫会发展成淋巴瘤。潜伏期受年龄、病毒亚群、毒株和解剖位置的影响。FeLV 阳性的猫患淋巴瘤的可能性是普通猫的 60 倍。大多数猫会在 5～17 个月的持续性病毒血症过程中发病，淋巴瘤通常有

T 细胞表型。

猫免疫缺陷病毒（FIV）也是一种单链 RNA 逆转录病毒。虽然毒株间具有同源性，但在致病性和传染性方面存在显著差异。由于唾液病毒浓度高而血液中病毒浓度低，因此主要通过咬和争斗传播。FIV 可使淋巴瘤的发病率升高，但在淋巴瘤的发生发展中起间接作用。一项研究表明，感染 FIV 的猫的淋巴瘤发生风险增加了 5 倍。该病毒不致癌，但具有免疫抑制作用，这损害了免疫系统清除癌细胞的能力。FIV 相关淋巴瘤的免疫表型各不相同。FeLV 合并感染可进一步促进淋巴瘤的发展。

暹罗猫和东方猫患淋巴瘤的风险较高，但这可能反映了猫科群中 FeLV 感染的风险较高。在养多只猫的家庭中，患病率高达 30％，而在养单只猫的家庭中，患病率不到 1％。

（二）分类

解剖学分类：大多数研究将淋巴瘤分为 4 种类型。

1. 消化道型　消化道型涉及胃肠道、淋巴结，有时也包括肝脏。FeLV 抗原血症是少见的。肿瘤群体通常来源于肠道相关淋巴组织中的 B 淋巴细胞。然而，一项研究报告 21 例消化道病例中大多数是 T 细胞来源。病变可单发或弥漫性。受累肠壁呈环状向心性增厚，可引起肠道部分或完全梗阻。按降序排列，最常见的部位是小肠、胃、回盲交界处和结肠。一项研究表明，结肠腺癌比结肠淋巴瘤稍常见。

2. 纵隔型或胸廓型　纵隔型涉及胸腺、纵隔淋巴结和胸骨淋巴结，可以延伸出胸腔入口。纵隔淋巴瘤更常见的来源是 T 细胞，但不同于犬，高钙血症是罕见的。幼龄猫易受影响，且 FeLV 阳性。

3. 多中心型　与犬相比，猫很少单独累及周围淋巴结（PLN）。更常见的是，累及脾脏和/或肝脏，疾病可进展到骨髓。一般来说，只有 1/3 的淋巴瘤是 T 细胞来源和 FeLV 阳性的。一种罕见的独特形式的淋巴瘤已被报道仅累及单独或局部的头颈部淋巴结。这种形式与人类霍奇金淋巴瘤相似。

4. 淋巴结外侵袭或未分类　肾淋巴瘤：可为原发型和继发型（与胃肠道型或多中心型累及有关）。20％～50％的猫呈 FeLV 阳性。在复发时，可延伸到中枢神经系统（CNS）。有人把肾淋巴瘤归为消化道型，也有人认为这是一种单独的形式。

中枢神经系统淋巴瘤：可为原发型和继发于多中心型。脑膜瘤是猫最常见的脑肿瘤，应与其他颅内疾病鉴别。脊髓淋巴瘤呈现典型的硬膜外病变，猫表现为后肢麻痹。受影响的猫平均年龄为 3～4 岁，且 FeLV 阳性（85％～90％）。

鼻型淋巴瘤：通常局限于 FeLV 阴性的 8～9 岁的猫。组织学上，细胞呈中度至高等级。免疫表型与 B 细胞一致。FeLV 阳性的猫倾向于全身受累。

皮肤淋巴瘤：与犬相似，皮肤淋巴瘤可单发或呈全身性，多发于 FeLV 阴性的老年猫。

猫淋巴瘤的组织学分级与犬相似，大多数猫的淋巴瘤为中度至高等级肿瘤（88.5％～90％）。高级别淋巴瘤通常见于年轻的猫（小于 6 岁）。相比之下，低级别、高分化淋巴瘤多发生在老年猫的胃肠道。

免疫表型不能用于猫的预后评估。在一项对 145 只猫的研究中，B 细胞淋巴瘤是主要的免疫表型，尤其是在胃肠道淋巴瘤病例中。胃肠道淋巴瘤是最常见的形式，大多数胃肠道病例为中级别和高级别 B 细胞淋巴瘤。

（三）诊断和分期

淋巴瘤分期可用于评估疾病的程度。基于体格检查、实验室检查、影像学检查、组织和骨髓的细胞学检查进行诊断和分期。实验室检查包括全血细胞计数、血小板计数、生化分析和尿液分析。

全血细胞计数：贫血常见于消化道淋巴瘤。中性粒细胞减少症可能影响化疗和诱导反应。

生化分析：大约 1/4 的胃肠道淋巴瘤患猫有低蛋白血症。氮血症在一项猫肾淋巴瘤的研究中没有预后意义。因为淋巴瘤是一个浸润性的过程，如果治疗及时，肾脏的功能就会恢复。

尿液分析：尿液分析对于确定尿比重和评价肾功能尤为重要。

FeLV 和 FIV 状态：为了做出诊断，淋巴结或器官活检是必要的。与犬不同，对猫仅进行淋巴结细针抽吸检查是不够的。良性增生的淋巴结在细胞学上很难与淋巴瘤区分。应进行淋巴结切除，以确定组织学分级。

骨髓抽吸或活检应包括在检查中，特别是有贫血、淋巴细胞增多、外周血淋巴细胞异型性、中性粒细胞减少或血小板减少时。全血细胞计数正常，不能排除骨髓受累，因为骨髓受累在最初的表现中并不常见。晚期淋巴瘤累及骨髓，与白血病难以区分。

胸部 X 线片用于评估前纵隔肿块，可提示胸腺或纵隔淋巴结受累。可见胸腔积液、肺浸润或其他淋巴结受累。

腹部 X 光片证实 1/3 的猫有胃肠道淋巴瘤。70%～90% 的患猫表现腹部超声检查异常，包括肠系膜淋巴结受累、明显的肠肿物、弥漫性增厚的肠壁、肝脾肿大或腹水。

辅助检查包括前纵隔肿块吸出物和胸腔积液的细胞学检查。胸部超声是一种很好的影像学方法来确认纵隔肿块和引导抽吸或活检。胸腺瘤的细针穿刺细胞学检查，是纵隔淋巴瘤的主要鉴别诊断方式，含有小淋巴细胞，常伴肥大细胞。

内镜活检确认胃肠道淋巴瘤必须谨慎。通常很难区分淋巴瘤和炎症性肠病，特别是通过部分厚度活检时。小样本量可能无法满足准确评价肠深层淋巴瘤细胞的要求。在手术探查时进行全厚度活检是首选。

对于脊柱淋巴瘤，影像学检查很少有诊断价值。75% 的脊髓造影病例可见硬膜外压迫。透视引导下的活检可以确诊。小于 1/3 的脊髓病例和 1/2 的颅内病例的脑脊液细胞学呈阳性。脑脊液可能含有淋巴细胞和多量蛋白。

计算机断层扫描（CT）有助于确定鼻淋巴瘤的疾病范围，进而拟定放射治疗计划。鼻活检或鼻腔冲洗可以确诊。

对于皮肤淋巴瘤，穿刺活检应在最具代表性和浸润性且未感染的区域进行。皮肤淋巴瘤患猫应该完全分期。

临床分期系统最早由 Mooney 等人描述。与犬分期相比，预后的意义没有得到一致的证明，见表 6-8。另外，解剖分期系统更容易用于临床，见表 6-9。

表 6-8　猫淋巴瘤的临床分期系统

分期	特征
I	单肿瘤（结外）或单解剖部位（结状），包括原发性胸腔内肿瘤
II	单个肿瘤（结外）局部淋巴结受累；横膈膜同侧的两个或多个结节区；横膈膜同侧有或无区域淋巴结受累的两个单一肿瘤（结外）；肠系膜肿瘤，可切除的原发性胃肠道肿瘤，通常位于回盲交界处，有或无相关肠系膜淋巴结受累

（续）

分期	特征
Ⅲ	横膈膜对侧的两个单一肿瘤（结外）；横膈膜上下两个或多个结节区；所有原发性、不能切除的腹腔内肿瘤；所有椎旁或硬膜外肿瘤
Ⅳ	肿瘤发生肝脏和/或脾脏受累
Ⅴ	肿瘤侵犯神经系统或骨髓

表 6 - 9   解剖分期系统

解剖学分期	部位
消化道型	胃肠道和/或淋巴结
纵隔型	胸腺或纵隔淋巴结
中枢神经型	神经（脑或脊髓）
多中心型	多器官
鼻部	鼻
肾脏	肾脏
亚型	
a	没有全身症状的迹象
b	有全身症状的迹象

（四）治疗

1. 化疗　猫的淋巴瘤是一种全身性疾病，化疗是常用治疗方法。与犬淋巴瘤相比，猫淋巴瘤通常不如犬淋巴瘤值得治疗。缓解率较低，缓解持续时间较短。幸运的是，接受化疗的猫比犬的胃肠道毒性更小。

多药化疗方案中加入阿霉素已被证明可显著延长生存时间。38 只猫接受环磷酰胺、长春新碱和泼尼松龙（COP）诱导治疗，完全缓解（CR）率为 47%。使用 COP 维持治疗的猫的中位缓解期（MRD）为 83d，而使用 COP 诱导后再使用阿霉素单药的 MRD 为 281d。

化疗方案的时间长短各不相同。Madison-Wisconsin 方案是一个 25 周的方案，耐受性很好，是一个简短的、非维护性的方案。其他治疗方案包括 1～2 年的治疗，通常剂量略低。与犬不同，单药阿霉素并没有被证明有效，因此不推荐使用。据报道，完全缓解率为 26%～32%。

COP 方案包括环磷酰胺、长春新碱（Oncovin）和泼尼松龙。这个方案最初是由 Cotter 提出的。完全缓解率为 79%。该方案耐受性好，毒性极小。

许多猫的治疗方案中还包括胞嘧啶阿拉伯糖苷（Cytosar），一种可以穿过血脑屏障的抗代谢物。CCNU（洛莫司汀）最近被证明是有效的。然而，猫应该比犬接受更低剂量和更少频率的治疗。

猫中重度淋巴瘤的基本治疗原则与犬非常相似。然而，一个重要的区别是，单药阿霉素（DOX）对猫的效果似乎较差。即使采用基于 CHOP 的化疗方案，猫的反应和生存率也低于犬，40%～45% 的猫达到完全缓解，大约 25% 的猫达到部分缓解（PR）。中位完全缓解持续时间为 200～400d。最近的报告表明，如果口服苯丁酸氮芥（瘤可宁）和强的松，大多数患有低级别小细胞胃肠道淋巴瘤的猫在 2～3 年的时间内都能有良好的治疗反应。报告了 3 种不同的剂量策略：15mg/m²，每日口服，连续 4d，每 3 周 1 次；20mg/m²，口服，每 2 周 1 次；每只猫 2mg，口服，连续 2～3d。重要的是，低级别的小细胞淋巴瘤只能通过组织学检查鉴定。患有淋巴瘤的猫在给予长春新碱后易出现某种程度的胃肠道紊乱。

2. 放射治疗　淋巴瘤细胞对辐射非常敏感，因此放射治疗可以有效治疗局限性淋巴瘤，如鼻腔、脊柱、颅内和难治性纵隔淋巴瘤。放射治疗作为化疗的辅助治疗还没有得到严格的评价。通常，与其他肿瘤相比，抑制肿瘤所需的总剂量更小。

放射治疗是治疗鼻淋巴瘤最有效的方法。反应率很高；CR 达到 75%～100%。FeLV 阴性猫的中位缓解期大于 1.5 年。粗略的初始方案（每周 3～6 次治疗 1 次）可能与最终方案（每天 1 次，连续 16d）一样有效。由于 FeLV 阳性猫患全身疾病的风险增加，建议化疗和放射治疗同时进行。对于 FeLV 阴性的猫，目前推荐多药化疗联合放射治疗，前 6 周每周一次。

3. 手术　一般来说，由于猫淋巴瘤是一种全身性疾病，因此最好采用全身治疗方法。显然，外科手术是一种可行的治疗方法。手术是缓解胃肠道淋巴瘤患猫肠梗阻的合适方法，但切除对生存时间的影响尚不清楚。肠系膜淋巴结的累及和粘连的发生往往使手术切除困难或不可能。然而，如果不进行手术切除，单独的病变淋巴结在接受化疗后可能会破裂。

4. 支持性护理　支持性护理是猫淋巴瘤治疗的重要组成部分。尤其应对没有食欲的猫进行营养支持。为满足猫的营养需求，应放置喂食管，如食管造口管或经皮内镜胃造口管。另外，当不能采用肠内途径时，也可采用全肠外营养支持。虽然猫的胃肠道毒性并不常见，但抗呕吐药物对食欲不振的猫是有帮助的。

（五）预后因素

猫淋巴瘤比犬淋巴瘤更具有挑战性和令人沮丧。积极预后因素为：FeLV 阴性，诊断时临床表现良好（亚型 a），对治疗有反应。达到完全缓解是确保生存的预后指标。不幸的是，在治疗之前无法预测治疗反应。

第四节　口腔肿瘤

口腔肿瘤的发生率，据文献统计在犬约占所有肿瘤的 6%，在猫约占所有肿瘤的 3%。良性和恶性的肿瘤都有可能出现。几种常发生的口腔肿瘤分述如下：

（一）分类

1. 恶性黑色素瘤（Malignant melanoma）　是犬口腔最常见的恶性肿瘤，老年犬的发生率较高，不过其他年龄的犬也可能发生。恶性黑色素瘤有很强的转移能力，但转移的速度与肿瘤发生的部位、肿瘤的大小和组织学的分级相关。肿物表面不一定呈现黑色，生长速度快，切除不完全时复发概率更高。

2. 鳞状上皮细胞癌（Squamous cell carcinoma）　犬猫常见的口腔恶性肿瘤，表面常见溃疡灶。鳞状上皮细胞癌对于生长区域的影响较大，可能侵犯到骨骼，但远端转移的概率较低。

3. 纤维肉瘤（Fibrosarcoma）　在猫是发病率第二的口腔部位肿瘤，在犬则为排名

第三的口腔部位肿瘤。该肿瘤常发生于大型犬（特别是金毛寻回犬）。大部分会出现局部侵入其他组织，约 20％会出现转移。

4. 齿龈瘤（Epulides）　齿龈瘤为良性肿瘤，生长速度慢，触感坚实，无转移能力。依据有无侵犯骨骼，又可分为纤维齿龈瘤（Fibrous epulides）和骨化齿龈瘤（Ossifying epulides）。齿龈瘤多为局部侵入周围组织且有些会侵入骨骼内，上腭前侧的发生概率比其他位置要高。

（二）临床表现

口腔肿瘤很少是主人直接观察到的，常常是因为动物进食与行为的改变而被发现，常见的症状为唾液增加、口臭、出现血样分泌物、吞咽困难、眼球突出、鼻出血、体重下降、牙齿掉落或颈部淋巴结肿大等。最根本的症状是出现非正常生长的肿物。

（三）诊断

口腔肿物相对不容易采样，有时必须先镇静再进行检查。初步的采样检查方式有注射器采样镜检与组织活检两种。细针抽取细胞学检查可为初步诊断恶性肿瘤提供信息，而组织活检时可制作成切片，提供更进一步的判定依据。对于肿瘤最准确的判定方法是在手术切除后，制作病理切片来进一步检查，除了可以了解为哪一种肿瘤外，还可以判定肿瘤细胞是否已侵犯到周边组织。若确定患有口腔肿瘤，则须先检查有无淋巴结肿大并配合胸腔X线检查，有无肺转移，对病情做分期判断。为了解肿瘤有无侵犯骨骼，头部的X线检查也是必要的。

（四）治疗

口腔肿瘤的治疗方法有手术切除、冷冻手术、放疗或化疗等。外科手术范围的大小，取决于肿瘤是否为恶性、对于周边组织的侵袭程度，如果已侵袭至骨骼，需要将骨骼一并切除。治疗效果与肿瘤的性质、是否转移以及肿瘤的分期有关。早期发现、正确诊断并给予适当的治疗非常重要。

第五节　黑色素瘤

许多家养动物，包括犬、猫，都会自发患上黑色素瘤。与其他物种相比，犬的恶性黑色素瘤更常见，大多数病例发生在口腔（黏膜）、皮肤、甲床上皮和脚垫（爪下和肢端）、胃肠道和黏膜皮肤交界处，而眼部（葡萄膜）位置较少出现。

一、流行病学

犬口腔黑色素瘤是由位于口腔黏膜上皮内的神经嵴源性黑色素细胞的恶性转化引起的，约占所有犬类癌症的 7％。具有高度侵袭性，易发生转移。在 75％的犬病例中，肿瘤易转移到局部淋巴结和肺部，肿瘤的外观可能颜色较深且会出现溃疡。术后 1 年存活率不到 20％，贵宾犬、波斯牧羊犬、罗威纳犬、雪纳瑞犬、苏格兰㹴犬和拉布拉多寻回猎犬中肿瘤的比例高于其他品种。犬口腔黑色素瘤通常出现在牙龈和硬腭，呈棕黑色斑点或结节，有时伴有溃疡。

黑色素细胞或黑色素母细胞来源的肿瘤在犬皮肤肿瘤中占 5％～7％，在猫比较少见。老年犬较为高发（平均发病年龄约 9 岁）。皮肤型黑色素瘤可分为良性及恶性，可能发生于身体的任何部位，有被毛的位置更易发病。

二、组织病理学

组织学上，该病在犬和人类中表现相似，肿瘤呈片状、巢状或束状生长，经常伴有上皮细胞成分。犬和人类黑色素瘤的细胞形态都有梭形、上皮样、浆细胞样或混合细胞亚型，犬中更少见的是轮状/树突状、球囊细胞、印戒细胞、透明细胞和腺样/乳头状细胞亚型。推测的预后组织学特征是肿瘤细胞侵犯手术边缘，存在血管侵犯，高有丝分裂计数（10 个高倍视野中有 10 个有丝分裂象）和溃疡。犬黑色素瘤的组织病理学特征是核异型性（计数 200 个细胞，其中 30％为非典型核），有丝分裂计数（10 个高倍视野下有丝分裂象 4 个），存在淋巴侵犯，Ki67 指数 19.5（Ki67 指数定义为 $1mm^2$ 光学网格中 5 个区域中 400 处阳性核的平均数量）。

犬口腔黑色素瘤，Ⅰ期肿瘤的中位生存期（MST）为 14 个月，Ⅲ期肿瘤的中位生存期为 3 个月。肿瘤大小和淋巴结转移情况用于评估犬黑色素瘤分期。例如，直径 2cm 且无转移迹象的肿瘤被归类为Ⅰ期，据报道 MST 长达 19 个月；肿瘤直径 2～4cm 且没有转移证据的被归类为Ⅱ期，MST 达 6 个月。Ki67 表达增加与中到高转移倾向相关。

病理学家对肿瘤的组织病理学分级表明了肿瘤的恶性程度。组织学分级通常可以预测物种间各种肿瘤的生存、转移率和其他临床变量。肿瘤类型不同，分级系统也不同。皮肤黑色素瘤表现出多种恶性肿瘤的组织病理学特征，如有丝分裂增加、浸润性和/或分化差，转移倾向增加，由于术后结果的差异，预后降低。患有恶性皮肤黑色素瘤的犬有 45％在 1 年内死亡，而患有良性皮肤黑色素瘤的犬有 8％死于这种疾病。此外，10％有丝分裂指数为 2 或更低的皮肤黑色素瘤患犬在手术后 2 年死于肿瘤，而与之相比，70％的犬死于有丝分裂指数为 3 或更高的肿瘤。由于淋巴引流的复杂性，下颌骨区域淋巴结和咽后内侧淋巴结的淋巴结切除术可能提供更好的分期信息。犬头部存在多个淋巴中心，犬口腔黑色素瘤细胞倾向于向原发肿瘤的对侧转移。值得注意的是，40％淋巴结正常大小的犬有细胞或组织学上的转移性疾病，但细针抽吸细胞学检查犬黑色素瘤淋巴结转移性疾病的总体灵敏度很低，从 63％到 78％不等。

犬黑色素瘤的分期见表 6-10。应包括全面的病史和体格检查、全血细胞计数和血小板计数、生化分析、尿检、三视图胸片、局部淋巴结抽吸检查（因引流方式不同，选择口腔黑色素瘤的同侧或对侧淋巴结)与细胞学检查(可发现淋巴结肿大)。在有淋巴结肿大且患口腔黑色素瘤的犬，约 70％有肿瘤转移，但更重要的是，在没有淋巴结肿大的情况下，40％的患犬出现了转移。此外，也要考虑腹部超声检查，特别是对于肿瘤发生在具有中度到高度转移特性的解剖部位（如口腔、足部或嘴唇黏膜表面）的病例黑色素瘤可能转移到腹部淋巴结、肝脏、肾上腺和其他部位。前哨淋巴结定位和淋巴结切除术已被证实对人类淋巴瘤的诊断、预后和临床治疗有益，建议对患有黑色素瘤的犬进行前哨淋巴结定位和/或切除的检查。

表 6-10　WHO 关于犬口腔黑色素瘤的 TNM 分期

状态	Ⅰ	Ⅱ	Ⅲ	Ⅳ
原发肿瘤大小	≤2cm	2～4cm	>4cm	任何大小类型肿瘤
淋巴结状况	否	否	是	是
远端转移	否	否	否或是	是

三、诊断方法

用细针抽取组织进行检查可进行初步诊断，但最佳的方式是采样并制作病理切片来判读。组织病理学为确定诊断的依据，也是较准确判定良性及恶性肿瘤的方法。皮肤良性黑色素瘤与正常组织界线分明、颜色很深、直径小、圆顶状、触感坚实且可游离，生长于覆盖着被毛的皮肤上的黑色素瘤大多数（85％）为良性的。恶性的黑色素瘤生长快速、直径大、肿瘤表面有溃疡出血，大多发生在口腔、皮肤黏膜交界处及趾端。

口腔黑色素瘤初步诊断可采用细针抽取组织镜检法，但因动物可能对于接触口腔有抗拒或不适，因此常需要采取短暂的镇静或麻醉。头部放射线检查可用来评估肿瘤是否已侵犯骨骼，胸腔放射线检查可评估是否有胸腔转移的情形。另外，可用CT来评估肿瘤的侵犯程度。最终确诊需要依据肿瘤组织的采样进行组织切片判读。免疫组化可以用来检测特异性的黑素细胞标记物，以帮助诊断无色素性肿瘤。T细胞识别黑色素瘤抗原-1、黑色素瘤抗原-2（PNL-2）、酪氨酸酶1和2是诊断犬黑色素瘤常用的标记物，具有很高的敏感性。

四、治疗方法

对于患有黑色素瘤且没有远端转移的犬的治疗从局部肿瘤控制开始。外科手术切除为主要的治疗方式。良性的黑色素瘤在完全切除后常有很好的治疗效果。手术范围通常取决于黑色素瘤的解剖部位。犬口腔黑色素瘤的经典临床治疗方法是手术切除，至少要距离肿瘤区2cm以上进行根治性切除，才能降低复发率。依据黑色素瘤的侵袭程度会有不同的切除方式，包括局部或全部的上腭及下腭的切除术，但即使切缘干净，复发率仍为3.2％～10％。恶性的黑色素瘤转移概率高且生长速度快，建议在术前及术中进行胸腔及腹腔的放射学检查以及体表淋巴结的触诊。另外，还可以进行化疗，但化疗效果依个体不同而有所差异。在犬的生存质量方面，单独化疗或铂类药物（主要是卡铂）辅助治疗未能证明与单独局部治疗相比有任何显著的优势。尽管一些研究表明，化疗与放疗联合使用时，肿瘤进展的时间更长。远端转移性疾病大多采用姑息疗法。

1. 放射治疗　放射治疗（Radiation therapy，RT）可在犬黑色素瘤的治疗中发挥作用，通常单独用于不能切除的肿瘤，或肿瘤已被切除但边缘不完整，或黑色素瘤转移到局部淋巴结但没有进一步的远端转移或作为控制局部疾病的辅助手段。每天或每隔一天使用较小的放疗剂量（如3～4Gy），可以获得更大的总剂量和较小的慢性放疗反应。犬黑色素瘤的粗略治疗方案，采用每周或每隔一周6～9Gy，总剂量为24～36Gy，完全缓解率为53％～69％，部分缓解率为25％～30％，但亦会出现复发和/或远端转移。其他报道的局部肿瘤控制方法有病灶内顺铂植入、病灶内电子脉冲博莱霉素及其他方法，但到目前为止还没有广泛应用的报道。

2. 免疫疗法　免疫疗法是一种有潜力的系统性黑色素瘤治疗方法。迄今为止，犬黑色素瘤的免疫疗法使用了自体肿瘤细胞疫苗（含或不含转染免疫刺激细胞因子和/或黑素体分化抗原）、转染白介素-2或GM-CSF（粒细胞-巨噬细胞集结刺激因子）的异基因肿瘤细胞疫苗、以脂质体包被的非特异性免疫刺激剂（如L-MTP-PE）和装载黑素体分化抗原的犬树突状细胞疫苗等产品。虽然这些产品可产生一些临床抗肿瘤反应，但生产这些产品的方法昂贵、耗时，有时依赖于肿瘤样本细胞系的建立，并且要求方法一致性好、重现性强且质控良好。

3. 单克隆抗体疗法 PD-L1 可能在犬口腔黑色素瘤的大多数细胞中表达，PD-1 在肿瘤浸润的淋巴细胞中高表达，提示 PD-1/PD-L1 抑制剂可能作为犬口腔黑色素瘤的新型治疗药物。PD-1 与配体 PD-L1 和 PD-L2 结合后抑制 T 细胞的活化。PD-L1 在肿瘤细胞及肿瘤微环境中的其他细胞中表达异常，已在多种肿瘤类型中得到证实。

来源于神经外胚层细胞的人类肿瘤，如恶性黑色素瘤，表达高水平的双唾液酸神经节苷 GD2 和 GD3，使这些抗原成为单克隆抗体的理想靶点。在一项研究中，利用小鼠抗GD2 和 GD3 单克隆抗体，评估了犬黑色素瘤中双唾液酸神经节苷 GD2 和 GD3 的表达。此外，单克隆抗体可与这些抗原发生反应，并可靶向和触发多种犬效应种群的肿瘤杀伤。抗神经节苷脂单克隆抗体可显著增强犬肺泡巨噬细胞介导的犬黑色素瘤的细胞毒性。此外，当与重组犬 IFN-γ 活化肺泡巨噬细胞联合使用时，黑色素瘤的细胞毒性增强。这种策略可以提供潜在的防御癌细胞转移到肺的作用。

4. 被细菌激活的非特异性免疫治疗 细菌释放的一些特征分子称为病原体相关模式分子（Pathogen-associated molecular patterns，PAMP），通过激活所谓的模式识别受体（Pattern recognition receptor，PRR）和下游的细胞促炎信号来激活固有免疫应答（非特异性）。TLR 和 NLR 均通过核因子-κB（NF-κB）和丝裂原活化蛋白激酶（MAPK）途径激活下游促炎信号。该方法已用于兽医肿瘤的非特异性免疫治疗。一项研究评估了手术切除和肿瘤内给药（短棒状杆菌灭活悬浮液）联合治疗犬口腔黑色素瘤的效果，在患有Ⅱ期和Ⅲ期肿瘤的犬观察到更长的生存时间，短棒状杆菌灭活悬浮液联合手术切除可能具有抗犬黑色素瘤活性。

5. 溶瘤病毒疗法 溶瘤病毒疗法是一种新兴的癌症治疗方法。一种基因编辑的痘苗病毒株（LIVP6.1.1）对 4 种不同的犬癌细胞（其中一种是犬黑色素瘤细胞系）具有溶瘤潜力。LIVP6.1.1 病毒对包括黑色素瘤细胞系在内的 3 种细胞系具有高度的细胞毒性，在 MOI 为 1 的情况下，病毒感染 3d 后，细胞毒性至少为 83%。1 只患有黑色素瘤的犬接受 toceranib 治疗，并每周静脉注射改良的犬用 Celyvir（dCelyvir），该犬病情稳定。

6. 疫苗治疗 肿瘤相关抗原（TAA）的发现为开发免疫靶向肿瘤的技术提供了可能。针对癌症的治疗性疫苗接种策略是基于这样一种概念，即癌细胞显示出一种与自然细胞明显不同的基因（和蛋白质）表达模式。接种疫苗的目的是加强免疫系统识别这种新特征的能力。肿瘤细胞差异表达并能够诱导效应免疫反应的蛋白通常被定义为 TAA。多种疫苗已应用于诱导抗肿瘤免疫反应，包括树突状细胞（DC）疫苗和异基因全肿瘤细胞疫苗。树突状细胞是最强大的抗原提呈细胞，可连接先天免疫系统和适应性免疫系统。因此，DC 疫苗接种是一种非常有效的抗肿瘤免疫治疗策略。其主要目标是激活免疫反应，消除癌细胞并产生持久的免疫力。DC 疫苗利用 DC 前体，分化为 DC，并装载相关 TAA。DC 可以装载多肽、蛋白质和肿瘤裂解物，可以使用病毒载体将基因插入 DC 中，编码TAA 或蛋白质，甚至可以转染编码 TAA 的 mRNA。来自骨髓的自体树突状细胞在体外扩增，并转染表达黑色素瘤抗原 gp100 的腺病毒。DC 疫苗皮下注射 3 只犬：一只健康的，另两只患有Ⅰ期和Ⅲ期口腔黑色素瘤，并经过手术切除原位瘤和放疗，未观察到不良反应。在接种 DC 疫苗后 48 个月和 22 个月，其中 2 只犬在最初的病变部位没有复发，在远端部位也没有复发。在另一项研究中，在 3 只健康犬进行的延迟型超敏皮肤试验证明了T 细胞介导免疫的体内证据，在对 3 只健康犬接种带有犬恶性黑色素瘤细胞系（CMM-2）

裂解液的自体 DC 细胞后，在阳性反应位点检测到 CD8 和 CD4 T 细胞的聚集，表明该疫苗有效地诱导了 T 细胞介导的针对 CMM-2 细胞的免疫。

肿瘤全细胞疫苗可作为辐照的肿瘤细胞或溶解的肿瘤细胞接种，通常配合疫苗佐剂。肿瘤全细胞疫苗方法提供了对大量潜在肿瘤抗原产生免疫反应的能力，特别是在自体肿瘤细胞疫苗的情况下。肿瘤全细胞疫苗方法的缺点包括与疫苗制备相关的时间和费用，需要建立肿瘤细胞系，疫苗不易于大规模生产，以及质量控制风险。

在同种异体肿瘤全细胞疫苗的 II 期临床试验中，将异种人类 gp100 转染犬黑色素瘤细胞，通过辐照灭活，并皮内注射 34 例患自发性恶性黑色素瘤（II 和 IV 期）的犬，试图打破自身和异种抗原组合的耐受性。该疫苗在犬中耐受性良好。34 例犬中有 6 例（17.6%）观察到肿瘤消退（1 例完全缓解，5 只部分缓解）的客观证据。此外，肿瘤得到控制的犬存活时间（337d）明显长于无反应的犬（95d）。

7. 基因疗法 基因疗法依赖于将外源 DNA 导入细胞，也称为转染。DNA 的转移可以通过非病毒载体利用脂质体传递或 DNA 蛋白复合物完成，也可以通过病毒载体完成。病毒载体是经过基因修饰的病毒，仍能将其遗传物质转移到宿主细胞上，可以传递不同的基因产物，如细胞因子、自杀基因、肿瘤或细菌超级抗原、促凋亡基因。

细胞因子能够促进适应性和先天免疫反应。肿瘤内传递细胞因子可诱导抗肿瘤反应，而不产生与全身传递相关的不良反应。关于几种细胞因子在犬恶性黑色细胞瘤治疗中的作用，已有研究报道，如 IL-2 作为一种 T 细胞生长因子，对人类黑色素瘤和小鼠模型的黑色素瘤有疗效。该研究通过重组人 IL-2 结合手术切除肿瘤和放疗对自然发生的犬恶性黑色细胞瘤的治疗效果进行评估。重组人 IL-2 是通过局部反复注射分泌高水平 IL-2 的异种 Vero 细胞来给予的，研究表明，与仅接受手术和放疗的犬相比，肿瘤复发的频率更低，犬存活时间更长（MST：270d）。

超级抗原是一种细菌蛋白，由于其独特的结构，能够激活大量的 T 细胞。然而，全身暴露于超级抗原可能与严重的毒性和潜在的诱导 T 细胞无能有关。超级抗原通过基因传递的局部表达能够有效激活肿瘤浸润的免疫效应细胞，同时避免全身暴露带来的不良影响。这种方法已在犬恶性黑色素瘤中使用。一份报告评估了细菌超级抗原和脂质复合质粒 DNA 编码的葡萄球菌肠毒素 B 与生长因子 GM-CSF 或 IL-2 联合。另一项研究使用脂质复合质粒 DNA 编码的葡萄球菌肠毒素 A 与犬 IL-2 联合。在前一项研究中，从 I 期病犬的中位生存期 427d（n=3）到 III 期病犬的 168d（n=12），均显著高于历史手术对照组（105d）。后一项研究报告了 25%（n=16）不同肿瘤类型的犬的肿瘤大小整体下降，但样本中只有 2 只犬患有黑色素瘤，这些犬的反应没有被特别报道。在这些研究中，毒性主要包括短暂发热和腹泻。

另一种免疫基因疗法是使用由细菌质粒编码的异种抗原 DNA 疫苗。据报道治疗犬口腔黑色素瘤的异种抗原来源是硫酸软骨素蛋白聚糖-4（CSPG4）和人酪氨酸酶基因。CSPG4 是与肿瘤细胞迁移、侵袭和增殖相关的早期细胞表面进展标志物。对 II 期和 III 期手术切除的 CSPG4 阳性/恶性黑色素瘤的犬进行每月肌内注射质粒，同时进行体内电穿孔，以增加免疫原性。与 13 只未接种疫苗的对照组相比，14 只接种疫苗的犬的生存时间明显更长。同样的方案在 2 只经手术切除 CSPG4 阳性口腔黑色素瘤的犬进行。与此同时，19 只 CSPG4 阳性肿瘤的对照组犬只接受了手术。接种疫苗的犬的 MST 为 684d，而未接种疫苗的犬的 MST 为 200d。在这两项试验中，均未发现临床相关的局部或全身副作用。

这些结果表明，CSPG4 的异种 DNA 疫苗结合体内电穿孔技术治疗犬恶性黑色素瘤是有效的。

8. 淋巴因子激活的杀伤细胞疗法　T 淋巴细胞对抗肿瘤免疫反应是重要的。因此，T 淋巴细胞的增强可能在减缓或停止恶性肿瘤的进展方面发挥作用。与利用肿瘤特异性 T 细胞的过继性 T 细胞转移治疗相比，被动免疫治疗〔又称淋巴因子激活的杀伤（LAK）细胞治疗〕，涉及的是自体活化的淋巴细胞，而不是癌症特异性细胞。这种形式的免疫治疗有望触发被注射的淋巴细胞对靶组织的细胞毒活性，并通过激活 T 淋巴细胞和自然杀伤细胞间接诱导细胞介导的免疫。最初，有一篇论文报道了 LAK 细胞在健康比格犬中的应用，认为是安全的，可以促进免疫应答。LAK 疗法在 15 只携带肿瘤的犬（其中 7 只患有恶性黑色素瘤）中进行了评估，并结合姑息性手术。用重组人 IL-2 和固相抗犬 CD3 抗体培养自体外周血单个核细胞生成 T 淋巴细胞。静脉注射治疗间隔 2～4 周，导致 CD8＋ T 细胞增加，CD4＋/CD8＋T 细胞比值降低。尽管结果不错，但样本量小，仅评估了 3 种表型（CD3＋、CD4＋和 CD8＋），未进行临床随访。

第六节　鳞状细胞癌

一、皮肤鳞状细胞癌

鳞状细胞癌（squamous cell carcinoma，SCC）是一种起源于鳞状上皮的恶性肿瘤。大部分皮肤的表皮、口腔和咽食管的表面是鳞状上皮，甲床和脚垫层也有覆鳞状上皮。鳞状细胞癌约占猫皮肤肿瘤的 15%，占猫口腔恶性肿瘤的绝大多数，但猫前爪的原发性鳞状细胞癌较少见。与大多数癌症一样，这是一种老年猫的疾病，患病的中位年龄为 10～12 岁。鳞状细胞癌患猫的行为因部位而异。SCC 的潜在病因也各不相同，且与部位有关。治疗方案取决于原发肿瘤的分期。

（一）鳞状细胞癌的病因

皮肤鳞状细胞癌的主要病因是猫长期暴露于紫外线（UV），特别是暴露于户外紫外线辐射。这种病因的肿瘤几乎只出现在头部，白猫或有白色区域的彩色猫的风险最大。皮毛是紫外线辐射的物理屏障，所以以被毛稀少、无色素的区域易发生鳞状细胞癌，如耳朵、眼睑、鼻平面和颞区。任何种类和性别的猫都可能受到影响，但长毛品种不易发生，因为它们有更好被毛覆盖，如暹罗猫，受到自身斑纹分布的天然保护。

（二）临床表现

大多数患紫外线诱导的鳞状细胞癌的猫，病变通常呈发红、无法愈合的结痂状。耳朵在结痂期前表现出明显的光化变化，耳郭边缘增厚、卷曲，随着正常组织的丧失，耳郭边缘受到侵蚀，从光化性角化病到原位癌，然而发展为鳞状细胞癌。猫的耳郭、鼻平面和眼睑可同时出现病变。

（三）诊断和临床分期

活检是诊断的最佳方式，穿刺活检或使用手术刀切除或切口活检。大多数病灶过于浅表或发炎，无法通过细针抽吸进行可靠的诊断。需对多个异常区域进行采样检测，因为有些区域是发育不良的，而有些区域是明显的鳞状细胞癌。

根据肿瘤浸润深度和病变的大小来确定 WHO 分期，如表 6-11 所示。T_{is} 表示没有突破基底膜，无转移。分期对于鼻平面肿瘤尤为重要，疾病分期直接影响治疗的效果。

表 6-11 鳞状细胞癌的 WHO 分期

T$_{is}$	浸润前癌（原位癌）未突破基底膜
T$_1$	T＜2cm，表面或外生型
T$_2$	T 2～5cm，或与肿瘤大小无关，最小的入侵
T$_3$	T＞5cm，或与肿瘤大小无关，侵袭到皮下组织
T$_4$	肿瘤侵犯其他结构，如筋膜、肌肉、骨骼或软骨

（四）治疗方法

治疗方法主要取决于猫的头部受影响的部位和病变的范围，仅在耳郭有病变的猫的生存时间（799d）比仅在鼻平面有病变的猫的生存时间（675d）长。在鼻平面和耳郭均有病变的猫的生存时间最短（530d）。选择合适的治疗方法是延长患病动物生存时间的关键。

1. 外科疗法　手术切除是治疗耳郭和眼睑病变最成功的方法，也是治疗鼻平面浸润性鳞状细胞癌（T$_3$ 期或 T$_4$ 期）最有效的方法。外科手术的主要局限在于美容效果。例如，切除眼睑鳞状细胞癌的问题是在手术后维持功能，完全切除需要 4～5mm 的清晰边缘，这意味着涉及整个眼睑。整个下眼睑可以用嘴唇皮肤作为旋转移植物来填补缺损，猫在功能上表现良好。边缘切除干净的猫在 12 个月以上无复发迹象。更换整个上眼睑较为复杂，但眼睑成形术可用于修复上眼睑缺损。

同样地，切除鼻表面病变并无肿瘤边缘通常会有良好的结果。对于分期为 T$_{is}$ 和 T$_1$ 期的病变，无须进行鼻跖骨切除术，手术治疗通常可以成功，但对于分期为 T$_3$ 和 T$_4$ 期的病变施行鼻平面切除术，通常是达到所需边缘的唯一方法。

2. 放射疗法　远距放射疗法（如正电压放射和质子束照射）用于鼻表面鳞状细胞癌，同样，T$_1$ 期肿瘤的反应优于 T$_3$ 或 T$_4$ 期肿瘤。例如，在接受正电压放射治疗后，患有 T$_1$ 期肿瘤的猫中 85％存活 1 年，而患有 T$_3$ 期肿瘤的猫中这一比例为 45.5％。体外放射疗法的优点是，在美容方面的挑战较小，但涉及多种麻醉剂，并与手术相比有较高的复发率。近距放射疗法（如 β 辐射）用于浅表鳞状细胞癌病变（深度≤3mm），主要优点是保留了局部正常组织，且具有可重复性。一种专为人类设计的眼科涂药器（涂药器的末端直径为8mm，并浸渍锶-90），接触猫肿瘤部位一段时间，可传递规定剂量的辐射，85％～90％鼻表面鳞状细胞癌患猫获得完全缓解。这种治疗方法也可以成功地用于眼睑鳞状细胞癌。

二、口腔鳞状细胞癌

口腔鳞状细胞癌（squamous cell carcinoma，SCC，鳞状细胞癌）占家猫所有口腔肿瘤的 70％～80％，常暴露于烟草烟雾环境、跳蚤项圈和喂食罐头食品的猫风险增大。本病对口腔/口咽腔的影响最大。乳头瘤病毒感染在很大一部分人类口腔鳞状细胞癌中起作用，并且与侵袭性较低的疾病和更好的结果相关。尽管乳头瘤病毒可能在猫皮肤鳞状细胞癌中起作用并且已从猫的口腔乳头状瘤中分离出来，但尚未证明其与猫口腔鳞状细胞癌的发生相关。在人类中，许多口腔/口咽部鳞状细胞癌似乎源于先前存在的疾病，如口腔白斑和红斑、牙周病和口腔炎等炎症性疾病，但在猫口腔鳞状细胞癌中尚未发现这种进展。猫口腔鳞状细胞癌更接近于模拟人类口腔鳞状细胞癌的自然行为。

除了临床特征外，猫口腔鳞状细胞癌与人类头颈癌有许多相同的分子标记物表现，如表皮生长因子（EGFR）过度表达（虽然未证明对猫有预后作用）、改变的 p53 表达、

CK2表达失调、血管生成标志物、环氧合酶和脂氧合酶过度表达。

目前猫口腔鳞状细胞癌的标准治疗（手术、放疗和化疗）效果普遍较差，中位生存期为几个月。在小肿瘤中观察到更好的结果，但由于大多数病例在诊断时已患有晚期疾病，因此治疗通常是姑息性的。由于预后严重且缺乏有效的护理标准，在诊断时为猫提供试验性疗法是合理的。关于猫口腔鳞状细胞癌潜在治疗途径的研究，多集中在新的EGFR抑制剂（包括在吉非替尼耐药的情况下）、单独的CK2抑制剂以及与化疗或放疗联合、新型COX/LOX（环氧化酶/脂氧合酶）双重抑制剂、逆转缺氧、抗血管生成疗法的研究。Toceranib磷酸盐（Palladia）是一种多激酶抑制剂，也可能在猫口腔鳞状细胞癌中显示出部分功效。

第七节　肉　　瘤

在犬的恶性肿瘤中，肉瘤占10%～15%，其中20%为非软组织肉瘤，多起源于骨骼，其余80%为软组织肉瘤（soft tissue sarcoma，STS）。主要的非软组织肉瘤为骨肉瘤（Osteosarcoma，OSA）和软骨肉瘤（Chondrosarcoma，CSA）。软组织肉瘤可分血管肉瘤（Hemangiosarcoma，HSA）、纤维肉瘤（Fibrosarcoma，FSA）、周围神经鞘肿瘤（Peripheral nerve sheath tumor，PNST）和组织细胞肉瘤（Histiocytosarcoma，HS），其中黏液肉瘤（Myxomatodes sarcoma，MYX）、脂肪肉瘤（Liposarcoma，LIP）、横纹肌肉瘤（Rhabdomyosarcoma，RMS）、平滑肌肉瘤（Leiomyosarcoma，LMY）、滑膜细胞肉瘤（Synovial cell sarcoma，SCS）和淋巴细胞肉瘤（Lymphocytic sarcoma，LYA）的发生率比较低。

一、非软组织肉瘤

（一）骨肉瘤

骨肉瘤（osteosarcoma，OSA）是犬最常见的骨原发性肿瘤，多发生在阑尾（约75%）和轴位（约25%）骨骼的原始骨细胞。中大型犬多发，中位年龄为8岁，尤其是中老年大型犬易发，如圣伯纳德犬、大丹犬、罗威纳犬、德国牧羊犬和金毛寻回犬，占所有骨骼肿瘤的85%，幼龄（小于3岁）动物的发病率很低。犬科动物的跨移运动和解剖结构导致了骨骼重量在前肢（70%）和后肢（30%）之间的分布是不均匀的。骨肉瘤在前肢和后肢以2∶1的比例发育，与骨骼载荷力和骨重塑活动相关，最常见的部位是桡骨远端、肱骨近端、胫骨近端、胫骨远端和股骨远端。骨肉瘤侵袭性很强，常引起继发性肿瘤，80%～90%存在肺微转移。与人类相似，犬体内存在的骨骼异常和相关的骨重塑失调也参与骨肉瘤的发病机制。用于骨折修复的金属植入物或骨折部位的内固定物会促进骨肉瘤、慢性骨髓炎和骨梗死的发生。骨肉瘤还会影响非骨组织，主要体现在内脏器官（肾上腺、眼睛、回肠、肾脏、脾脏、睾丸和阴道），骨肉瘤细胞通过血行播散转移。转移是一个复杂的过程，涉及几个主要步骤：原发肿瘤内新血管形成；局部浸润及随后的静脉内渗；继发部位血管的运输和阻塞；浸润和迁移；继发部位的生长。犬与人类的骨肉瘤具有许多共同特征，如解剖位置、经组织病理学诊断的转移性疾病的存在、化疗耐药性转移的发展和表达/激活的改变。

1. 发病原因　犬科动物骨肉瘤的病因目前尚不清楚，骨骼的早期快速生长发育和由于负重受力而导致的应力作用，都可能导致微骨折的出现，从而成为肿瘤发生的重要因素。几乎 70％的骨肉瘤具有遗传性，如超过 15％的苏格兰猎鹿犬死于骨肉瘤。体重和身高的增加是骨肉瘤的重要诱发因素，与小型犬相比，大型犬（大于 30kg）骨肉瘤的发生风险高达 60 倍，中型犬（20～30kg）高达 8 倍，体重超过 40kg 的犬四肢骨肉瘤占比达 95％，而体重小于 15kg 的犬只占 40％～50％。快速生长、雄性、有过手术等，会导致肿瘤风险升高。电离辐射、化学致癌物质、外科手术中插入的异物（如内固定器、骨移植时的金属植入物）、生殖激素等都可能促进骨肉瘤的发展。慢性创伤和微骨折被认为是危险因素，但这也很难确定。早年被切除骨肉瘤的犬或去势的犬风险增加，1 岁前绝育的犬比未绝育的犬风险高 4 倍。

2. 发病机制 犬骨肉瘤的组织学分类是根据世界卫生组织提出的方案进行的，与用于人类骨肉瘤的方案相似。骨肉瘤由产生类骨质的恶性干细胞间充质细胞或成骨细胞组成。组织学亚型包括成骨细胞性（从非成骨细胞到成骨细胞）、成软骨细胞性、成纤维细胞性、毛细血管扩张性、巨细胞性、低分化性。成骨细胞性骨肉瘤是最常见的亚型，顾名思义，肿瘤成骨细胞产生不同数量的类骨质。同样，成软骨细胞性骨肉瘤的特征是同时产生骨样和软骨样基质。成纤维细胞性骨肉瘤由密集的梭形细胞束组成，与纤维肉瘤非常相似。这种类型的骨肉瘤在人类和犬中都有较好的预后。相比之下，在人类和犬中，毛细血管扩张性骨肉瘤与转移增加相关，且预后较其他类型的骨肉瘤较差。组织学上，该肿瘤的特征是正常骨组织的溶解和多形性间充质细胞的替代，这些间充质细胞排列在大小不一的充满血的囊性间隙中。几乎所有犬骨肉瘤，无论亚型如何，都是组织学上的高级别肿瘤，90％的犬在诊断时有微转移。

骨肉瘤是一种遗传多样性和核型复杂的癌症，其特征是染色体不稳定、拷贝数改变和染色体破碎。骨肉瘤中的染色体不稳定性并不一定会导致高的突变负荷。对犬的肿瘤和正常组织进行的全外显子组测序（WES）研究中，$TP53$ 是最常见突变基因，大约 60％的肿瘤样本中发生了体细胞 $TP53$ 突变，21％的肿瘤样本中存在 SETD2 体细胞突变（SETD2 是一种具有抑癌作用的组蛋白甲基转移酶）。对 3 种易患骨原性肉瘤的犬（金毛寻回犬、罗特韦尔犬和灰犬）的肿瘤和正常组织的全外显子组测序结果显示，最常见的受影响基因是 $CDKN2A/B$ 和 $GRM4$，分别占 31.8％和 18.2％。参与骨肉瘤发病的另一个主要抑癌基因是视网膜母细胞瘤（RB）基因。视网膜母细胞瘤蛋白（RB）属于袋状蛋白家族，包括 p107 和 p130，通过其磷酸化状态调控细胞周期的 G_1 期，因此，RB 基因的突变导致细胞周期和分化失调，从而导致癌症的发展。在散发性骨肉瘤病例中经常发现 RB 的体细胞缺失，60％的骨肉瘤中 13q14 染色体杂合性缺失。

3. 症状 骨肉瘤的临床症状没有特定表现，症状取决于受影响的部位及潜在的病因。位于四肢的肿瘤，患犬会出现跛行、不适或间歇性跛行的病史，触诊时发现局部坚实的肿胀，伴有疼痛，并有病理性骨折。中轴骨的骨肉瘤临床表现多样，局部肿胀可能伴有疼痛。起源于下颌骨或上颌骨的肿瘤可能造成口臭、吞咽困难、张嘴疼痛或眼球凸出，鼻窦肿瘤表现鼻部有分泌物和鼻衄。椎体肿瘤可引起神经功能缺损。肋骨肿瘤很少伴有呼吸症状。如果有肺转移，最初的临床症状通常是模糊的，包括食欲不振和厌食症。动物可能咳嗽，但不常见呼吸窘迫。其他非特异性临床症状还有不适（喘息、呼吸困难）、其他肢体负重、攻击性、食欲不振、昏昏欲睡、体重减轻、运动耐力降低和呜咽/嚎叫、高钙血症等。

骨肉瘤的典型病理学表现为骨小梁和皮质骨溶解和破坏，骨髓腔内填充有不同硬度的、白色或淡棕色的肿瘤组织，以及产生广泛性骨内和骨膜反应性骨。骨肉瘤的组织病理学确诊需要观察到恶性成骨细胞产生的类骨细胞。然而，这些肿瘤间充质细胞产生的基质种类繁多，从丰富的类骨质到软骨或胶原为主，这决定了这些肿瘤的亚分类，如成纤维细胞性骨肉瘤主要由高级梭形细胞基质组成，仅含有局灶性类骨质。

4. 诊断　诊断基于临床特征、影像学检查和活组织检查，大多数患有骨肉瘤的犬都有四肢跛行。通常会在肿胀的区域进行 X 线检查。骨肉瘤是由于正常骨组织的丧失而表现为溶解性（意味着骨头碎片缺失）或"蛀牙样"。如果骨骼足够弱化，可能会出现骨折。细针抽吸细胞学诊断技术是辅助确认 X 线诊断的手段。单独的细胞学诊断通常不足以进行确诊，但可以支持诊断嗜酸性物质、颗粒细胞等"标志细胞"的存在。如果此程序无法诊断，则可能需要进行活检，可通过开放式切口活检（直接切病变处的肉）、骨髓穿刺活检或病理切片检查进行确诊。开放式活检的诊断准确率几乎为 100%，病理切片诊断准确率约为 95%，骨髓穿刺活检的准确率＞90%。应从病变中心获取活组织，检查确定细胞类型（成骨细胞、软骨细胞、成纤维细胞、混合细胞）和等级（多形性、增殖性等），并验证是否存在诊断性肿瘤类骨质；其他证实性试验包括免疫组织化学，骨钙素、骨粘连蛋白和碱性磷酸酶（ALP）染色。在诊断时，90%～95% 的犬会出现肿瘤的微转移，这意味着即使无法检测到癌细胞，癌细胞也已经扩散到其他地方，可进一步进行血液检查（血常规/生化）、尿液分析、肺部 X 线检查、腹部超声检查、CT 扫描或 MRI。如果发现任何淋巴结肿大或感觉异常，应进一步取样活检，以确定是否存在扩散。

5. 治疗　手术是局部犬骨肉瘤的主要治疗方法。由于广泛的显微组织浸润和保守/边缘切除后局部复发的可能性很大，高级别/未分化肿瘤更有可能复发，因此推荐广角切除。对于未完全切除的骨肉瘤，术后放疗似乎可以降低局部复发的可能性。其他的辅助治疗方法如下。

（1）自体活化 T 细胞疗法　临床上对 23 例患有骨肉瘤的犬在截肢＋顺铂治疗后过继移植异种人细胞毒性 T 淋巴细胞（TALL-104），中位生存期为 11.5 个月，中位无病间隔时间为 9.8 个月。这为其他疫苗、单克隆抗体和免疫调节剂的发展树立了里程碑。最近报道了关于 15 例犬阑尾骨肉瘤的新自体 T 细胞疗法研究的初步结果，该方法基于采集癌变骨肉瘤组织，并在肿瘤摘除前 14d 准备皮内预防接种淋巴细胞，使用犬专用参数（如细胞大小）。在白细胞介素-2（IL-2）的存在下，收集的淋巴细胞被激活，然后将激活的细胞注入犬体内。在 15 例入选临床试验的犬中，12 例完成了注射过程，10 例完成了激活 T 细胞治疗（ACT）。接受 ACT 治疗的犬，无病间隔时间为 213d。在报告时，研究中所有犬（包括未接受 ACT 或 IL-2 治疗的犬）的中位生存期为 339d，但接受 ACT 治疗的犬未达到中位生存时间。

（2）疫苗疗法　利用以李斯特菌为载体的 Her-2/neu 疫苗。以人类表皮生长因子受体 2（Her-2/neu）为靶点的重组疫苗（ADXS31-164）是利用减毒、重组单核增生李斯特菌（*Listeria monocytogenes*）载体研制的。Her-2 是一个致癌基因，在犬骨肉瘤中广泛表达，特别是在肿瘤干细胞中，会导致化疗反应降低和生存时间缩短。在Ⅰ期临床试验中，18 只完成标准护理的犬接受静脉注射（IV）疫苗，剂量为 2×10^{8}、5×10^{8}、1×10^{9} 或 3.3×10^{9} 菌落形成单位（CFU），每 3 周 1 次，共 3 次。在接种 ADXS31-164 疫苗前，给予 1 剂丹西酮（每千克体重 0.2mg）预防恶心和呕吐，1 剂苯海拉明（每千克体重 2mg）

预防过敏反应。治疗后 5 个月无转移性疾病的犬每 4～6 个月给予额外的静脉输液，剂量为 $1×10^9$CFU。

该疫苗打破了对 Her-2＋骨肉瘤的外周耐受性，表明了干扰素-γ（IFNγ）特异性反应。此外，与单纯接受截肢和卡铂治疗组相比，疫苗导致肿瘤相关 T 淋巴细胞浸润增加，转移发生率降低。接受 ADXS31-164 治疗的 18 只犬中位无病间隔时间为 956d，而截肢和卡铂单独治疗的犬中位无病间隔时间为 123～257d。据报道，接种疫苗组的 1 年和 2 年生存率分别为 77.8％和 67％，而截肢和卡铂组的生存率分别为 35.4％和 10％。ADXS31-164 对 Her-2/neut 特异性免疫无剂量依赖性作用。早期反应犬在用药后 3 周内出现 IFNγ 特异性反应，晚期反应犬在用药后 2～6 个月出现 IFN 特异性反应。剂量范围内，仅观察到低级别（Ⅰ或Ⅱ）短暂毒性，最常见的是高血压和血小板减少。由于 Her-2 的免疫靶向已被报道在人类癌症中引起心脏毒性，通过超声心动图和血清心肌肌钙蛋白 I 水平评价心脏状况，未发现心脏参数有显著或持续的变化。

（3）溶瘤病毒疗法

①腺病毒基因疗法　对于骨肉瘤患犬，通过使用复制缺陷腺病毒载体（Ad-FasL）的辅助基因疗法，可以检测肿瘤内 Fas 配体（FasL）的激活。FasL 是一种Ⅱ型跨膜分泌蛋白，属于肿瘤坏死因子家族，通过与 Fas "死亡受体"（CD95 或 APO-1）结合介导细胞凋亡。一项Ⅰ期试验对 56 只阑尾骨肉瘤患犬进行了 Ad-FasL 注射，在重度炎症或淋巴细胞浸润犬，Ad-FasL 注射显示了显著的生存改善（98 周 vs 37 周），特别是在表达低水平 FasL 的肿瘤病犬中。由于腺病毒的复制缺陷特性，使用病毒载体进行基因治疗是安全的。

②水疱性口炎病毒（VSV）基因疗法　VSV-hIFN-NIS 是一种重组水疱性口炎病毒，以表达 IFN-β 和碘化钠（NIS）为载体。在小鼠骨髓瘤的初步同基因模型中，VSV-hIFN-NIS 单针注射治疗可导致肿瘤特异性摄取和病毒复制，从而导致肿瘤缓解。IFN-β 增强水疱性口炎病毒的特异性，激活先天免疫，启动抗病毒反应。使用 NIS-特异性放射示踪剂，通过单光子发射计算机断层扫描（SPECT）/CT 成像监测病毒的特异性复制。对患有转移性上颌窦骨肉瘤的患犬，2 次静脉注射 VSV-hIFN-NIS，显示肿瘤特异性病毒复制和延迟病毒衰退。对自发患癌犬，经 VSV-hIFN-NIS 系统治疗后，检测尿液和口腔拭子样本均未发现水疱性口炎病毒脱落，相关药代动力学研究显示血液中水疱性口炎病毒 RNA 水平升高。患犬的瞬时肝毒性消退。

（4）放射疗法　放射疗法通常是缓解局部疼痛的姑息疗法，同时要考虑放射的不良反应（如红斑、水肿和脱皮）。杀死肿瘤细胞或抑制破骨细胞介导的骨溶解可能有助于减轻疼痛。放射治疗通常是每周给予 2～4 次相对较大的剂量，之后 70％的犬在 11～15d 开始疼痛缓解，并持续 60～120d。与单独放射治疗相比，放射疗法联合化疗更有效。如二磷酸盐联合放射治疗，氨基二磷酸通过诱导破骨细胞凋亡来减少恶性骨溶解。单药帕米磷酸二钠治疗 43 只阑尾骨肉瘤患犬，其中 12 只犬的疼痛得到了持久缓解，中位生存期 231d。对于那些不适合截肢或肢体保留手术的犬而言，立体定向放射治疗是一种先进的治疗技术。立体定向放射治疗包括使用外部辐射束对靶部位施加高剂量的辐射（20～30Gy），以亚毫米精度保留周围组织。主要缺点可能是病理性骨折极难修复。对于已接受立体定向放射治疗的肿瘤病理性骨折，采用开放入路或微创经皮成骨术（MIPO），内固定修复骨折被认为是一种可行的治疗方法。骨折的高风险可能需要预防性的稳定治疗。

6. 预后因素　犬 OSA 的预后因素包括血清碱性磷酸酶（ALP）升高、受影响骨的位置、年龄和体重。血清 ALP 升高和肱骨近端位置是显著的阴性预后。虽然年龄常被报道为一个危险因素，但年龄的增加与无病间隔和生存时间没有显著相关性。诊断时血清 ALP 升高的犬与 ALP 在参考范围内的犬相比，生存时间较短，危险比为 1.62∶1。体重过轻的骨肉瘤患犬的生存时间明显短于标准或超重的犬，而肥胖与不良结果之间没有明确关联。

（二）软骨肉瘤

软骨肉瘤是一种起源于软骨细胞的原发性骨肿瘤，是犬中第二常见的骨肿瘤。软骨肉瘤可以出现在许多原发部位，金毛寻回犬似乎有最高的风险。软骨肉瘤侵袭性不强，转移发展缓慢，这可能取决于原发肿瘤的位置。

二、软组织肉瘤

（一）血管肉瘤

血管肉瘤是犬的主要软组织肉瘤之一，主要发生在脾脏、心脏、肝脏、皮肤和皮下。血管肉瘤在牧羊犬和拳师犬中更常见，也有报道称拉布拉多和金毛寻回犬中比例过高。血管肉瘤是一种侵袭性和高转移性的犬类肿瘤，临床症状从模糊、非特异性疾病到因肿瘤破裂和大量失血而急性死亡不等。

相比之下，犬血管肉瘤和人类血管肉瘤亚群相似。虽然肿瘤在两个物种中有某种相似的解剖分布，如多见于皮肤、皮下和内脏部位，但几乎一半的人类皮肤的血管肉瘤出现在头部和颈部区域。相比之下，犬的内脏血管肉瘤比皮肤血管肉瘤更常见。根据肿瘤的组织形态学特征，推测犬血管肉瘤起源于造血血管内皮祖细胞。

犬血管肉瘤细胞具有高度多形性，与犬的其他肉瘤相似，其区别在于形状独特、排列不规则、血管间隙吻合，大小从毛细血管样到海绵状不等。犬血管肉瘤肿瘤也可以表现为低分化的实性片状细胞，具有上皮样形态，缺乏血管形成结构，有时需要通过免疫组化标记物与癌区分。犬血管肉瘤的组织学肿瘤分级基于整体分化、细胞多形性和坏死状况而确定。然而，与人类皮肤血管肉瘤的分级方案一样，对该分级方案的预后意义仍存在争议。

免疫表型上，犬血管肉瘤表达许多与人血管肉瘤相同的血管内皮标记物，如 CD31、血管第 8 因子相关抗原（Moncolonal antibody F-Ⅷ related antigen，F8RA）和 CD34。这些标记物可以帮助诊断和区分血管肉瘤与其他肉瘤。犬血管肉瘤的其他免疫组化研究也显示了其他具有潜在治疗意义的信号转导蛋白的表达，包括 CD117（c-Kit）、VEGFR1、VEGFR2、VEGFR3 和 FGFR。重要的是，根据淋巴管内皮受体-1（LYVE-1）和相关同源盒基因 1（PROX-1）在淋巴管肉瘤中的表达，可以区分犬的血管和淋巴管来源的皮肤血管肉瘤。

（二）纤维肉瘤（Fibrosarcoma，FSA）

纤维肉瘤在犬体内与人血白蛋白一样普遍，起源于皮肤、皮下和口腔的转化成纤维细胞。纤维肉瘤似乎在杜宾犬、罗威纳犬和雪达犬中更为普遍。约 20％ 的病例易复发、转移。

犬纤维肉瘤是犬的皮肤和皮下软组织肉瘤异质组的预后分级方案中的组织学亚型之一。目前，区分纤维肉瘤和犬软组织肉瘤的其他组织学亚型的临床重要性尚不清楚。与其他软组织肉瘤类型相比，纤维肉瘤的预后可能更差。对于犬纤维肉瘤，可以根据其独特的组织形态学特征推定诊断，包括梭形细胞，呈串流状排列，交织成束，在密集的胶原基质背景下形成典型的"人"字形模式。然而，在分化较差的肿瘤中，缺乏与正常纤维组织的相似性，纤维肉瘤与其他犬软组织肉瘤类型很难区分，需要借助于分子生物学诊断。

S100 和 α-SMA 在犬纤维肉瘤中的表达，用于鉴定犬血管壁周围肿瘤（又称血管外皮细胞瘤）。RT-PCR 分析 *GLI1* 和 *GLEC3B* 基因表达，在区分犬周围神经鞘肿瘤和纤维肉瘤方面具有较高的敏感性和特异性。在人类中，某些分子畸变在不同的纤维肉瘤亚型中表现出特异性，包括在低级别纤维黏液样肉瘤和硬化性上皮样肉瘤中染色体 7 和 16 之间的易位，但只有一份报告描述了犬纤维肉瘤的细胞遗传学异常，在 2 只患低分化纤维肉瘤的拉布拉多寻回犬中发现了 11 号染色体重排，包括 CDKN2B（周期素依赖性激酶抑制因子 2B）、CDKN2A 肿瘤抑制基因簇区域杂合性的缺失。

（三）周围神经鞘肿瘤

周围神经鞘肿瘤旧称神经纤维肉瘤、恶性神经鞘瘤和血管外皮细胞瘤，目前认为其起源于神经鞘。这些肿瘤可以发生在动物机体的任何部位，分为外周型（远离大脑和脊髓）、根型（直接相邻大脑或脊髓）、丛型（毗邻臂或腰骶神经丛），以外周型的治疗结果最好。品种对周围神经鞘肿瘤的影响不大，但德国牧羊犬易感染。由于局部复发和侵袭常造成周围神经鞘肿瘤的进展，但远端转移发生的频率较低。

与纤维肉瘤相似，犬恶性周围神经鞘肿瘤也被归在犬皮肤和皮下软组织肉瘤的异质性和广泛的诊断和预后分组中。第三大类型的犬血管外皮细胞瘤也包括在这一组。现在，犬的血管外皮细胞瘤最初认为是一种起源于周细胞的肉瘤，其组织学特征与人类血管外皮细胞瘤有一些相似之处。犬血管外皮细胞瘤与周围神经鞘肿瘤的区别在于前者存在明显的血管周围呈旋窝状排列。但应注意，犬血管外皮细胞瘤与周围神经鞘肿瘤之间在组织形态学和免疫组化特征上仍存在相当多的共同点。此外，即使在犬血管外皮细胞瘤的分组中，S100、CD34 和 SMA 表达的免疫组化结果也不一致，这表明犬血管外皮细胞瘤可能是一个非特异性的诊断类别，包括多种不同组织学的肿瘤。

免疫组化和超微结构研究将犬血管外皮细胞瘤重新分类为来自血管非内皮壁细胞的广谱软组织肉瘤，称为犬血管壁周围肿瘤（PWT）。犬的这种新的分类方案与先前对人类血管壁肿瘤的病理学研究相一致，并且类似于人类，目前已经发现了以下亚型：肌外皮细胞瘤、血管平滑肌瘤/肉瘤、血管外皮细胞瘤和血管纤维瘤。神经生长因子受体（Nerve growth factor receptor，NGFR）和转录因子 Olig2 的表达是区分血管壁周围肿瘤和周围神经鞘肿瘤的最有用的标志物。因此，兽医肿瘤学的预后研究将犬血管壁周围肿瘤视为一个单一实体，并提示肿瘤的大小、深度、边缘的完整性和位置（四肢）与临床结果相关。

（四）组织细胞肉瘤

组织细胞肉瘤（HS）起源于抗原呈递树突状细胞，最初在伯尔尼兹山地犬中发现，并已确定遗传。组织细胞肉瘤具有侵袭性，可扩散至淋巴结、肾脏、肝脏和中枢神经系统。组织细胞肉瘤存在一种噬血细胞形式，可导致贫血、低白蛋白血症、血小板减少和白细胞减少，通常导致不良结果。

犬皮下组织发生的罕见的肉瘤亚型，包括 LIP、LYA、MYX、RMS 和 SCS，以及主要出现在胃肠道的亚型［包括胃肠道间质瘤（Gastrointestinal stromal tumor，GIST）和 LMY］。虽然脂肪肉瘤是人类软组织肉瘤最常见的亚型，但这些肿瘤在犬中是罕见的肿瘤，与人类相比，它们的解剖分布存在差异。犬脂肪肉瘤最常见于皮下，这与人类脂肪肉瘤相反，后者的肿瘤主要位于四肢的深层软组织和肌肉组织。然而，最近的一项研究表明，与脂肪肉瘤病人类似，脂肪肉瘤患犬的 MDM2 和 CDK4 也存在分子变异，提示细胞周期靶向治疗犬脂肪肉瘤的潜在价值。

犬组织细胞肉瘤包括树突状细胞和巨噬细胞来源的多种增生性疾病，是犬组织细胞增生性疾病的恶性表现。大体上，这些肿瘤可表现为单发或多发、坚硬、白色结节性肿块，仅侵袭单个组织或器官，称为局限性组织细胞肉瘤。局限性组织细胞肉瘤的常见原发部位为肺、淋巴结、脾脏、骨髓、中枢神经系统、皮肤/皮下组织和四肢关节周围组织。当这些肿瘤扩散到局部引流淋巴结以外并累及多个远端器官时，通常包括肝脏和肺，这种疾病被称为播散性组织细胞肉瘤，这是最初报道的伯尔尼兹山地犬的恶性组织细胞增多症的现代名称。

犬组织细胞肉瘤被认为起源于间质树突状细胞，免疫表型为 CD11c/CD18＋、MHCII＋、CD1a＋ 和 CD11d。组织细胞肉瘤在组织学上表现出不同的外观，从片状的大的胞质不均一的多形性圆形细胞，细胞核大小不等，常见巨核细胞和多核巨细胞，到密集增殖的纺锤形细胞，交错排列。这些肿瘤通常在形态学上与其他犬肉瘤难以区分，需要 CD18 免疫标记物阳性的结果辅助诊断。

组织细胞肉瘤的一种独特的、高度侵袭性的亚型，称为嗜血细胞组织细胞肉瘤，也存在于犬体内。嗜血细胞组织细胞肉瘤的肉眼可见病变多见于脾脏和肝脏，脾脏病变常伴有梗死。进一步的显微镜检查显示更多的器官受累，包括骨髓和肺。免疫表型研究表明，该肿瘤由 CD11d＋脾脏和骨髓巨噬细胞组成。组织学上，肿瘤细胞弥漫性扩张并取代脾红髓，并经常侵袭邻近的白髓结构，而扩散到肝和肺，其特征是不明显的广泛血管侵犯、肝窦和肺血管定植，有或没有扩散到邻近的肝实质和肺泡腔。

犬皮肤组织细胞瘤是犬皮肤组织细胞肉瘤的良性形式，是由朗格汉氏细胞来源的组织细胞引起的皮肤肿瘤。良性肿瘤的特征是 CD8＋T 细胞的浸润逐渐增加，沿肿块深缘呈弥漫性浸润及致密结节状聚集，常出现肿瘤细胞坏死和自发性消退。相比之下，这些肿瘤很少以多发性结节的形式出现，广泛累及皮肤，经常累及区域淋巴结和肺，并有可能转移到其他各种器官。这种罕见的疾病被称为犬皮肤朗格汉氏细胞组织细胞增多症（LCH），沙皮犬是一个典型的易发品种。临床上与孤立的良性组织细胞瘤不同，这些肿瘤与人类皮肤朗格汉氏细胞组织细胞增多症的单一和多器官形式有相似之处。

横纹肌肉瘤是人类软组织肉瘤的一种侵袭性形式。在犬类中，对犬横纹肌肉瘤亚型和变异的诊断和分类完全基于组织学特征，与人类医学中使用的分类方案相似。然而，有必要对犬的这种疾病的分子发病机制进行更多的比较研究，因为 *PAX3/7* 和 *FKHR* 基因的染色体易位是人类横纹肌肉瘤发病机制的重要分子特征。到目前为止，还没有关于犬横纹肌肉瘤细胞遗传学异常的报道。

与人类胃肠道肉瘤类似，平滑肌肉瘤和胃肠道间质瘤（GIST）也是发生在犬胃肠道的两种常见肿瘤，因组织学上的显著相似性，需要利用免疫组化方法进行鉴别。犬平滑肌肉瘤的特征是肌间线蛋白（Desmin）和平滑肌肌动蛋白标记阳性，Kit 标记阴性，而 Kit 被认为是诊断犬 GIST 的金标准，而不考虑 Desmin 或 SMA 的反应性。犬平滑肌肉瘤和胃肠道间质瘤之间的区别在临床上很重要，犬胃肠道间质瘤的一个亚群也被报道在 *c-kit* 基因的第 11 外显子中有激活突变，可能使这些肿瘤对受体酪氨酸激酶抑制剂敏感。

犬的滑膜细胞肉瘤是一种罕见的、特征相对较差的肿瘤。最初被认为是犬关节肉瘤，常规免疫组化方法的出现改善了犬关节肉瘤的组织学分化，事实上，犬的大多数关节/关节周围肉瘤是组织细胞肉瘤，这进一步增加了在犬身上研究该肿瘤的难度。犬淋巴细胞肉瘤是一种淋巴管内皮源性肿瘤，主要发生在大型犬，受影响的部位通常包括四肢、腋窝、颈部腹侧、腹股沟区、胸部和腹部的真皮和皮下组织。与人类相比，人类的慢性淋巴水肿几乎总是在淋巴细胞肉瘤发生前持续数年，而患淋巴细胞肉瘤的犬则表现出更为急性的肿胀和水肿，这通常是肿瘤生长的后遗症。与滑膜细胞肉瘤相似，犬淋巴细胞肉瘤也是一种罕见的犬类肿瘤，自 1981 年以来只有个别病例报告。

第八节　睾丸肿瘤

睾丸肿瘤是雄性犬最常见的生殖道肿瘤之一，该肿瘤在犬中的发病率高于任何其他哺乳动物，雄性猫很少发生睾丸肿瘤。在老年雄性未去势犬中多发，发病年龄平均约为 10 岁，以患有隐睾和腹股沟疝的犬发生睾丸肿瘤的风险较高，是正常犬的 10 倍左右，一般建议对隐睾犬做绝育手术摘除睾丸。该病具有品种倾向性，如拳师犬、德国牧羊犬、阿富汗猎犬、喜乐蒂牧羊犬、马尔济斯等多发。睾丸肿瘤可分为两大类：性索间质瘤（分为支持细胞瘤、间质细胞瘤）和生殖细胞瘤（精原细胞瘤）。间质细胞瘤是犬最常见的睾丸肿瘤类型，是良性肿瘤。犬的恶性睾丸肿瘤的诊断标准尚不清楚。大约 50％的支持细胞瘤和 30％的精原细胞瘤位于隐睾内。睾丸支持细胞瘤和间质细胞瘤可分泌激素，尤其是雌激素，可引起雌激素过多和雌性化综合征，进而发生睾丸萎缩、骨髓抑制（再生障碍性贫血、白细胞减少症和血小板减少症）、包皮下垂、乳房雌性化和色素过度沉着、前列腺鳞状上皮化生。

一、分类及症状

1. 支持细胞瘤　支持细胞瘤的直径一般为 1mm 至 10cm，可发生于阴囊内、腹股沟内和腹腔内，约 50％左右位于腹腔内。支持细胞瘤表面光滑，外表由血管丰富的膜包裹成多个小叶。肿瘤切面呈细致或粗糙纤维网状结构，白至棕色，质地较硬，内含一些有淡棕色液体的囊。在一些十分大的睾丸肿瘤中，可能会存在出血和坏死。有 10％～20％的支持细胞瘤为恶性肿瘤，会转移到局部淋巴结、肺脏、肝脏、肾脏和胰腺。

支持细胞瘤会影响雌激素和睾酮的比例，其比例和肿瘤大小有关。大约 25％的患有支持细胞瘤的犬会出现雌性化综合征，该综合征与肿瘤位置之间存在明确的关联，约 50％的腹股沟睾丸肿瘤、17％的阴囊内睾丸肿瘤和约 70％腹腔的睾丸肿瘤与雌性化综合征有关，主要表现非瘙痒性全身脱毛、乳房发育、非肿瘤侧睾丸萎缩、骨髓抑制等。

2. 间质细胞瘤　间质细胞瘤的直径小于 1.5cm，被正常睾丸组织包裹。肿瘤切面通常呈黄至橘黄色，有致密纤维囊包裹。偶尔间质细胞瘤会因出血和坏死而颜色较深，仅有极薄的包囊。间质细胞瘤通常较少见。间质细胞瘤的发生与前列腺疾病及会阴疝有关，多发生于阴囊或腹股沟内，犬很少出现雌性化症状。

3. 精原细胞瘤　精原细胞瘤约 18％为双侧发生，30％位于隐睾内。犬患有前列腺疾病、肛周增生、肛周肿瘤和会阴疝时发病风险增加。6％～12％的精原细胞瘤会出现转移。在大多数病例，精原细胞瘤只局限在睾丸内。精原细胞切面通常呈均质状，白色、灰色或灰粉色，无粗糙纤维基质。肿瘤通常无明显的包囊包裹，睾丸肿块呈多结节状，有时会发生出血和坏死。

二、组织病理学

组织学上，肿瘤由纤维血管结缔组织间质分隔的多个小叶组成。肿瘤细胞呈椭圆形至多面体，胞质呈颗粒状或空泡状，嗜酸性，细胞边界清晰。细胞核圆形或椭圆形，染色质从精细到粗点，在大多数肿瘤细胞中含有明显的核仁。肿瘤细胞有轻度到中度不等细胞和核分裂。在兽医学中，据报道，Ki67 与肿瘤转移和总生存期显著相关，并有助于区分犬乳腺肿瘤的恶性和良性病变。此外，MC* 和 Ki67 被认为是犬睾丸肿瘤恶性表型的特征。转移性精原细胞瘤的核仁组成区嗜银蛋白（AgNOR）数量比非转移性精原细胞瘤多。

三、诊断

常规检查发现睾丸肿大或睾丸肿物提示睾丸肿瘤。附睾肉芽肿和附睾炎可通过超声波来区别。正常睾丸超声检查时，实质回声均匀，与脾脏回声相似，睾丸中隔的影像位于睾丸中央，有一条强回声细亮线，附睾（头、体、尾）回声强度比睾丸低。依靠腹部触诊、睾丸触诊、腹部和睾丸超声检查、X 线检查（腹部和胸腔）、血液学检查、血浆雌二醇检测、细针抽吸物检查、针刺检查或者切开活检等进行诊断。

四、治疗

手术摘除睾丸是睾丸肿瘤的首选治疗方法。由于大多数发病犬为老龄犬，手术前需要做全血细胞检查、生化检查和尿液分析，拍摄胸腹部 X 线片查看是否有转移。因为睾丸肿瘤双侧发生率高，所以对侧睾丸也要切除。患犬存在骨髓抑制时，要进行营养支持疗法，如输液、输血、广谱抗生素、类固醇和补血药等有助于疾病的恢复。对伴有转移且需要后续抗肿瘤治疗的犬，使用长春花碱、环磷酰胺和氨甲蝶呤联合化疗在治疗犬的转移性疾病方面具有一定程度的功效，但对发生皮肤转移的病例无效；顺铂也可用于临床。化疗可能会使肿瘤体积变小并改善犬的生活质量，但化疗并无治愈效果。转移性睾丸肿瘤的总体预后较差，并且需要动物主人配合医生的治疗。若犬发生骨髓抑制，在治疗过程中应定期进行全血细胞检查，以确定输血量监测治疗反应和确定何时需要额外输血以维持红细胞、白细胞和血小板数量，直到骨髓活动恢复。

五、预后

支持细胞瘤如未发生骨髓抑制或转移，预后良好；伴发骨髓抑制的支持细胞瘤病例，预后不良，其他肿瘤预后良好。间质细胞瘤通过去势治疗一般预后良好。对于无转移的阴囊内肿瘤患犬，预后是良好的。大肿瘤和腹腔肿瘤转移的可能性最大，预后一般。肿瘤转移后，预后慎重或不良。预防的关键是在犬性成熟前进行绝育手术，对于隐睾犬尤为重要。

---

* MC 是指肿瘤细胞在 10 个连续视野中的有丝分裂指数。

第七章　临床病例

第一节　犬肥大细胞瘤

一、一般信息

金毛寻回犬，11 岁 9 个月，雄性，32.8kg，体温、呼吸、心率正常，处方粮，侧胸壁皮肤肿物。病史 1 年。与皮下组织界限不清。皮肤发红，近期肿物生长速度较快。

二、体格检查

胸壁左侧皮肤肿物，柔软，与皮下组织界限不清，大小约 2cm×4cm。不疼痛。

三、实验室检查

PT/APTT* 凝血检查正常，五分类血常规检查正常，白蛋白、总蛋白正常。

四、影像学检查

犬仰卧位，腹部超声扫查，见图 7-1。肝脏轮廓平滑，弥散性实质回声增强，实质回声粗糙，肝尖钝圆；胆囊充盈，壁平滑，腔内重力侧可见强回声反射界面，伴有不清洁声影，胆总管未见扩张；胰腺轮廓平滑，实质回声均匀；脾脏轮廓平滑，实质回声均匀，脾尾锐利；双肾轮廓平滑，实质回声均匀，皮髓分界清晰，肾盂未见扩张；膀胱充盈，壁平滑，腔内无回声暗区伴后方回声增强；胃肠道空虚，壁分层清晰，蠕动正常。提示：肝脏体积增大，弥散性实质回声增强且较粗糙（慢性肝炎/肝纤维化/类固醇性肝病/糖尿病/肿瘤浸润），少量胆砂。

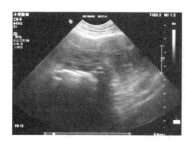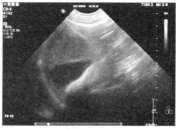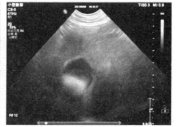

图 7-1　腹部超声的影像学检查

---

* PT/APTT：凝血酶原时间/活化部分凝血活酶时间。

五、细胞学检查

细针抽吸，右前肢腋下部位。细胞学检查：镜下可见大量圆形细胞，成簇或散在分布，细胞质蓝染，附着大量嗜酸性颗粒，部分核仁清晰，染色质不清，未见有丝分裂象，背景大量红细胞，大量嗜酸性颗粒，偶见退行性白细胞，巨噬细胞占比 5% 左右，嗜酸性粒细胞占比大于 10%（彩图 1A 和 B）。

六、组织病理学检查

组织病理学检查结果见彩图 1C 和 D：肿瘤由成排及小片状排列的卵圆形至多边形细胞（中度多形性）组成，由数量不等的水肿性胶原基质分隔；可见肿瘤细胞混合大量嗜酸性粒细胞；肿瘤细胞边界清晰，嗜碱性，伴颗粒性细胞质及卵圆形细胞核，伴致密性至空泡性染色质，偶见含有单个小核仁的结构。细胞核多形性中等，伴少量双核不规则细胞核；罕见有丝分裂（10 个高倍视野中有 0~1 个有丝分裂象）；可见狭窄的无病变边界。

病理学诊断：皮下肥大细胞瘤（MCT）的侵袭性比皮肤 MCT 小。复发和转移：如果边缘不完整，12% 的皮下 MCT 可复发。如果 MC>4，复发的可能性增加。无疾病进展期与 MC 相关：MC>4 时为 186d，MC 为 0 时为 2 055d。MC≤4 时，4% 的皮下 MCT 会发生转移；MC>4 时，则 25% 的皮下 MCT 会发生转移。淋巴结是最常见的转移部位。

七、治疗

手术切除及辅助化疗（如泼尼松龙），减少肥大细胞的生长和增殖。每次化疗之前要检查谷丙转氨酶（ALT）和碱性磷酸酶（ALP），血常规检查；用药 3 周后，体格检查：肿瘤较之前缩小，游离性好，质地柔软，大小约 2.6cm×2.4cm。

第二节　猫肥大细胞瘤

一、一般信息

中华田园猫，雄性，13 岁 10 个月，4.9kg，已绝育、免疫和驱虫。主诉：呕吐、不吃、体重下降，病程 3 个多月，近日呕吐次数增多。

二、体格检查

精神一般，触诊腹部未见明显异常，体温 38.4℃，脉搏 140 次/min，呼吸 25 次/min。

三、实验室检查

血常规检查：红细胞下降 [5.988×10^{12}（6.54×10^{12}~12.20×10^{12}）个/L]，平均血红蛋白量（MCH）升高 [17.9（11.8~17.3）pg]，淋巴细胞（LYM）下降 [0.84×10^9（0.92×10^9~6.88×10^9）个/L]，嗜酸性粒细胞（EOS）下降 [0.16×10^9（0.17×10^9~1.57×10^9）个/L]；血液学指标正常，PT/APTT 凝血功能正常；生化指标：肌酐（CREA）升高 [288（71~212）μmol/L]，其他正常。

血涂片检查：分叶中性粒细胞 86%，淋巴细胞 8%，单核细胞 5%，嗜酸性粒细胞
1%；红细胞形态大小不一。

四、细胞学检查

采用细针抽吸技术，细针抽吸脾脏细胞，低倍镜下，红细胞背景，可见离散的圆形细
胞；高倍镜下，红细胞背景，可见少量圆形细胞，细胞大小均一，细胞质内有紫的颗粒，
细胞核不明显。可见中性粒细胞（彩图 2A 和 B）。

五、组织病理学检查

对两个脾脏肿块样本进行 HE 染色、组织学检查（彩图 2C 和 D）。脾脏：脾脏实质结
构弥漫性被成排及单一形态的片层状卵圆形至多边形细胞所覆盖，这些细胞由先前存在的
脾小梁分隔。肿瘤细胞边界清晰，染色不良，偶见空泡状细胞质，卵圆形核，染色质致密
至空泡状，偶见单个小核仁。可见中度细胞核多形性，少量细胞核形状不规则。脾脏白髓
显著萎缩，伴少量淋巴样滤泡散在于上述片层状肿瘤结构中。未见多核细胞。未见有丝分
裂。肿瘤细胞经甲苯胺蓝染色显示典型的异染性染色，提示肥大细胞来源。

六、影像学检查

腹部彩色多普勒超声检查：猫仰卧位扫查，如图 7 - 2 所示，肝脏轮廓平滑，实质回
声均匀，脉管纹理清晰，左侧肝外叶实质内可见局灶性边界清晰的中等回声结节样病变，
大小约 0.6cm，肝尖锐利；胆囊充盈，壁平滑，腔内无回声暗区，胆总管未见扩张；左叶
胰腺实质回声降低，周围脂肪回声增强，厚度约 0.78cm；脾脏轮廓平滑，实质回声不均
且降低，最大厚度约 1.17cm，脾尾锐利，脾脏周围脂肪回声增强，实质内可见多发性边
界清晰的中等回声结节，脾体处最大一个大小约 0.21cm×0.25cm；双肾轮廓不平滑，皮
质增厚且回声增强，皮髓分界不清晰，肾盂未见扩张，左肾长轴约 2.88cm，右肾长轴约
3.2cm；膀胱不充盈，膀胱壁广泛性增厚且内膜不平滑；胃壁广泛性增厚，黏膜下层增厚
明显，层次结构清晰，十二指肠及空肠段广泛性黏膜下层增厚，空肠淋巴结厚度约
0.59cm，回盲交界处回声增强。提示：左侧肝外叶局灶性结节；左叶胰腺实质回声降低，

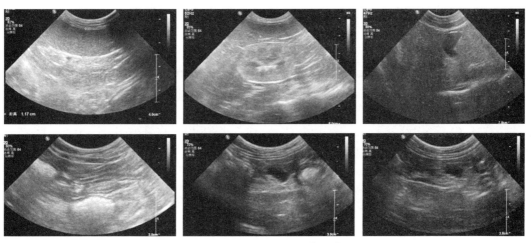

图 7 - 2　猫腹部超声的影像学检查

周围脂肪炎性浸润，不排除胰腺炎；脾脏肿大，实质内多发性结节，脾脏实质回声降低（急性炎性浸润/被动充血/肿瘤浸润等），周围脂肪炎性浸润；双侧肾脏形态改变，左肾长轴小于低限，肾脏形态改变，提升该猫患慢性炎症；膀胱壁内膜增生；胃壁、十二指肠及空肠段广泛性黏膜下层增厚（炎性浸润）。

心脏多普勒彩超检查：室间隔厚度尚可，左室壁局部肥厚，左室壁乳头肌肥厚，各瓣膜形态及运动良好，未见异常血流。LA：AO（左心房内径：主动脉内径）为 1.01，未见左心房扩张，未见心包积液。提示：肥厚型心肌病，如图 7-3 所示。

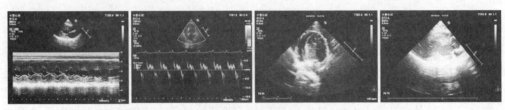

图 7-3　猫心脏多普勒彩超检查

七、治疗

手术切除，辅助化疗（如泼尼松龙和长春花碱），防止转移，注意副作用。

八、总结

与犬相比，猫更常见内脏型（脾脏和肠道）肥大细胞肿瘤。脾脏肥大细胞瘤（淋巴网状肥大细胞瘤）是猫最常见的脾脏疾病之一。脾切除术是首选的治疗方法。

第三节　犬骨肉瘤

一、一般信息

贵宾犬（标准体），雄性，15 岁 2 个月，4.5kg。

二、体格检查

动物无法站立，食欲精神尚可，呕吐、精神沉郁、左前腋下破溃。

三、实验室检查

血常规检查结果：白细胞升高 [20.68×10^9（$5.05 \times 10^9 \sim 16.76 \times 10^9$）个/L]，中性粒细胞（NEU）升高 [$15.4 \times 10^9$（$2.95 \times 10^9 \sim 11.64 \times 10^9$）个/L]，单核细胞（MONO）升高 [$2.63 \times 10^9$（$0.16 \times 10^9 \sim 1.12 \times 10^9$）个/L]，血小板（PLT）升高 [$544 \times 10^9$（$148 \times 10^9 \sim 484 \times 10^9$）个/L]，血小板压积（PCT）升高 [0.71（0.14~0.46）%] 升高，其他指标正常。

血涂片检查：红细胞大小不一，口形红细胞，白细胞镜检见反应性淋巴细胞、分叶中性粒细胞，血小板未见异常。

四、细胞学检查

低倍镜下，红细胞背景，可见大量的梭形细胞。高倍镜下，可见梭形细胞，细胞大小不一，细胞核大小不一，核仁明显。可见破骨细胞。

五、影像学检查

数字化 X 线检查（DR 检查），左侧肿瘤部位出现不规则局限性溶骨型破坏，如图 7-4 所示。

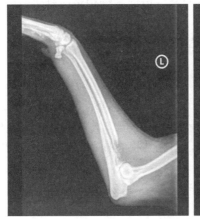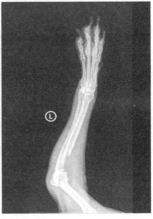

图 7-4　犬的影像学检查

六、治疗

未进行手术治疗，辅助化疗（如卡铂）。

第四节　猫骨肉瘤

一、一般信息

中华田园猫，21 岁 2 个月，雌性，2.3kg，无食欲，仅能喝水。

二、体格检查

下颌肿物，触诊患部剧烈疼痛、破溃、感染。

三、实验室检查

血涂片检查：红细胞（RBC）大小不一，白细胞（WBC）镜检见少量轻度反应性淋巴细胞，血小板（PLT）未见明显异常。血常规检查：中性粒细胞（NEU）升高 [11.87×10⁹ (2.30×10⁹~10.29×10⁹) 个/L]，单核细胞（MONO）升高 [0.74×10⁹ (0.05×10⁹~0.67×10⁹) 个/L]，其他指标无异常；生化指标检查：肌酐（CREA）升高 [256 (71~212) μmol/L]，谷丙转氨酶（ALT）正常 [26 (12~130) U/L]。

四、诊断

采用影像学和细针抽吸技术诊断，结果见彩图 3。肿物部位：下颌，大小 5cm×5cm。显微镜下：血液背景，细胞聚集指数偏高或离散；间质来源细胞，细胞大小不一，核质比中等，细胞核大小不一，可见多核巨细胞，核仁显著，多核仁。

五、总结

肿瘤已经出现了转移，采用姑息疗法，减轻猫的痛苦，但由于猫的年龄太大，不能正常吃猫粮，精神不振，宠物主人不想让猫没有生活质量地活着，为减少痛苦，最终选择了安乐死。对于患肿瘤的宠物选择何种治疗方案应根据宠物年龄、种类等综合判定。

第五节　犬口腔黑色素瘤和膀胱癌

一、一般信息

短毛腊肠犬，雌性，14岁9个月，10.7kg，已绝育、驱虫和免疫。阴门附近流血1个月左右，精神状态、吃喝正常，尿中有血丝；尿道口肿物：近一个月尿血病史，在其他医院检查，膀胱镜检查提示尿道口肿物，细胞学检查提示膀胱癌，超声检查膀胱未见明显异常。

二、体格检查

指检未见异常。通过阴道镜检查尿道肿瘤。麻醉洗牙时发现口腔左侧下颌牙龈处肿物，细胞学检查提示黑色素瘤。有心脏病。

三、实验室检查

血常规指标基本正常，血小板压积（PCT）略升高 [0.55（0.14～0.46）%]。血涂片检查：白细胞过度分叶，未见明显的血小板异常，见彩图4A。

四、病理学检查

1. 口腔肿瘤　病例检查结果见彩图4B、C。牙龈肿块：可见一个边界不清、无包膜、细胞致密的肿瘤结构，浸润并累及送检组织，由多边形至梭形细胞在部分区域排列呈粗索状及小梁状结构，在其他细纤维血管基质区域排列呈巢状及小包状结构。肿瘤细胞边界清晰，具有中等数量纤维蛋白性嗜酸性细胞质，通常被棕黑色素颗粒覆盖，伴圆形至不规则梭形细胞核，细点状染色质及1～2个明显的洋红色核仁。可见中度至显著细胞大小不等及细胞核大小不等。10个高倍视野中平均有3个有丝分裂象。肿瘤细胞延伸至被覆黏膜（交界部位）。诊断牙龈肿块：口腔黑色素瘤。黑色素瘤是犬最常见的口腔恶性肿瘤类型，常见于老年犬。该类肿瘤通常具有局部侵袭性，可转移至局部淋巴结并向其他远端转移。该病例肿瘤细胞未见明显口腔黑色素瘤的恶性特征。肿瘤细胞有丝分裂低，高度色素化，中度细胞核异型性及明显的核仁。

2. 尿道肿瘤　见彩图4D：对多个肿块切片进行组织学检查。肿块由一个无包膜、浸润性的肿瘤组成。肿瘤细胞排列成巢团状、乳头状，呈侵袭性生长。肿瘤细胞呈多边形，边界不清，含有中等数量细颗粒状嗜酸性细胞质，通常含有一个透明细胞质空泡（印戒细胞）。细胞核呈多边形，伴1～2个明显的核仁。10个高倍视野中平均有10个有丝分裂象，且具有异型性。可见显著细胞大小不等及细胞核大小不等，伴大量凋亡的肿瘤细胞。可见中等数量淋巴细胞浸润肿瘤。诊断部位：尿道口；诊断结果：移行细胞癌（尿路上皮癌）。活检样本与先前的移行细胞癌（尿路上皮癌）诊断相符。

五、影像学检查

1. 腹部超声检查 如图7-5。犬仰卧位扫查：肝脏轮廓平滑，实质回声较粗糙，左侧外叶及内叶可见局灶性结节样病变，前者为低回声，均质，靠近边缘，大小约为1.16cm×1.14cm，后者呈中等回声，大小约为1.9cm×1.1cm，脉管纹理清晰，肝尖锐利；胆囊充盈，壁平滑，腔内无回声暗区，CBD未见扩张；胰腺轮廓不平滑，右叶实质回声弥散性增强且回声不均，右叶厚度约1.47cm；脾脏轮廓不平滑，实质回声不均匀，脾体处可探及一边界不清晰的混杂回声团块，大小约2.1cm×1.8cm；双肾轮廓不平滑，皮质回声增强，皮质内可见多发性无回声囊性病变，皮髓分界清晰，双侧肾盂轻度扩张，左侧高度约0.12cm，右侧约0.13cm，双侧肾脏叶间静脉可见多发性强回声反射光斑；膀胱不充盈，膀胱壁广泛性增厚，内膜不平滑，腔内未见明显异常；胃内少量无回声液性内容物及食糜，胃壁层次结构清晰，十二指肠及空肠段未见明显异常。

提示：肝实质回声粗糙（慢性肝炎/肝纤维化/类固醇性肝病/糖尿病等），左侧肝叶结节样病变；胰腺实质回声改变，肥厚，不排除慢性胰腺炎；脾脏实质回声不均（结节增生/髓外造血/肿瘤浸润等），脾体处局灶性团块；双侧肾脏皮质内多发性小囊肿，肾脏形态改变，膀胱内膜增生。

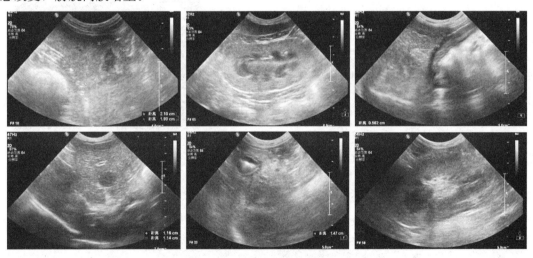

图7-5 犬腹部超声检查

2. 心脏多普勒超声检查 如图7-6。左室容积过载，二尖瓣、三尖瓣退行性病变，二尖瓣中度返流，三尖瓣少量返流，肺动脉痕量返流。LA：AO为1.6，LVIDD（左心室舒张末期内径）为1.55，心舒张功能尚可，收缩功能稍有减退。提示：慢性瓣膜性心脏病。

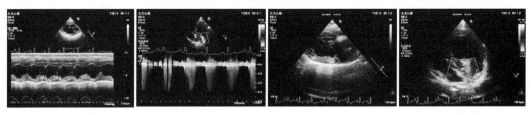

图7-6 犬心脏多普勒超声检查

六、治疗

尿路上皮癌是犬尿道最常见的恶性肿瘤类型。尿道是泌尿生殖道肿瘤发生和/或侵袭的常见部位。约50%的恶性肿瘤可转移至局部淋巴结、脊柱或后肢和腰部的皮肤和皮下组织。难以进行完全手术切除。该病例预后谨慎，建议临床检测，防止复发。选择化疗（如卡铂），防止转移。

第六节　猫纤维肉瘤

一、一般信息

暹罗猫，雌性，17岁1个月，4kg，前期呕吐4～5d，无食欲，牙结石严重，不吃猫粮，体温、呼吸、心率正常，已绝育，未接种和驱虫。

二、体格检查

头部可见0.8cm肿物，游离性低，细胞学检查提示间质肉瘤。

三、实验室检查

血常规指标正常，PT/APTT凝血功能正常，GLU（血糖）升高 [148（60～130）mg/dL]，血气分析 BEecf（细胞外碱剩余）下降 [-8（-5～2）mmol/L]，其他正常，总甲状腺素 T4 正常 [29（10～60）nmol/L]。

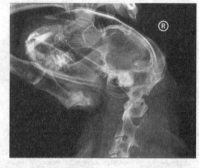

图7-7　猫头部的DR影像学检查

四、影像学检查

1. DR 影像学检查　如图7-7所示，头部肿瘤部位出现不规则局限性的骨质溶解和骨质增生。

2. 心脏多普勒超声检查　如图7-8所示，左室壁及室中隔厚度适中，各瓣膜形态及运动良好，E/A* 为0.8，E′** 为7cm/s，提示心脏舒张功能稍有下降，收缩功能尚可。左心房未见扩张，未见心包积液。

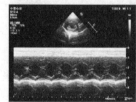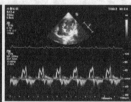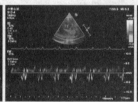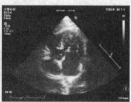

图7-8　猫心脏多普勒超声检查

---

* E/A测显二尖瓣口血流速度的频谱，以评估心室的舒张功能。E 表示心脏舒张早期二尖瓣血流峰值，A 表示心脏舒张晚期二尖瓣血流峰值。

** E′表示心脏舒张早期二尖瓣环运动速度。

五、治疗

手术切除，控制炎症性感染，常规疗法。根据生理指标变化，调整治疗方案。

第七节　犬多发中心性淋巴瘤

一、一般信息

犬，雪纳瑞，15 岁 6 个月，雄性，8.5kg，已绝育，已接种疫苗，已驱虫，体重无明显异常。

二、体格检查

初期下颌淋巴结、肩前淋巴结、腘淋巴结肿大、游离，淋巴结肿瘤生长速度快，细胞学检查可见大量幼稚淋巴细胞。口腔黏膜苍白。

三、实验室检查

五分类血常规和 14 项生化指标正常。

四、细胞学检查

细针抽吸：下颌淋巴结，胞浆深蓝染，细胞学染色：染色质粗糙，多核仁，可见多处异常有丝分裂，背景大量淋巴细胞，彩图 5。

五、影像学检查

如图 7-9 所示。犬仰卧位扫查：肝脏轮廓平滑，实质回声均匀，脉管纹理清晰，肝

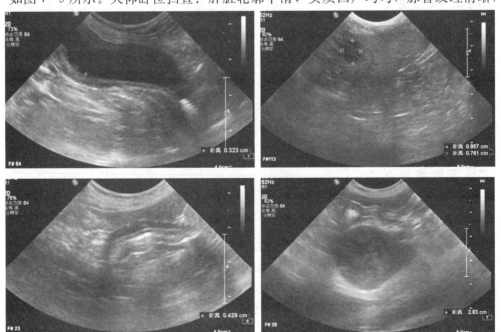

图 7-9　犬腹部超声的影像学检查

尖锐利；胆囊充盈，壁平滑，腔内胆汁产回声，胆总管未见扩张；胰腺轮廓平滑，实质回声均匀；脾脏轮廓平滑，近脾头处可探及一边界清晰的低回声结节样病变，大小约 0.98cm×0.76cm，脾体处可探及一边界不清晰的低回声结节，大小约为 0.63cm×0.56cm，脾尾锐利；双肾轮廓平滑，实质回声均匀，皮髓分界清晰，肾盂未见扩张；膀胱充盈，膀胱壁广泛性增厚，厚度约为 0.32cm，内膜不平滑，腔内重力侧可见强回声反射团块，大小约为 0.2×0.2cm，伴有不清洁声影，膀胱颈重力侧可见强回声反射界面；胃内少量气体，胃壁肌层广泛性增厚，厚度约为 0.429cm，胃壁层次结构清晰；十二指肠及空肠段未见明显异常；空肠淋巴结实质回声不均，最大厚度约 0.283，周围脂肪回声增强。

提示：胆囊内少量胆泥；近脾头处局灶性结节，脾体处局灶性结节；膀胱壁内膜增生，腔内小颗粒结石及泥沙样结石；胃壁肌层广泛性增厚（慢性炎性浸润/肉芽肿/肿瘤浸润等）；空肠淋巴结肿大，伴有局部脂肪炎性浸润。

六、治疗

推荐方案威斯康星麦迪孙大学发布的 19～25 周多药物化疗方案，即 CHOP 方案。定期复诊、检查，根据病例情况进行相应的药物调整。不同化疗药物也不同的副作用，因此具体方案还要根据病例的情况而定。

七、总结

采用 CHOP 方案，化疗结束后，需要每个月复诊，检查有无复发的迹象。根据病例具体情况，采用其他化疗方案，如单用多柔比星、COPC 环磷酰胺、长春新碱、泼尼松龙）疗法等。然而，这些化疗方案的效果和缓解时间都不如 CHOP 方案。绝大多数患有淋巴瘤的犬是无法治愈的。然而，做化疗可使 80%～90% 的犬得到缓解。CHOP 方案，平均第一次缓解期为 10～14 个月，20% 的犬存活超过 2 年。

第八节　猫淋巴瘤

一、一般信息

英国短毛猫，雄性，6 岁 3 个月，3.1kg，已绝育，未接种，已驱虫，精神差 1 个月，饮水多，能吃罐头，几乎每天均呕吐。近期体重明显下降。测量过几次体温，不发热。抗生素治疗有效。就诊时食欲明显下降。

二、实验室检查

血常规指标：红细胞下降 [5.11×10^{12}（6.54×10^{12}～12.20×10^{12}）个/L]，红细胞比容（HCT）下降 [21（30.3～52.3）%]，血红蛋白（HGB）下降 [6.1（9.8～16.2）g/dL]，红细胞分布宽度（RDW）升高 [31.1（15.0～27.0）%]，白细胞升高 [48.35×10^{12}（2.87×10^{12}～17.02×10^{12}）个/L]，淋巴细胞（LYM）升高 [9.19×10^9（0.92×10^9～6.88×10^9）个/L]，单核细胞（MONO）升高 [32.32×10^9（0.05×10^9～0.67×10^9）个/L]，平均血小板体积（MPV）略升高 [22.3（11.4～21.6）fL]；PT/APTT 凝血功能正常；10 项生化指标正常，猫血清淀粉样蛋白（aSAA）升高 [26.37（正常<2）mg/L]，对称性二甲基精氨酸（SDMA）升高 [15（0～14）μg/dL]。

血涂片检查：红细胞，红细胞大小不一，苍白区增大；白细胞，轻度中毒性粒细胞，反应性淋巴细胞，大颗粒淋巴细胞；血小板，未见明显异常。

三、影像学检查

仰卧位检查，如图 7 - 10 所示，可见两处肿块，大小分别为 4.6cm×2.0cm、2.5cm×3.5cm，低回声，边缘不规则。前后小肠结构清晰。部分小肠内容物回声增强，提示，肠道肿瘤。

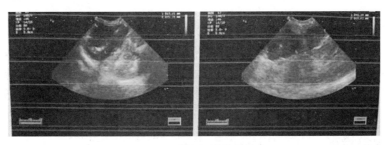

图 7 - 10　猫腹部影像学检查

四、细胞学检查

对肿物进行细胞学穿刺检查，回肠壁肿物 3.1cm×2.2cm，淋巴结：红细胞背景，以小淋巴细胞为主，约占 80%，中淋巴细胞 15%，大淋巴细胞 5%，可见有丝分裂。回肠壁：红细胞背景，可见大量淋巴细胞，大淋巴细胞约占 100%，可见浆细胞浸润，有丝分裂象。提示淋巴瘤，见彩图 6A。

五、组织病理学检查

见彩图 6B、C。回肠：可见一个无包膜、细胞量中等、呈浸润性的肿瘤结构，由细纤维血管基质上的片层状肿瘤细胞浸润，组成穿壁性及弥漫性累及正常肠壁的结构。肿瘤细胞呈圆形，伴中等数量嗜酸性细胞质及清晰的细胞边界。细胞核>2 个红细胞大小（大型），呈卵圆形，伴有明显的 1～2 个核仁结构。可见中度细胞大小不等及细胞核大小不等。10 个高倍视野中出现>19 个有丝分裂象。回肠：淋巴瘤，大细胞型，有丝分裂：10 个高倍视野中出现>19 个有丝分裂象，中度多形性，预后不良。

六、治疗

选择化疗方案，化疗药物如硫酸长春新碱和泼尼松龙。

第九节　猫乳腺癌

一、一般信息

中华田园猫，雌性，11 岁 10 个月，3 kg，已接种，已驱虫。

二、体格检查

左侧第二乳区肿物。触诊其他乳腺未见明显异常。

三、实验室检查

术前血常规指标、生化指标、凝血指标正常。

四、细胞学检查

以红细胞为背景，可见大量上皮来源的细胞及呈团簇脱落的细胞，细胞核居中，细胞质呈中度碱性，高核质比，细胞核内可见明显核仁。

五、病理学检查

见彩图 7。乳腺癌：可见无包膜的、轮廓不清晰的、含大量细胞的肿瘤，由乳腺上皮细胞形成实体样薄片、小管和腺泡结构组成。细胞边界不清晰，含适量的嗜酸性细胞质。细胞核呈圆形至椭圆形，含细的点状染色质和明显的核仁。可见细胞大小不等和细胞核大小不等，可见有丝分裂象，少量的淋巴细胞呈多灶性聚集。

六、影像学检查

1. DR 影像学检查　见图 7-11。

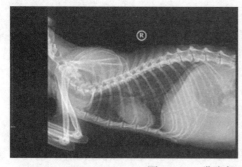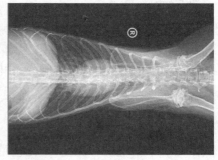

图 7-11　猫腹部 DR 影像学检查

2. 腹部超声检查　猫仰卧位扫查，见图 7-12。肝实质内多肝叶可探及多发性边界清晰的不均质团块样病变，均凸出被膜，其中左侧肝外叶实质内团块大小约 3.33cm×

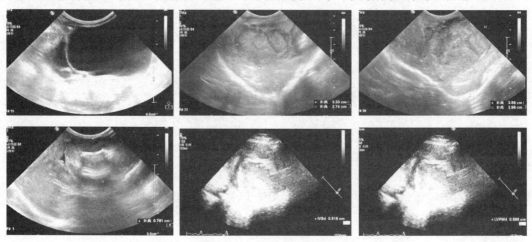

图 7-12　猫腹部超声检查

2.74cm。胰腺轮廓平滑，实质回声均匀。双肾轮廓平滑，皮质回声增强，皮髓分界清晰，肾盂未见扩张。膀胱充盈，壁平滑，腔内无回声暗区伴后方回声增强。胃底处胃壁广泛性增厚，伴有层次丢失，最大厚度约0.76cm，可见与正常区域分界，十二指肠及空肠段广泛性黏膜下层增厚，肠壁层次清晰，空肠段多发性肠腔积液，腹腔内可见少量无回声液性暗区。

提示：肝实质内多发性团块；双侧肾脏形态改变；胃底处局部胃壁增厚，层次不清（肿瘤浸润/肉芽肿等），十二指肠及空肠段炎性浸润/水肿，空肠段多发性肠腔积液，少量腹水。

七、治疗

手术切除乳腺后，伤口愈合良好，辅助化疗（如多柔比星注射液、枸橼酸马罗匹坦注射液及酒石酸长春瑞滨注射液）；术后10个月，精神状态良好，超声可见少量浓稠的胸腔积液，腹部未见明显异常。

第十节　猫乳腺导管内乳头状癌

一、一般信息

英国短毛犬，雌性，10岁，3.2kg，绝育未知，已接种，驱虫。

二、体格检查

精神正常，多处乳腺周边有肿物，左侧第2和第3乳区、右侧第2乳区有肿瘤，区域淋巴结未见明显肿胀。

三、实验室检查

血清颜色正常。五分类血常规指标正常。电解质4项：Na离子略升高［168（150～165）mmol/L］，K离子、Na/K（钠/钾比）、Cl（氯离子）正常。PT/APTT凝血检查正常。15项生化检查：GLOB（球蛋白）升高［63（28～51）g/L］，TP（总蛋白）升高［93（57～89）g/L］。血涂片检查，红细胞、白细胞、血小板正常。

四、组织病理学检查

病理描述：检查带被毛皮肤，左侧第二和第三个乳区之间的肿块、淋巴结和右侧第2乳区，可见一个无包膜、边界清晰、细胞量中等的肿瘤结构，由多边形细胞组成，在具有中心柄的细纤维血管基质上形成1～4层的乳头状突起，扩张至真皮层，并使表皮隆起。肿瘤细胞边界明显，伴少量细胞质，圆形深染细胞核，细点状染色质以及不清晰的核仁结构，见彩图8。可见轻度细胞大小不等及细胞核大小不等，10个高倍视野中平均有12个有丝分裂象。中央导管内通常可见均质性分泌物及含有分泌物的巨噬细胞。邻近乳腺增生。检查淋巴结内未见肿瘤结构。淋巴结呈中度至显著增生。诊断：带被毛皮肤，右侧第二和第三乳区之间的肿块提示为导管内乳头状癌。带被毛皮肤，右侧第2乳区的肿块提示为导管内乳头状癌。淋巴结：反应性淋巴细胞，中度至显著增生。

五、影像学检查

1. 腹部超声检查　如图7-13所示。猫仰卧位扫查：肝脏轮廓平滑，实质回声均匀，脉管纹理清晰，肝尖锐利；胆囊充盈，壁平滑，腔内无回声暗区，胆总管未见扩张。胰腺轮廓平滑，实质回声均匀。脾脏轮廓平滑，实质回声均匀，脾尾锐利。双肾轮廓平滑，实质回声均匀，皮髓分界清晰，肾盂未见扩张。膀胱充盈，壁平滑，腔内无回声暗区伴后方回声增强。胃内少量产回声食糜，胃壁层次结构清晰，十二指肠及空肠段未见明显异常。未见明显异常淋巴结。

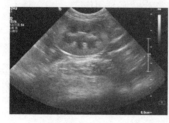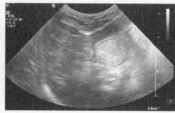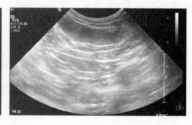

图 7-13　猫腹部超声检查

2. DR 影像学检查　如图 7-14，胸腹腔脏器组织尚未有明显变化，未发现肿瘤转移。

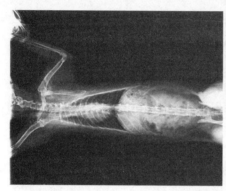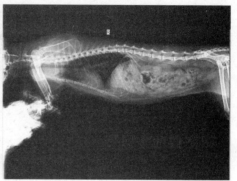

图 7-14　猫胸腹部 DR 影像学检查

六、治疗

采用全乳切除术，未选择化疗方式，控制炎症性感染，定期复查，以防转移。

七、总结

猫乳腺肿瘤大多为恶性肿瘤，肿瘤细胞延伸至所有的手术边缘，会复发转移。关于猫导管内乳头状癌相关的预后情况尚无文献报道；然而，与非导管性肿瘤相比，导管性肿瘤的侵袭性较低。两个肿块切除完全，但边缘狭窄。两个部位的深部边缘均大于 1mm，侧边缘均大于 4mm。建议密切临床监测切口部位的复发情况，并将其他肿块送检（组织病理学检查）。建议进一步进行肿瘤分期（如局部淋巴结细针抽吸-腹股沟淋巴结和腋下淋巴结），以评估转移情况。

第十一节　犬乳腺肿瘤

一、一般信息

贵宾犬（标准体），雌性，9 岁 2 个月，4.0 kg，未绝育，已接种，已驱虫。

二、体格检查

乳腺肿瘤Ⅲ级，右侧第2乳区肿瘤有游离性，呈片状，直径为4～5cm，左侧第5乳区有肿瘤，质地坚硬，有游离性，直径为1～2cm。犬外阴红肿，乳区有黑头粉刺。

三、实验室检查

PT/APTT凝血功能正常，APTT（活化部分凝血酶时间）正常［34.2（15～43）s］，PT（凝血酶原时间）正常［9.3（5～16）s］；血清颜色正常，生化15项检查：PHOS（磷）下降［0.79（0.81～2.20）mmol/L］，TP（总蛋白）升高［83（52～82）g/L］，GLOB（球蛋白）升高［51（25～45）g/L］；五分类血常规检查：平均血小板体积（MPV）升高［13.6（8.7～13.2）fL］，血小板压积（PCT）升高［0.54（0.14～0.46）%］。

血涂片检查：红细胞未见明显异常，出现反应性淋巴细胞，轻度中性粒细胞；血小板未见明显异常。

四、病理学检查

肿瘤部位：右侧第一、二、三乳区肿物，左侧倒数第一、二、三、四乳区肿物。

病理描述：乳腺腺上皮细胞细胞量大、轻度浸润，肿瘤上皮细胞呈立方形至多边形，或纺锤形，胞质稀少，细胞边界模糊；细胞核为圆形至椭圆形，点状至泡状，通常含有1～2个核仁；可见轻度至中度细胞核大小不等；10个高倍视野中可见5个有丝分裂象；肿瘤腺泡/小管的管腔有不同程度的扩张，充满不同数量的嗜酸性颗粒至均质分泌物。整个肿块中可见淋巴细胞、浆细胞和含铁血黄素的巨噬细胞于间质和血管周围浸润，见彩图9。提示：①右侧第一、二、三乳区肿物提示为乳腺囊腺瘤，边缘完全切除，轻度多形性；②左侧倒数第一、二、三、四乳区肿物提示为单纯性管状乳腺癌，Ⅰ级（Ⅰ～Ⅲ级），边缘完全切除。

五、预后

犬乳腺肿瘤与激素诱导有关，最常见于未绝育的母犬或成年后绝育的犬。由于乳腺肿瘤普遍具有多中心性表现，因此建议谨慎监测新生或复发的肿块。乳腺腺瘤和乳腺囊腺瘤通常通过完全手术切除可治愈。

第十二节　犬间质细胞瘤

一、一般信息

金毛寻回犬，雌性，17岁8个月，23.1kg，食欲减退3d，体表肿物，腹部触诊未见明显异常。

二、细胞学检查

超声引导下，穿刺胸壁，高倍镜下可见间质来源细胞，呈梭形，细胞大小不一，细胞核大小不一，核仁显著，提示软组织肉瘤。

三、影像学检查

1. 腹部超声检查　如图 7-15，胃内可见气体混响伪影，可见部分胃壁层欠清晰，壁厚 0.71cm，幽门通畅，未见明显返流；小肠无扩张阻塞影像，腔内可见少量气体影像，壁层次尚可，壁厚在正常范围内。提示：胃内气体影像，可见部分胃壁层次不清、壁增厚（胃肠炎等），建议再次复查胃肠道。

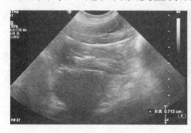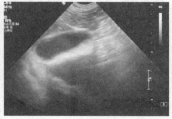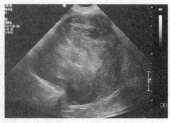

图 7-15　犬腹部超声检查

2. DR 影像学检查　如图 7-16，胃肠道积气，胃壁黏膜增厚；未发现肿瘤转移。

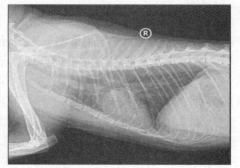

图 7-16　犬胸腹部 DR 影像学检查

四、总结

控制炎性感染，提高食欲，定期复查。

第十三节　犬膀胱肿瘤

一、一般信息

比熊犬，雌性，11 岁 11 个月，4.8kg，已绝育，已接种。初期病理学诊断为膀胱异性上皮癌。

二、体格检查

肿瘤大小 1.9cm×1.2cm，位于膀胱三角区。犬体格检查未见明显异常。

三、实验室检查

化疗之前，进行血常规检查：BAND 疑似；淋巴细胞（LYM）降低 [$0.89×10^9$（$1.05×10^9 \sim 5.10×10^9$）个/L]，血小板（PLT）升高 [$501×10^9$（$148×10^9 \sim 484×$

10^9）个/L］，平均血小板体积（MPV）正常［14.0（8.7～133.2）fL］，血小板压积
（PCT）升高［0.70（0.14～0.46）％］，其他指标均在正常范围内。

四、腹部超声检查

犬仰卧位扫查，如图 7-17 所示，膀胱充盈，壁平滑，三角区可见一轮廓不平滑、回
声不均肿块，大小约 1.89cm×1.49cm，近端尿道壁平滑；髂内淋巴结轮廓平滑，实质回
声均匀，厚 0.31cm（<0.5cm）。提示：膀胱三角区肿物，近端尿道及髂内淋巴结未见明
显异常。

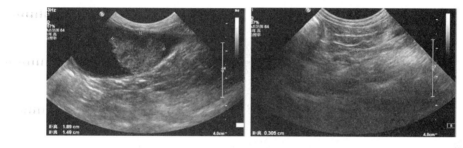

图 7-17　犬膀胱肿瘤 DR 影像学检查

化疗 3 周后复查：犬仰卧位扫查，可见膀胱轻度充盈，腹侧壁附着一中等回声结节，
大小 1.4cm×0.8cm。膀胱壁肿物，如图 7-18 所示。

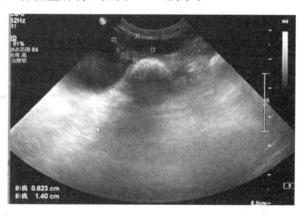

图 7-18　犬膀胱肿瘤化疗 3 周后复查（DR 影像学检查）

化疗 2 个月后腹部超声复查：犬仰卧位扫查，可见膀胱充盈，膀胱三角区背侧壁肿
物，大小约 0.95cm×0.58cm。肿瘤较上次减小，如图 7-19 所示。

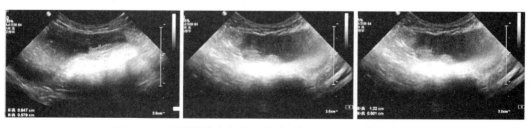

图 7-19　犬膀胱肿瘤化疗 2 个月后复查（DR 影像学检查）

五、治疗

选择化疗方式（卡铂）治疗，控制炎性感染，加强护理。

第八章 肿瘤的心理社会干预

第一节 社会心理情感问题

宠物已经成为现代人家庭成员的重要组成部分，在人类情感和身体健康方面发挥重要的作用，如陪伴、娱乐和保护等。被称为"人类最好的朋友"的犬的寿命比人类短得多，但它们与人类以及家庭中的其他宠物形成了异常亲密的关系。无论是犬猫还是其他宠物，失去通常会对家庭成员产生毁灭性的情感影响。到目前为止，癌症是导致犬死亡的最常见原因之一，而宠物与晚期癌症进行一场失败的斗争，不仅会带给宠物相当大的痛苦，而且会给人类家庭成员带来财政压力和精神压力。

关注患病伴侣动物的同时，更多的要做好动物主人的心理疏导。大多数宠物主人得知宠物患肿瘤，认为肿瘤是"不治之症"而感到恐惧、情绪低落、焦虑，会产生不安、紧张，担心自己的宠物不能治愈。焦虑的程度与个人的心理素质、受教育程度、生活体验以及应对能力有关。焦虑程度严重时，则变为惊恐，甚至有些宠物主人可能会感觉到无奈、悲伤。例如，有些宠物主人因为经济原因，会被迫放弃对宠物的治疗。其实引起动物肿瘤的原因很多，肿瘤也不是一天长成的，是要经历长久的时间才会形成，宠物主人想到自己以前只顾自己的感受，为了开心而逗宠物，甚至做出一些对宠物不好的事情，就会自我怀疑是不是因为这才使宠物患上肿瘤，而产生愧疚；宠物主人可能会自责，自己养的宠物忽然间患了这样一个大病，自己这个主人是脱不开关系的，很多就会自责，陷入懊恼当中。

不同的家庭得知宠物患肿瘤时的情绪是不一样的，年轻人的宠物主人遇到这种事情会释怀的快一点，而小孩子与老年人则需要一些开导与陪伴，他们是需要一定时间才能从失去宠物的阴影中走出来。要调整好自己的心理及情绪，正确面对肿瘤，在尽可能的时间做到最好的陪伴，缓解动物的疼痛，给患病动物提供更好的治疗方案。如纪录片《宠物医院》中有这样一个实例：一位年迈的老太太带着一条腊肠犬来宠物医院求助，一系列检查后发现犬患有肝脏肿瘤，需要穿刺才能确诊。老太太得知消息后选择先开点药吃吃看。虽然知道药物只能起延缓作用，但因为家中尚有患癌的老伴，即使再不舍也没有办法。临走的时候她说："妈妈要有钱就给你看下去了"，看到这里，第一反应是感叹生命的无奈，是的，在这里没有纯粹的对与错。不论选择何种治疗方式，取决于宠物主人的目标、宠物对到医院就诊的容忍度及治疗费用，甚至更重要的是生活质量。兽医的治疗目标是提供治疗并改善动物的生活质量，维持宠物主人和宠物之间正常的关系，确保让您的宠物开心的活动，如散步、游泳和与您互动。

第二节 社会支持

宠物主人正确认识肿瘤的发病原因并进行预防非常重要，例如早期的子宫卵巢术、去势术可以预防雌性动物乳腺肿瘤、子宫蓄脓、肛周肿瘤、传染性性肿瘤等疾病的发生。

随着兽医肿瘤学在诊断、治疗等方面的发展，通过早期诊断（完整的体格检查、细针抽吸细胞学检查、活组织检查、肿瘤标记物筛查等）、早期干预（手术、化疗、放疗、靶向疗法、姑息疗法等），可降低动物肿瘤的发病率。尤其是随着基因组时代的到来，已经使得恶性肿瘤的临床诊疗水平有了较大的提高，临床肿瘤治疗取得了较大的进展。便捷、廉价、非侵入性和广泛可用的新工具将使兽医能够对肿瘤进行常规筛查，并在肿瘤可以治愈时及早发现；一旦怀疑是肿瘤，要寻求快速诊断；选择有针对性的治疗方法，并监测诊断后的反应和复发情况；利用先进的科学知识和技能，保护动物健康、造福社会、预防和减轻动物的痛苦。

在临床肿瘤治疗过程中，宠物医生主要根据动物所患肿瘤的诊断结果、肿瘤的临床分期及动物本身体况选择合适的治疗方案。兽医化疗的方法与人类医学是不同的，选择化疗方式治疗动物旨在提高动物的生活质量，因此，兽医对所使用的化疗药物进行了剂量调整，并在宠物治疗过程中进行积极监护，以限制严重的副作用。副作用与治疗时使用的药物有关，但最常见的是轻度胃肠道不适（呕吐和/或腹泻），也可能出现食欲下降和轻度嗜睡。需要给动物一些预防副作用的药物，一旦发现症状就开始服用。脱毛是罕见的，除非特定品种（如贵宾犬、比熊犬、雪纳瑞）。您要和您的宠物对临床医生的医术有信心，癌症是不可怕的，最关键的是如何正确面对并战胜它。

附　　录

附录一　犬乳腺肿瘤的临床病理
特征和分子亚型分析

乳腺肿瘤是犬的第二大肿瘤性疾病，仅次于皮肤肿瘤，严重威胁犬的健康，本试验通过收集犬乳腺肿瘤样本及病例信息、通过细胞学和病理组织组织学染色后对肿瘤的性质、病理组织学类型以及恶性程度做出分析判断，并基于雌激素（ER）、孕激素（PR）、表皮生长因子（Her-2）和 Ki67 在犬恶性乳腺肿瘤的表达情况，对犬恶性乳腺肿瘤进行分子亚型分类，为犬乳腺肿瘤的临床诊断、预后评估及治疗提供理论参考，以期提高患病犬的医疗质量，满足宠物主人对犬乳腺肿瘤诊断准确性的要求，以及对治疗方案更多的选择余地和预后评估的知情权。

一、材料方法

1. 一般资料　所有试验样本均来自东北农业大学附属动物医院经手术治疗的病母犬的乳腺肿瘤。将组织样本的一部分在 30min 内分成若干小块，装入冻存管内，液氮迅速冷冻，−80℃长期保存；另一部分 10％福尔马林固定，固定好的组织经过一系列的脱水，二甲苯透明，进行石蜡包埋，切成 3μm 厚的切片，进行苏木精-伊红（HE）染色，中性树胶封片，判定组织病理学变化。通过免疫组化方法（Immunohistochemical method，IHC）检查 ER、PR、Her-2 和 Ki67 在犬乳腺肿瘤恶性组织中的表达，各抗体稀释倍数分别为：山羊抗兔 ER 抗体（1∶50）、山羊抗兔 PR 抗体（1∶80）、山羊抗兔 Her-2 抗体（1∶150）、山羊抗兔 Ki67 抗体（1∶120）。手术前母犬均未接受放疗、化疗等治疗。根据 WHO 病理学分类标准及组织学分级标准，经病理组织学专家确定肿瘤病理类型。术前 X 线检查及 B 超检查乳腺肿瘤否发生转移。所有样本的采集均已获得宠物主人的同意。

2. 统计学分析　应用 SPSS 20.0 版软件对结果进行统计学分析，试验数据以平均数±标准差（SD）表示。

二、试验结果

1. 犬乳腺肿瘤的临床特征　150 例组织样本：38 例健康雌性犬为对照组，年龄为 3～15 岁，平均年龄为（7.5±2.4）岁；52 例为恶性肿瘤组，年龄为 2～16 岁，平均年龄为（10.6±2.5）岁；60 例为良性肿瘤组，年龄为 1～17 岁，平均年龄为（9.2±3.4）岁。

研究结果表明，犬的年龄越大，患乳腺肿瘤的概率越高，恶性程度也越高。临床特征见附表 1-1 所示。

附表 1-1 犬乳腺肿瘤的临床特征（例）

特征	数量	比例（%）
对照组	38	
年龄（岁）		
≥ 8	20	52.63
< 8	18	47.37
良性肿瘤组	60	
年龄（岁）		
≥ 8	32	53.33
< 8	28	46.67
肿瘤大小（cm）		
T_1（<3）	26	43.33
T_2（$3 \leq T \leq 5$）	20	33.33
T_3（>5）	14	23.33
病理学分类		
纤维腺瘤	22	36.67
导管内乳头状瘤	13	21.67
导管和小叶增生	10	16.67
腺病	9	15
其他	6	10
恶性肿瘤组	52	
年龄		
≥ 8	18	34.62
< 8	34	65.38
肿瘤大小（cm）		
T_1（<3）	8	15.38
T_2（$3 \leq T \leq 5$）	27	51.92
T_3（>5）	17	32.69
病理学分类		
浸润性导管癌	40	76.92
导管内乳头状癌	5	9.62
浸润性微乳头状癌	2	3.85
导管原位癌	2	3.85
其他类型癌	3	5.77

（续）

特征	数量	比例（%）
组织学分级		
Ⅰ	16	30.77
Ⅱ	24	46.15
Ⅲ	12	23.08
分子亚型分类		
Luminal A 型	14	26.92
Luminal B 型	24	46.15
Her-2 过表达型（Her-2 positive）	8	15.38
基底样型（Basal-like）	6	11.54

2. 犬乳腺肿瘤的病理学特征和分子亚型

（1）犬乳腺肿瘤的细胞学检查　对犬乳腺肿瘤病例，术前采用细针穿刺细胞学（FNAC）方法进行活检、采样、涂片，应用姬姆萨-瑞氏染色方法染片，细胞学检查的典型特征如彩图 10 所示，活检的乳腺肿瘤被分为四类：良性病变、非典型性病变、恶性可疑病变、恶性病变，A：乳腺上皮细胞成簇排列，大小形态一致，排列规则，核呈圆形、卵圆形，染色质均匀；B~D：乳腺良性病变，肿瘤上皮细胞成团分布，几个或几十个细胞呈蜂窝状聚集、染色质及核仁无异常变化或无核仁，纤维腺瘤可见梭形细胞，细胞呈圆形或卵圆形；E~H：恶性可疑病变和恶性病变：上皮细胞或间质细胞呈弥漫性团块状，细胞体积大，细胞核大小不一，根据恶性程度有不同程度的异型性，核深染，双核和巨细胞核，核胞质比例失调，有丝分裂和异常染色质结构，丰富的染色质颗粒及空泡样变大深染的裸核细胞，核互相重叠，肌上皮细胞（纺锤形）具有丰富的染色质颗粒，核仁明显，可见多核细胞含有多个大小不一的核仁（见彩图 10E 和 G）。提示细胞学检查可以用于炎症或增生或细胞种类的鉴别，但很难用于良性肿瘤和恶性肿瘤的鉴别（除非恶性肿瘤的细胞特征明显），无法判断肿瘤的浸润范围。

（2）犬乳腺肿瘤的组织病理学特征　对临床收集的犬乳腺肿瘤组织和部分肿瘤旁组织，进行组织切片及 HE 染色，结果表明，浸润性导管癌（40/52，76.92%）是临床常见的犬恶性乳腺肿瘤学类型，也包括导管内乳头状癌、浸润性微乳头状癌和导管原位癌等其他恶性病理学类型，最常见的良性乳腺肿瘤是纤维腺瘤（22/60，36.67%）和导管内乳头状瘤（13/60，21.67%）。如彩图 11 所示：（A）犬正常乳腺组织：显示腺细胞有序排列，具有正常细胞有丝分裂指数，无细胞或细胞核的多形性，组织周围无炎性细胞浸润。（B）纤维腺瘤：缺乏中度间质血管；小管内衬单层立方状或柱状细胞与适量的嗜酸性胞质，肿瘤细胞呈纤维样结构排列。（C）浸润性导管癌：细胞和细胞核大小、形状不一、形成不规则的管状、条索状、小梁状结构，内充满大量的癌细胞；有丝分裂指数高；癌细胞突破导管壁的基底膜向间质及周围组织呈侵袭性生长，伴有结缔组织增生及纤维化产物，导管内衬与局灶双层上皮鳞状分化。（D）浸润性微乳头状癌：导管内的肿瘤细胞不规则聚集成团，且这些乳头状肿瘤团没有纤维组织形成的蒂支撑，四周为腔洞，细胞多形性缺乏，细胞质与细胞核比例低，胞浆质酸性，有丝分裂指数高。（E）导管原位癌：基底膜完整，肿瘤细胞排列在导管周围；轻度核多形性，偶见核分裂。（F）导管内乳头状癌：导管肿瘤细胞呈无柄或有蒂的乳头状结构；乳头由细纤维血管基质中度核和细胞多形性支撑。52例犬恶性乳腺肿瘤组织学分级结果见附表1-1，16例Ⅰ级（30.77%，高分化），24例Ⅱ级（46.15%；中度分化），12例Ⅲ级（23.08%，低分化）。

（3）犬恶性乳腺肿瘤的分子亚型分类　根据免疫组化方法，评估ER、PR、Her-2和Ki67在犬恶性乳腺肿瘤的表达情况，进行分子亚型分类。ER和PR阳性判读：如果超过5%的肿瘤细胞出现在棕色的黄色颗粒中，被认为是阳性的。Her-2阳性判读：如果超过10%的肿瘤细胞出现在棕色的黄色颗粒中，判为阳性。试验结果如彩图12所示，ER和PR多为细胞核/膜表达，呈棕黄色或棕褐色染色，灶性、片状和散在分布；Her-2多为细胞膜和细胞质阳性表达；光学显微镜下细胞膜含有棕黄色或棕褐色颗粒的肿瘤细胞被计数为阳性细胞。分子亚型分类结果见附表1-1，Luminal A型14例，占26.92%，其特征是癌细胞的雌激素受体明显高表达，且肿瘤侵袭性低，高分化的浸润性导管癌和浸润性小叶癌属于此类；Luminal B型24例，占46.15%；Her-2过表达型8例，占15.38%，与肿瘤的生长、浸润及转移相关，多数发生在组织学Ⅰ级和Ⅱ级的浸润性导管癌；6例基底样型（Basal-like），占11.53%，多数为组织学Ⅲ级的病例，显示典型的细胞异型性。提示犬恶性乳腺肿瘤的发生与ER、PR受体的表达相关。基于亚型不同，应采用不同的治疗方式，Luminal型是最常见的分子亚型，属于内分泌治疗敏感性肿瘤，其内分泌治疗的敏感性与雌激素受体水平呈正相关。Luminal A型采用内分泌疗法，Luminal B型采用内分泌疗法的同时辅助化疗。Her-2过表达型，由于 Her-2 基因过度扩增，可采用曲妥珠单抗疗法联合化疗。与其他类型相比，基底样型乳腺癌是乳腺癌中恶性程度最高的一种，激素受体及Her-2表达均呈阴性，尚无理想的治疗方式，内分泌疗法及曲妥珠单抗疗法无效，只能化疗。

三、分析与讨论

1. 犬乳腺肿瘤的流行病学调查　本试验通过临床调查发现，犬乳腺肿瘤的发生与年龄、生育/绝育和饮食存在着密切关系，多以中小型品种犬和杂种犬多发，肥胖和食肉类犬多发，饲喂犬粮的犬少发。与以往的文献报道一致，饮食在引起乳腺肿瘤的发病原因中占35%。乳腺肿瘤多发于中老年母犬，主要集中于8～13岁。5岁前犬恶性肿瘤的发病率较低。由于被调查的犬大多为杂种犬，没有对品种做分析。此外，患乳腺肿瘤的犬大多是未采取卵巢子宫摘除术的和未生育的，早期患乳腺肿瘤的风险高。临床常见的是肿瘤切除与卵巢子宫摘除一起做，可降低肿瘤向腹腔转移的风险，防止子宫和乳腺方面疾病（如子宫蓄脓、乳腺炎等）的发生，减少雌激素的分泌，肿瘤复发和转移的风险降低。一项对63例乳腺肿瘤患犬进行的调查发现，8～14岁的雌犬最容易发生，患犬术前均未切除子宫卵巢，杂种犬最容易发生（44.26%），其次是贵宾犬。本研究结果与文献报道一致。据报道，与未绝育的犬相比，第一次发情前切除卵巢子宫的犬患乳腺肿瘤的风险为0.5%，在第1次和第2次发情期之间切除卵巢子宫的犬风险增加至8%，小于2岁半的雌犬在第2次发情后切除卵巢子宫腺，肿瘤风险为26%。实施卵巢子宫切除术越晚，发情次数越多，乳腺肿瘤发病率越高。对于临床上已确诊发生转移扩散的犬，由于目前缺乏合理的靶向治疗药物、治疗成本昂贵等，预后较差。相反，一项对90例乳腺肿瘤母犬手术后2年的追踪研究发现：患乳腺肿瘤之前，29例被摘除卵巢子宫，切除肿瘤时，其中22例摘除，

39 例未摘除。58 例犬（64％）患有良性肿瘤，其中 15 例（26％）在 2 年内复发，与卵巢子宫摘除无关。其他 32 例患恶性肿瘤，术后 2 年内，在扩散性转移的犬中，切除或未切除卵巢子宫、死于肿瘤的发生率分别为 63％和 57％；而在非扩散性癌的犬中，切除或未切除卵巢子宫、死于肿瘤的发生率分别为 33％、占 18％。这项研究表明，后来的切除术并不改变患乳腺肿瘤的风险，而其他研究显示出后期切除卵巢子宫的保护作用。目前的流行病学方法和潜在的偏见影响并没有被充分考虑，生殖情况（如发情异常、假怀孕、怀孕和分娩）似乎对犬患腺肿瘤的风险并没有影响。这与女性病人相反，研究认为初次生育的高龄化和分娩次数少的女性患乳腺癌的风险升高。本试验结果提示犬的年龄越大，乳腺肿瘤的发病率越高，恶性乳腺肿瘤大多是从良性肿瘤发展而来，恶性肿瘤生长速度快且肿瘤大，曾患过其他肿瘤的犬患恶性肿瘤的风险更高。

2. 病理组织学检查　细胞学检查与病理学检查是目前诊断肿瘤性疾病最常用的方法。细胞学检查简单，易操作，用于术前诊断评估，方便手术方案调整，但诊断准确率不高，高分化癌和良性增生性病变不易区分（除非肿瘤恶性程度比较高），易出现假阳性，不能进行病理分型。组织学分级是用于肿瘤预后评估的一种方法。病理学分类常用于临床诊断。一项研究发现，浸润性导管癌是最常见的犬恶性乳腺肿瘤，其次是混合癌。在患有简单癌的犬中，大多为临床Ⅰ期，仅有 3 例犬出现肺转移（Ⅴ期）占 7.9％，10 例犬出淋巴结转移（Ⅳ期）占 29.7％。对 60 例犬恶性乳腺肿瘤进行组织学分级（骨肉瘤和纤维肉瘤排除）：在简单癌中，40％（14/35）被列为组织学Ⅰ级，50％（18/36）为Ⅱ级，11.1％（4/36）为Ⅲ级；在混合癌中，85.7％（6/7）被列为Ⅰ级，14.28％（1/7）为Ⅱ级。组织学Ⅰ级的患犬大多为Ⅰ期、Ⅱ期和Ⅲ期肿瘤，Ⅳ期（$P=0.01$）及Ⅴ期（$P=0.000\,9$）肿瘤较少。美国的一个回顾性调查发现Ⅰ级肿瘤占 25％，Ⅱ级 12％，Ⅲ级 15％。然而，调查巴西地区 36 例患乳腺肿瘤的犬发现，35％的恶性肿瘤小于 5cm，Ⅰ期占 22.2％，Ⅱ期占 75％，没有Ⅲ期患犬。本研究发现，常见的恶性肿瘤大多为浸润性导管癌，良性肿瘤为纤维腺瘤；组织学Ⅰ级占 30.77％，Ⅱ级 46.15％，Ⅲ级 23.08％；大于 3cm、小于 5cm的恶性肿瘤的发病率占 51.92％，大多未发生肿瘤转移。这些结果提示病理学诊断对犬乳腺肿瘤组织学分级和选择性治疗至关重要。然而，放射线检查并不能检测出肿瘤是否发生转移，核磁共振检查（MRI）和正相电子发射断层扫描（Normal phase electron emission tomography，PET）很少在兽医临床中使用。另外，生物化学检测是常用的检测方法，如 DNA、RNA 和蛋白质检测等，通过检测体内标志物的含量而达到提示肿瘤发生发展的目的，但在兽医临床上尚无理想的肿瘤标志物，并且器官不同、恶性肿瘤不同，相对应的肿瘤标志物特异性、敏感性也会不同，因此，筛选特异性、敏感性强的肿瘤标记物可为犬乳腺肿瘤早期诊断提供有力的帮助。

3. 分子亚型分类在犬乳腺肿瘤诊断中的应用　ER、PR 和 Her-2 的表达有助于判断乳腺肿瘤预后，为选择最有效的治疗提供指导。调查研究发现 ER 和 PR 在犬良性乳腺肿瘤中的表达（ER，83.33％，PR，50％）高于恶性乳腺肿瘤（ER，71.43％，PR，42.8％），说明犬乳腺肿瘤的发生与雌激素、孕激素受体的调控相关，ER、PR 的阳性表达过高或过低提示乳腺肿瘤的恶性程度及采取相应的激素治疗方案。表皮生长因子（Her-2）可作为评价犬乳腺肿瘤诊断、治疗、预后等的重要指标，在正常乳腺组织中几乎不表达。临床调查发现，Her-2 在犬恶性乳腺肿瘤中的阳性表达率为 38.9％，而良性肿瘤中几乎无表达。Ki67 作为衡量肿瘤增殖指数的重要指标，也是分子亚型分类的依据。Ki67 的阳性表达与肿瘤的转移、预后密切相关。临床调查发现，Ki67 在正常乳腺组织中几乎不表达，在恶性肿瘤中的表达率为 76.88%，在良性肿瘤中的表达率为 62.5%，与患犬的年龄、肿瘤的大小不相关，主要表达在腺上皮肿瘤细胞，少量肌上皮细胞中也有表达。在本试验调查中发现，根据 ER、PR、Her-2 和 Ki67 在犬恶性乳腺肿瘤中的表达，基于分子亚型分类，Luminal 型犬恶性乳腺肿瘤是最常见的一种分子亚型，Luminal B 型（46.15%）显著高于 Luminal A 型（26.92%）、Her-2 过表达型（15.38%）和基底样型（11.54%）。一项对 73 例犬恶性乳腺肿瘤的分子亚型研究表明，大部分乳腺癌 ER 细胞膜阳性表达，占 82%，ER 细胞核阳性表达占 48%，Her-2 表达占 38%，18 例 Luminal A 型占 25%，17 例 Luminal B 型占 23%，11 例 Her-2 过表达型占 15%，24 例基底样型（Cav1 阳性）占 33%，3 例正常亚型（Cav1 阴性）占 4%，基底样型是最常见的犬恶性乳腺肿瘤分子亚型。而另一项研究发现，Luminal A 型（21 例，44.8%）和基底样型（29.2%）显著高于 Luminal B 型（13.5%）、Her-2 过表达型（8.3%）和正常亚型（4.2%）。关于乳腺癌分子亚型的差异也可以归因于使用不同厂家的抗体和使用不同的评分系统，检测样本量不同，差异型不同，不同的基底细胞标记导致亚型分布的差值。通过对乳腺癌分子亚型进行研究，了解相应的分子亚型的生物学行为，为正确认知肿瘤的临床特点、风险因素并做出预后评估奠定基础。

四、小结

犬乳腺肿瘤多见于老年母犬，以杂种犬为主，随着年龄的增长，患病比例增加，且患恶性肿瘤的概率升高，多发于 10 岁左右的犬，肿瘤大小多为 $3 \leqslant T \leqslant 5cm$，大多未进行卵巢子宫摘除术。浸润性导管癌是常见的恶性肿瘤，纤维腺瘤和导管内乳头状瘤是常见的良性肿瘤。

52 例恶性肿瘤中浸润性导管癌占 76.92%，组织学 II 级（46.15%）的患病比例高于 I 级（30.77%）和 III 级（23.08%）；Luminal B 型（46.15%）的患病比例显著高于 Luminal A 型（26.92%）、Her-2 过表达型（15.38%）和基底样型（Basal-like, 11.54%）。

附录二　细胞因子在犬乳腺肿瘤中的表达及分析

恶性肿瘤的发生与机体免疫机能低下有关。细胞因子 IL-6、IL-8 和 IL-10 作为免疫抑制因子参与肿瘤细胞的免疫逃避，调控细胞增殖、分化、血管生成和转移等，在肿瘤发生中起重要作用，参与肿瘤的靶向药物治疗，被认为是肿瘤诊断和预后的有用指标。然而，关于细胞因子作为标记物在兽医临床诊断方面的应用研究还很少。本试验主要采用 ELISA 方法检测犬乳腺肿瘤血清中细胞因子 IL-6、IL-8 和 IL-10 的水平，并进一步通过免疫组化和 Western blotting 方法检测犬乳腺肿瘤组织中 IL-6、IL-8 和 IL-10 的蛋白表达，分析与临床病理因素的相关性，旨在评估细胞因子对于犬乳腺肿瘤的临床诊断价值，以及作为监视机体免疫状态和肿瘤进程标记物的可能性。

一、细胞因子在肿瘤中的研究进展

免疫系统识别和癌症控制的概念最初是在一个世纪以前提出的。在乳腺癌中，炎症常与侵袭性增强和预后差有关，在人和小鼠的研究发现细胞因子参与肿瘤的发生、发展和转移。细胞因子（cytokine）是由免疫细胞（如单核/巨噬细胞、T 细胞、B 细胞、NK 细胞）和某些非免疫细胞（如血管内皮细胞、表皮细胞、成纤维细胞）受到刺激而合成、分泌的一类生物活性物质。细胞因子是一种低分子量的糖蛋白，通过调节靶细胞的增殖和分化来调节免疫反应的强度和持续时间，在肿瘤发生中起重要作用，参与肿瘤增殖、转移、细胞凋亡、血管生成、细胞黏附，是可应用于肿瘤诊断和预后的有用指标。过去几十年的研究显示，细胞因子在乳腺癌中的作用已经取得了重要进展，细胞因子可以改变肿瘤生长行为、激活免疫活性细胞的功能、激活/调控特异或非特异性的抗肿瘤反应，更重要的是细胞因子可能参与了肿瘤细胞的免疫逃避。

　　细胞因子在肿瘤发生、发展过程中的作用是复杂的。细胞因子如 IL-6、IL-8 和IL-10，是由活化的免疫细胞（如巨噬细胞、单核细胞和淋巴细胞）以及许多类型的癌细胞产生和分泌的，这些细胞因子以自分泌或旁分泌的方式作用，促进癌细胞浸润、转移和许多癌症的急性期反应。除发挥免疫作用外，一些细胞因子（IL-1、IL-6、IL-11 和 TGF-β）还促进各种肿瘤细胞增殖与/或侵袭、耐药，一些细胞因子〔IL-12、IL-18 和干扰素（IFN）〕则起到抑制作用。一些高水平的细胞因子对患者似乎是有利的预后指标（可溶性 IL-2R），一些细胞因子（IL-1β、IL-6、CXCL-8、IL-10、IL-18 和 gp130）则是预后不良的指标。在原发性乳腺癌患者，高水平的细胞因子与预后不良相关。IL-6 是一种多功能的细胞因子，起初被发现是免疫和炎性反应的调控因子，低水平的 IL-6 有助于机体的免疫调节，而高水平的 IL-6 可导致免疫力低下。在多种上皮性来源的肿瘤内，IL-6 的表达明显升高。乳腺癌患者血清中 IL-6 水平的升高，可导致患者的免疫力低下，促进乳腺癌细胞侵袭和转移，与临床分期和组织学分级有关，预示着乳腺癌患者预后不良。血清中低水平的IL-6 可增强免疫应答，抑制肿瘤细胞生长。IL-8（CXC 亚家族趋化因子），又称 CXCL-8，是一种促炎、促血管生成的趋化因子，负责中性粒细胞趋化和脱颗粒作用，由癌细胞、间充质细胞和巨噬细胞分泌，并在肿瘤免疫学和细胞间隙连接通讯中发挥重要作用。然而，有研究发现在犬恶性乳腺肿瘤中 IL-8 mRNA 表达降低。IL-8 作为判定患者能否生存的独立预后指标。IL-10 具有双重作用，既发挥抗肿瘤活性，也可促进肿瘤的发展，是重要的免疫抗炎因子，主要由单核细胞产生，也可由淋巴细胞产生，在免疫调节和炎症反应中有多效性，能抑制和 Th-1 和 Th-2 细胞的增殖与分化，也能产生和分泌 IL-2 和 IFN-γ，通过抑制单核细胞和 NK 细胞活性来减弱抗肿瘤反应。最近的研究表明，IL-10 具有免疫刺激活性，可抑制血管生成、增强抗肿瘤免疫、影响卵巢癌生长和腹膜转移能力，进而延长生存期。在动物模型研究中，IL-10 的诱导表达减弱了乳腺癌细胞的生长。虽然 IL-10 通常发挥抗肿瘤活性，但也能促进肿瘤的发展，直接作用是刺激肿瘤细胞的生长，这些相反的效果可能依赖于肿瘤微环境中发现的其他细胞因子的相互作用。肿瘤细胞分泌的 IL-10 通过抑制单核细胞、Th 细胞、CTL 细胞、NK 细胞的活性及其细胞因子的分泌来抑制机体对肿瘤的免疫，使肿瘤发生免疫逃逸而得以发展，随着肿瘤的恶化，IL-10 的水平又会进一步升高，从而加重肿瘤的恶化，形成恶性循环，因此，有学者提出可以用 IL-10 作为判断肿瘤预后的一个指标。

二、材料与方法

　　1. 一般资料　试验选用东北农业大学动物医学院保存的 150 例雌性犬样本（犬乳腺肿瘤病例 112 例，健康对照 38 例）。记录犬的一般临床信息，如年龄、品种、是否绝育、病史、怀孕/分娩次数、肿瘤大小等。采集患犬外周血（5mL）作为试验组样本，另取 38 例健康母犬的血液作为对照，3 500r/min，离心 10min，取上清液分装成若干小份（避免反复冻存），-80℃保存。组织样本、病理学诊断及组织学分级等信息已在前面研究中描述，见附表 1-1。

2. 犬乳腺肿瘤样本的免疫组化染色检测　免疫组化染色，阴性对照以一抗稀释液（1×PBS）代替一抗。各抗体稀释倍数分别为：Anti-Rabbit IL-6（1∶200）、Anti-Rabbit IL-8（1∶200）、Anti-Rabbit IL-10（1∶150）。结果判定：组织切片由 2 位独立病理专家（对临床情况不知晓）分别进行阅片分析，核对阅片结果，获得共识。IL-6、IL-8 和 IL-10 判断标准：每个切片均被 2 位独立病理专家进行评估，在 10 个视野下（400×）评价阳性细胞的百分比。依据肿瘤细胞染色百分比和肿瘤细胞的染色强度，判定如下：阴性（<10%阳性细胞）、弱阳性（+10%～25%）、中度阳性（++25%～50%）、和强阳性（+++>50%）。

3. 犬血清中 IL-6、IL-8 和 IL-10 的含量检测　将采集的血液样本以 3 500r/min 离心 10min。吸取血清分成若干份，在-80℃下保存，以便进一步试验。血清 IL-6、IL-8、IL-10 含量采用犬用 ELISA 试剂盒，按照说明书进行检测。IL-6、IL-8 和 IL-10 的检出限分别为 2～600ng/L、5～1 500ng/L 和 5～1 500ng/L。

4. Western blotting 检测组织中 IL-6、IL-8、IL-10 蛋白　15 例正常犬乳腺组织和肿瘤组织标样用 RIPA 裂解缓冲液裂解，用 BCA 蛋白检测试剂盒测定蛋白浓度。配置 12%～15%SDS-PGFE 及浓缩胶，电泳分离。然后将分离的蛋白转移到 PVDF 膜上。用 5%脱脂牛奶在室温下封闭 1h，然后分别用山羊抗兔 IL-6、IL-8 和 IL-10 的一抗 4℃孵育过夜（稀释，1∶500）。随后，用辣根过氧化物酶（HRP）标记的兔抗山羊 IgG 二抗孵育 2h，TBST 洗涤缓冲液洗涤 3 次，每次 15min，之后，将化学发光液加到蛋白膜上。用 Chemidoc XRS 系统拍摄图像。以 β-肌动蛋白（稀释，1∶2 000）作为内参。使用 Image J1.48 软件定量分析相对蛋白水平。

5. 统计学分析　采用 SPSS 20.0 统计软件和 GraphPad prism 5.0 软件进行数据分析。结果以平均数±标准差（SD）表示。正态分布数据的差异采用 One way-ANOVA（单因素方差分析检验），随后采用 Tukey 的多重比较检验或非配对双尾 t 检验。非正态分布数据采用 Kruskal Wallis 检验（亦称 K-W 检验，是一种秩和检验）。$P<0.05$ 表示有统计学意义。采用 Chi-square（卡方检验）分析各组（两变量）免疫学指标之间的相关性。

三、试验结果

1. 乳腺肿瘤犬血清中 IL-6、IL-8 和 IL-10 水平与临床病理因素的关系

（1）乳腺肿瘤犬血清中 IL-6、IL-8 和 IL-10 的含量　通过 ELISA 方法检测犬乳腺肿瘤血清中 IL-6、IL-8 和 IL-10 的含量，试验结果表明：与正常对照组相比，犬恶性乳腺肿瘤组血清中 IL-6 和 IL-8 含量显著高于犬良性乳腺肿瘤组和对照组，犬良性乳腺肿瘤组血清中 IL-6 和 IL-8 含量高于健康对照组，差异显著（$P<0.05$，附图 2-1）。犬良性乳腺肿瘤组血清中 IL-10 含量与对照组相似，差异不显著（$P>0.05$，附图 2-1）。

（2）恶性乳腺肿瘤犬血清中 IL-6、IL-8 和 IL-10 表达与临床病理因素的关系　通过 ELISA 方法检测恶性乳腺肿瘤犬血清中 IL-6、IL-8 和 IL-10 的水平，并进一步分析 IL-6、IL-8 和 IL-10 的表达与犬乳腺肿瘤发生的关系，结果显示：血清中 IL-6、IL-8 和 IL-10 的水平与患犬的年龄及肿瘤大小无相关性（$P>0.05$，附表 2-1）。IL-6 的水平与转移相关，肿

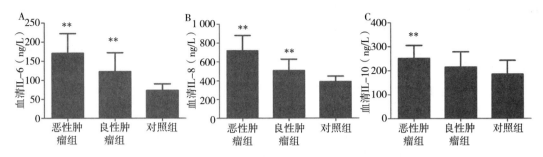

附图 2-1　乳腺肿瘤犬血清中 IL-6、IL-8 和 IL-10 的含量

瘤转移的患犬血清中的 IL-6 水平高于非转移的患犬（$P = 0.025\,1$）。血清中 IL-6 和 IL-8 的水平升高与组织学分级存在相关性，即组织学分级越高，IL-6 和 IL-8 的水平越高。此外，血清 IL-6 水平在基底样型（Basal-like）中明显升高，而 IL-8 水平在 Luminal B 型较高，IL-10 水平与分子亚型无关，提示血清中 IL-6 和 IL-8 水平与犬恶性乳腺肿瘤的分子亚型相关。

附表 2-1　恶性乳腺肿瘤犬血清中 IL-6、IL-8 和 IL-10 的水平与临床病理因素的关系

临床病理因素	数量	IL-6 (ng/L)	P 值	IL-8 (ng/L)	P 值	IL-10 (ng/L)	P 值
年龄（岁）							
≥8	18	159.5±46.14	0.419 5	727.1±161.7	0.591 9	255.2±49.69	0.399 8
<8	34	171.3±51.4		701.4±166.6		242.6±52.6	
肿瘤大小（cm）							
T_1 (<3)	8	141.1±34.82		685.2±148		240.6±39.46	
T_2 (3≤T≤5)	27	168.5±48.01	0.093 8	717.5±155.3	0.780 5	247.4±47.69	0.567 1
T_3 (>5)	17	188.4±58.42		735.0±185.1		261.2±59.87	
转移状态							
是	12	199.7±54.76	* 0.025 1	756.3±157.2	0.359 9	275.7±39.3	0.050 9
否	40	162.±47.9		706.8±163.9		243.4±51.57	
组织学分级							
Ⅰ	16	144±42.72		567.9±101.3		221±42.56	
Ⅱ	24	165.8±46.74	♯0.001 4	746.7±121.5	♯0.000 1	252.5±45.57	**0.001 5
Ⅲ	12	216.6±43.21		861.8±141.5		287.4±47.8	
分子亚型分类							
Luminal A 型	14	169.5±41.53		708.1±145.9		246.3±59.21	
Luminal B 型	24	165.7±53.8	**0.008	775.4±174.6	♯0.046 3	265.5±45.94	0.153 4
Her-2 过表达型	8	142.6±31.03		619.3±105.9		227.0±45.63	
基底样型（Basal-like）	6	231.8±45.7		645.2±137.9		234.7±45.04	

注：两组样本间 t 检验，* $P < 0.05$ 差异显著；方差分析检验，** $P < 0.01$ 差异极显著；秩和检验，♯ $P < 0.05$ 差异显著。

2. 犬乳腺肿瘤组织中 IL-6、IL-8 和 IL-10 的表达和临床病理因素的相关性

（1）IL-6、IL-8 和 IL-10 在犬乳腺肿瘤组织和正常乳腺组织中的表达　免疫组化方法

检查结果显示，IL-6、IL-8 和 IL-10 的阳性表达主要见于癌细胞的细胞膜或胞质，呈棕褐色或黄色着染（彩图 13）。在 52 例犬恶性乳腺肿瘤中，IL-6、IL-8 和 IL-10 的阳性表达率分别为 67.3%（35/52）、76.9%（40/52）和 42.3%（22/52），IL-6、IL-8 和 IL-10 在犬良性乳腺肿瘤的阳性表达率分别为 21.7%（13/60）、18.3%（11/60）和 16.67%（10/60）。IL-6 和 IL-8 在犬恶性乳腺肿瘤组织中的阳性表达明显高于对照组和良性乳腺肿瘤组织（$P=0.000$，见附表 2-2）。Western blotting 分析结果进一步证实，如附图 2-2，与正常乳腺组织组相比，犬恶性乳腺肿瘤组织中 IL-6 和 IL-8 的表达显著高于良性乳腺肿瘤组和正常对照组，差异显著（$P<0.01$），而犬恶性乳腺肿瘤组织中 IL-10 的水平与良性乳腺肿瘤组相比差异不显著（$P>0.05$）（附图 2-2）。

附表 2-2　IL-6、IL-8 和 IL-10 在犬乳腺肿瘤组织和健康犬正常乳腺组织中的表达情况

组别	数量	IL-6		IL-8		IL-10	
		−	+	−	+	−	+
恶性肿瘤组	52	17	35	12	40	30	22
良性肿瘤组	60	47	13	49	11	50	10
对照组	38	38	0	38	0	38	0
χ^2		50.622		68.832		24.715	
P 值		* 0.000		* 0.000		* 0.000	

注：与对照组相比，卡方检验，* $P<0.05$ 表示差异显著。

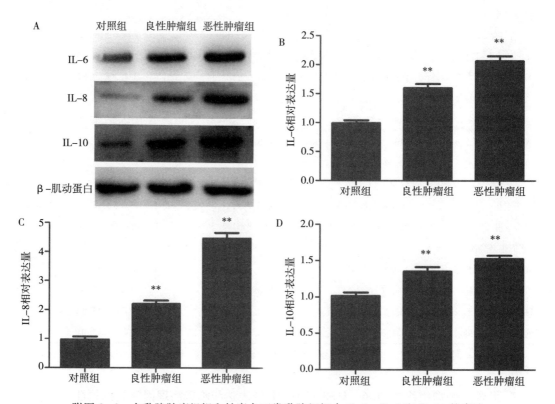

附图 2-2　犬乳腺肿瘤组织和健康犬正常乳腺组织中 IL-6、IL-8 和 IL-10 的表达

（2）犬恶性乳腺肿瘤组织中 IL-6、IL-8 和 IL-10 的表达与临床病理因素的相关性分析

基于免疫组化方法的检查结果，进一步分析细胞因子 IL-6、IL-8 和 IL-10 在犬恶性乳腺肿瘤组织的阳性表达与临床病理因素的关系，结果显示：犬恶性乳腺肿瘤组织中 IL-8、IL-10 的阳性表达与年龄、肿瘤大小和肿瘤转移不相关（$P>0.05$，附表 2 - 3）。IL-6 和 IL-8 的阳性表达与组织学分级呈正相关，IL-6 的表达还与肿瘤大小和肿瘤转移呈正相关（$P<0.05$，附表 2 - 3）。提示 IL-6 和 IL-8 的阳性表达与犬乳腺肿瘤的转移和恶性程度相关。此外，细胞因子的表达也与分子亚型相关，IL-6 在基底样型（Basal-like）（5/6，83.33%）中阳性表达水平高，在 Luminal B 型中 IL-8 阳性表达水平高。这些结果表明，IL-6 和 IL-8 的表达与犬乳腺肿瘤的发生相关，且其表达与分子亚型相关，可以用作犬乳腺肿瘤的临床诊断分子标志物。

附表 2 - 3　犬恶性乳腺肿瘤组织中 IL-6、IL-8 和 IL-10 的水平与临床病理特征的关系

特征	数量（N）	IL-6 数量 （N）（%）	IL-8 数量 （N）（%）	IL-10 数量 （N）（%）
年龄（岁）				
≤8	18	10（55.56%）	12（66.67%）	6（33.33%）
>8	34	25（73.53%）	28（82.35%）	18（52.94%）
χ^2		1.728	1.631	1.821
P 值		0.189	0.202	0.177
肿瘤大小（cm）				
<3	10	3（30%）	6（60%）	4（40%）
3≤T≤5	28	22（78.57%）	23（82.14%）	12（42.86%）
>5	14	10（71.43%）	11（78.57%）	6（42.86%）
χ^2		8.048	2.065	0.027
P 值		0.018	0.356	0.987
转移状态				
是	12	11（91.67%）	8（66.67%）	7（58.33%）
否	40	24（60%）	32（80%）	15（37.5%）
χ^2		4.207	0.924	1.641
P 值		0.04*	0.336	0.2
组织学分级				
Ⅰ	16	6（37.5%）	9（56.25%）	5（31.25%）
Ⅱ	24	19（79.17%）	22（91.67%）	10（41.67%）
Ⅲ	12	10（83.33%）	9（75%）	7（58.33%）
χ^2		6.888	6.816	2.068
P 值		0.032*	0.033*	0.356
分子亚型				
Luminal A 型	14	8（57.14%）	12（85.71%）	5（35.71%）
Luminal B 型	24	19（79.17%）	21（87.5%）	14（58.33%）

（续）

特征	数量（N）	IL-6 数量 (N)（%）	IL-8 数量 (N)（%）	IL-10 数量 (N)（%）
Her-2 过表达型	8	2 (25%)	3 (37.5%)	2 (25%)
基底样型（Basal-like）	6	5 (83.33%)	4 (66.67%)	2 (33.33%)
χ^2		9.053	10.31	3.57
P 值		0.029*	0.016*	0.312

注：与对照组相比，卡方检验，* $P < 0.05$ 表示差异显著。

四、分析与讨论

1. 细胞因子在犬乳腺肿瘤发生、发展中的作用　研究显示，细胞因子在肿瘤的发生和进展中发挥各种作用，与肿瘤生长、侵袭和转移相关。细胞因子是一种低分子量糖蛋白，通过调节其靶免疫细胞的增殖和分化来调节免疫反应的强度和持续时间。细胞因子如IL-6、IL-8 和 IL-10，是由巨噬细胞、单核细胞和淋巴细胞活化的免疫细胞产生和分泌的，许多类型的癌细胞也可以产生。这些细胞因子以自分泌或旁分泌方式在癌症病例体内发挥作用，可促进癌细胞浸润、转移和急性期反应。除发挥免疫作用外，IL-6、IL-8 和 IL-10有促进不同类型肿瘤生长、侵袭、转移和产生耐药性的作用。IL-6 被认为是将炎症和致癌联系起来的一种关键细胞因子，IL-6 在多种癌症类型中过表达，被认为是致癌的促炎性调节的多功能关键因子。正常的犬乳腺组织中 IL-6 阳性表达率仅为 0.15%，良性肿瘤组织中为 0.65%，恶性肿瘤组织和转移肿瘤组织中分别为 3.75% 和 3.72%，伴随着 IL-6的表达逐渐增多，犬乳腺肿瘤发生、发展，类似于 IL-6 在人类乳腺癌进展中的作用。IL-6 还充当免疫系统的调节剂，尤其是调控树突细胞（Dendritic cell，DC）和其他抗原呈递细胞（Antigen-presenting cell，APC）的成熟。IL-6 可通过激活 JAK1-STAT3、RAS-MAPK 和 PI3K-AKT 信号通路发挥抗炎或促炎作用。在转移性乳腺癌病例中，血清中IL-6 水平的升高与无病生存期（Disease free survival，DFS）和总生存期（Overall survival，OS）差相关，而且引起早期复发和骨转移的风险加大。IL-6 水平与乳腺癌的临床分期和组织学分级有关，IL-6 的高水平表达预示着乳腺癌患者预后不良。犬恶性乳腺肿瘤和转移性肿瘤组织中的 IL-6 水平比良性肿瘤中高 5～6 倍。恶性乳腺肿瘤患犬的血清中 IL-8 水平明显高于良性乳腺肿瘤患犬和健康对照组；血清中 IL-8 的高水平表达与肿瘤分级有关。在健康犬正常乳腺组织和良性乳腺肿瘤组织中，IL-8 的表达水平较低，而恶性乳腺肿瘤组织中 IL-8 的表达水平较高，与组织学类型（侵袭性和非侵袭性肿瘤）及淋巴结转移有关，但与犬的年龄、临床分期无关，从而可以根据 IL-8 表达水平鉴别乳腺良、恶性肿瘤。单纯腺瘤和混合肿瘤组织中 IL-10 的表达减少，导管内乳头状癌组织中 IL-10的表达增加。此外，良性混合癌无转移（MC-BMT）患犬的血清 IL-10 水平下降，良性肿瘤增生和导管内乳头状癌患犬的 IL-10 水平高于正常乳腺水平，浸润性导管癌患犬的血清IL-10 水平升高，但与肿瘤组织学分级无关。炎性恶性乳腺肿瘤患犬的（远端转移）血清中和组织中 IL-8 和 IL-10 的水平高于非炎性恶性乳腺肿瘤患犬。与以往的研究结果一致，本试验研究结果显示；IL-6 和 IL-8 在恶性乳腺肿瘤患犬的血清中和组织中的表达比良性乳腺肿瘤患犬的水平更高，血清中 IL-6 水平与组织学分级和转移有关；IL-10 在犬恶性乳腺肿瘤组织中的表达率为 42.3%（22/52），大部分呈弱阳性表达。此外，IL-6 和 IL-8 在恶性肿瘤细胞的细胞膜或细胞质中高表达。IL-6 和 IL-8 在犬乳腺肿瘤组织中的表达与其血清学水平几乎是一致的。IL-6 和 IL-8 的高表达水平与犬乳腺肿瘤肿瘤恶性程度及转移相关，可作为肿瘤诊断的候选生物标志物。

2. 细胞因子与犬乳腺肿瘤分子亚型的关系 乳腺肿瘤患犬血清中 IL-6 和 IL-8 的水平与 ER 和 Her-2 的表达有关，ER＋/Her-2 乳腺肿瘤患犬血清 IL-6 水平高于 ER－/Her-2＋乳腺肿瘤患犬。乳腺肿瘤患犬血清 IL-6、IL-8 水平与 ER 表达无相关性。然而，ER 状态与 IL-8 水平之间的关系仍存在争议。有研究报道，IL-8 的表达与 ER 状态呈负相关，与雌二醇呈正相关。此外，在乳腺肿瘤早期阶段，乳腺肿瘤患犬 IL-8 的高水平与较低的无复发生存率（RFS）有关，而 IL-8 低水平的患者与 ER－/PR－和 Her-2－/Her-2＋表型相关。IL-8 在雌激素受体 ER 的乳腺肿瘤细胞株中过度表达，而在 ER＋的乳腺肿瘤细胞株中则表达较低，这可能与组蛋白去乙酰基转移酶有关〔在细胞转染试验中证实可能与去乙酰基转移酶抑制核因子（NF-κB）有关〕。22 例 ER＋和 15 例 ER-浸润性导管癌病例中，IL-8 表达呈阳性。一项关于 105 例乳腺肿瘤病例血清中细胞因子水平的研究表明，高表达 IL-10 时具有较高的 ER 阴性率和 SBR 分级；血清中 IL-6 的高水平表达在三阴性型乳腺癌（TNBC）患犬中更为常见，可用于监测评估治疗反应。在本研究中，在犬基底样型乳腺癌（ER－/PR－/Her-2－，三阴性型乳腺癌）中观察到更高水平的 IL-6 表达，然而，IL-8 的高水平表达与 ER＋/Her-2 亚型（Luminal B 型）有关。研究表明，IL-6 和 IL-8 的表达与犬乳腺肿瘤的分子亚型有关，并可作为潜在的诊断分子标志物。

五、小结

恶性乳腺肿瘤患犬外周血血清中免疫细胞因子 IL-6、IL-8 和 IL-10 的水平均高于良性肿瘤组和正常对照组，但与患犬的年龄、肿瘤大小无相关性；IL-6 和 IL-8 水平与组织学分级相关，即组织学分级越高，血清中 IL-6 和 IL-8 的水平越高，肿瘤转移的患犬血清中的 IL-6 水平较高；血清 IL-6 水平在基底样型（Basal-like）中明显升高，而在 Luminal B 型中 IL-8 水平较高。此外，犬恶性乳腺肿瘤组织中 IL-6、IL-8 和 IL-10 的阳性表达率分别为 67.3%、76.9% 和 42.3%，犬良性乳腺肿瘤组织中的阳性表达率分别为 21.7%、18.3% 和 16.7%，组织中 IL-6 和 IL-8 的阳性表达与组织学分级呈正相关，IL-6 的表达还与肿瘤转移呈正相关。组织中 IL-6 的表达在基底样型中阳性表达水平高，IL-8 的阳性表达水平在 Luminal B 型中较高，组织和外周血血清的试验结果一致。表明 IL-6 和 IL-8 的阳性表达与犬乳腺肿瘤的转移、组织学分级及分子亚型相关，提示 IL-6 和 IL-8 可作为犬乳腺肿瘤的潜在诊断标志物。

附录三 CA15-3、CEA 和 SF 在犬乳腺肿瘤中的表达与分析

早期诊断是降低乳腺肿瘤患犬发病率和死亡率的关键。肿瘤标志物（Tumor marker，TM）存在于患者的血液、组织、体液和排泄物中，可用于检测肿瘤的存在和生长。因此，寻找犬乳腺肿瘤（CMGT）高敏感性和特异性的肿瘤标志物已成为一个迫切而棘手的临床问题。本试验旨在探讨标记物 CA15-3、CEA 和 SF 在乳腺肿瘤患犬外周血/组织中的表达情况，并进行联合检测，分析其与临床病理因素之间的关系，以筛选用于犬乳腺肿

瘤诊断的灵敏度、特异性和准确性均较高的肿瘤标记物。

糖链抗原15-3（CA15-3）属于乳腺相关抗原，是一种跨膜蛋白，具有经糖基化修饰的肽的可变串联重复序列。据报道，在人医方面，CA15-3是公认的诊断乳腺肿瘤特异性最好的肿瘤标志物，但单项检测CA15-3具有一定的局限性，且早期诊断的敏感性较低。同样，在兽医方面，也证明了可以通过检测CA15-3的水平来区分临床健康犬与乳腺肿瘤患犬。癌胚抗原（CEA）是一种由胃肠道黏膜正常细胞产生的糖蛋白，参与细胞间黏附。在兽医方面，与健康犬相比，乳腺肿瘤患犬的血清CEA水平更高。CEA作为一种非特异性肿瘤标志物，可用于结直肠癌、肺癌和胰腺癌的诊断和辅助诊断。由于CEA在乳腺癌等恶性肿瘤的早期诊断和其他应用中的敏感性和特异性较低，因此，常联合检测CEA与其他肿瘤标志物，进行辅助诊断和肿瘤的预后。血清铁蛋白（SF）是铁储存的主要指标，在各种肿瘤中过表达，也是肿瘤标志物之一。动物模型研究表明，皮下注射和过量摄食铁会增加乳腺癌发生的可能性，加速了乳腺肿瘤的进展。证明恶性肿瘤能合成并分泌SF，使SF的量增多。然而，这些用于检测乳腺肿瘤的肿瘤标志物显示出有限的诊断敏感性和特异性。检测多种特异性肿瘤标记物，以提高诊断犬恶性乳腺肿瘤的特异性、敏感性，对临床诊断具有重要意义。

一、材料与方法

1. 材料

（1）样本收集　本试验所用样本均来源于东北农业大学附属动物医院及郑州市部分动物医院提供的经病理学诊断的138例乳腺肿瘤患犬。其中，恶性肿瘤患犬56例，平均年龄（10.6±2.5）岁；良性肿瘤患犬82例，平均年龄（9.2±3.4）岁。另外，选取40例健康犬的血清样本作为对照组，这些犬的心脏、肝脏、肾脏等重要器官未出现过损伤。X线、B超、CT和MRI检查肿瘤的范围及是否发生转移。

（2）主要试剂及仪器　CA15-3、CEA和SF双抗体夹心ELISA试剂盒，Trizol试剂，反转录PCR试剂盒，HE染色液；实时荧光定量PCR仪，高速低温离心机，Epoch酶标仪。

2. 方法

（1）血清肿瘤生物标记物CA15-3、CEA和SF水平的测定　从临床确诊的肿瘤患犬和健康犬分别采集外周血样本（5mL），室温保存2h，3500r/min离心10min。将血清置于200μL PCR管中，并在−80℃储存。采用双抗体夹心ELISA法检测血清生物标志物CA15-3、CEA和SF，并与犬类抗体特异性结合。操作应按照试剂盒说明进行。结果用Epoch酶标仪测定。CA15-3、CEA和SF的检测范围分别为0.1～5U/mL、0.5～14ng/mL和10～320ng/mL。

（2）实时荧光定量PCR（RT-PCR）　根据Trizol方法提取犬乳腺肿瘤组织中的总RNA，用反转录PCR试剂盒对总RNA进行反转录。根据GenBank网站中公布的犬的 *GAPDH*、*MUC*-1、*CEACAM*-1、*FER* 基因序列，利用Primer Premier 5.0软件设计引物（附表3-1）。反应体系（20μL）：SYBR Premix Ex Taq Ⅱ 10μL，PCR Forward Primer 0.8μL，PCR Reverse Primer 0.8μL，DNA模板（<100ng）2μL，ddH$_2$O 6.4μL。实时荧光定量PCR的参数：①预变性：95℃ 30s，1个循环，95℃ 5s，1个循环；②PCR反应：58℃ 20s，72℃ 20s，95℃ 10s，45个循环；③熔解曲线分析：65℃ 60s，97℃ 1s，

1个循环；④冷却：37℃ 30s，1个循环。以 GAPDH 为内参，采用 $2^{-\triangle\triangle Ct}$ 法来计算：$\triangle\triangle Ct=$（$Ct_{试验组目的基因}-Ct_{试验组内参基因}$）－（$Ct_{对照组目的基因}-Ct_{对照组内参基因}$）。

附表 3-1　PCR 引物序列

基因名称	上游引物（5'-3'）	下游引物（3'-5'）
GAPDH	GCTGCCAAATATGACGACATCA	GTAGCCCAGGATGCCTTTGAG
MUC-1（CA15-3）	CTGCTGGTGCTGGTCTGTGTTCTG	GGCTGCTGGGTTCGGGTTCAT
CEACAM-1（CEA）	GCCAGATTCTAACGCTCACGGATAG	AATCATCTTCCACATCCAGCCTTACAG
FER（SF）	GATGCTGCTTCTGGTATGTCCTATCTC	GAATACACTCCACCATCCTCTTGACG

3. 统计分析　使用 SPSS 22.0 和 GraphPad prism 5.0 软件对数据进行处理。采用 t 检验和 χ^2 检验，数据表示为平均数±标准差。统计差异采用单向方差分析。$P<0.05$ 表示差异有统计学意义，$P<0.01$ 表示有极显著差异。犬乳腺肿瘤诊断的敏感性、特异性、准确性和肿瘤标记物的约登指标如下：

敏感性＝（真阳性/被诊断为恶性肿瘤的犬数）×100%

特异性＝（真阳性/被诊断为非恶性肿瘤的犬数）×100%

准确性＝（真阳性＋真阴性）/（诊断为恶性肿瘤的犬数＋诊断为非恶性肿瘤的犬数）×100%

约登指数＝（敏感性＋特异性）－1

肿瘤标记物临界值的界定采用受试者工作特征曲线的方式，简称 ROC 曲线。曲线下面积（AUC）越大，诊断价值越高，AUC>0.9 时准确性达到最高。通过 ROC 曲线来评价肿瘤标记物检测犬乳腺肿瘤的特异度和敏感度等应用价值。以 AUC1.0 为最理想检测指标，若 AUC<0.5，则无诊断价值。

二、试验结果

1. 犬血清中 CA15-3、CEA、SF 的表达与乳腺肿瘤临床病理因素的相关性　结果见附图 3-1 和附表 3-2 所示，恶性肿瘤组血清 CA15-3、CEA 和 SF 水平明显高于健康对照组（$P<0.05$）。良性肿瘤组与健康对照组血清 CA15-3 和 CEA 水平无统计学意义（$P>0.05$）。恶性乳腺肿瘤组 SF 明显高于良性乳腺肿瘤组和健康对照组（$P<0.01$）。良性肿瘤组 SF 表达明显高于健康对照组（$P<0.05$）。血清中 CA15-3、CEA 和 SF 水平与淋巴结转移、组织学分级相关，差异极显著（$P<0.001$）。

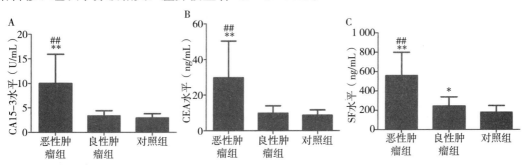

附图 3-1　犬乳腺肿瘤血清 CA15-3、CEA 和 SF 的表达水平

附表 3 - 2　恶性乳腺肿瘤患犬血清中 CA15-3、CEA、SF 的水平与临床病理因素的相关性分析

临床病理因素	数量（%）	CA15-3（U/mL）	CEA（ng/mL）	SF（ng/mL）
年龄（岁）				
≤10	33（58.9%）	9.757±5.832	28.52±19.07	609.9±236.5
>10	23（41.1%）	10.06±5.850	26.20±18.51	497.4±217.3
P 值		0.335	0.203	0.863
肿瘤的位置				
多发	24（42.9%）	10.11±6.079	25.67±18.08	549.5±247.8
单发	32（57.1%）	8.711±4.651	28.99±19.33	574.3±224.9
P 值		0.067	0.445	0.201
肿瘤大小				
T_1（<3cm）	12（21.4%）	11.23±6.506	28.29±18.53	611.2±224.8
T_2（3~5cm）	28（50.0%）	10.18±5.779	26.21±17.82	580.5±244.8
T_3（>5cm）	16（28.6%）	8.359±5.044	29.39±20.66	498.7±211.4
P 值		>0.05	>0.05	>0.05
淋巴结状况				
N0	41（73.2%）	8.235±5.364	21.88±16.41	498.7±227.3
N1	15（26.8%）	14.39±4.588	43.09±16.27	738.8±159.8
P 值		<0.01	<0.01	<0.01
远端转移				
M0	44（78.6%）	8.312±4.747	22.83±17.64	508.8±222.8
M1	12（21.4%）	15.64±4.902	44.94±11.76	765.1±157.7
P 值		<0.01	<0.01	<0.01
组织学分级				
Ⅰ	21（37.5%）	7.659±4.705	20.72±15.21	497.3±199.9
Ⅱ	25（44.6%）	9.173±5.114	27.09±20.26	535.4±238.3
Ⅲ	10（17.9%）	16.33±5.103	43.14±11.94	773.9±169.9
P 值		<0.05	<0.05	<0.05

2. 血清肿瘤标记物 CA15-3、CEA、和 SF 的阳性表达率　血清肿瘤标志物 CA15-3、CEA 和 SF 的阳性表达率分别为 51.8%、44.6% 和 62.5%。结果表明，三组犬血清 CA15-3、CEA 和 SF 阳性率差异显著（$P<0.05$）。恶性肿瘤组血清 CA15-3、CEA 和 SF 阳性表达率与良性肿瘤组和健康组有显著性差异（$P<0.05$）。然而，良性肿瘤组与健康对照组的阳性表达率无显著性差异（$P>0.05$，附表 3 - 3）。

附表 3-3　血清 CA15-3、CEA 和 SF 的阳性表达率

组别	数量	CA15-3 (U/mL)	CEA (ng/mL)	SF (ng/mL)
恶性肿瘤组	56	29 (51.8%)	25 (44.6%)	35 (62.5%)
良性肿瘤组	82	5 (6.1%)	13 (15.9%)	12 (14.6%)
健康组	40	1 (2.5%)	1 (2.5%)	2 (5%)
χ^2 值		53.59	27.48	51.34
P 值		<0.01	<0.01	<0.01

3. 血清 CA15-3、CEA 和 SF 单一、联合检测的敏感性、特异性、准确性和约登指数

肿瘤标记物 CA15-3、CEA 和 SF 的单次检测中，CA15-3 的特异性最高，为 93.9%，其次是 SF 和 CEA，分别为 85.1% 和 84.1%。SF 的敏感性最高，为 62.5%，CA15-3 和 CEA 的敏感性分别为 51.8% 和 44.6%。约登指数是评价筛查试验真实患者和非患者的全部能力。指数越大，筛选试验的效果越好，真实性就越大。SF 和 CA15-3 的约登指数较高，分别为 0.479% 和 0.457%，而 CEA 指数较低，为 0.287%。CA15-3、CEA 和 SF 联合检测的敏感性、准确性和约登指数分别为 80.4%、79.0% 和 0.584%，这些均高于任何单一检测，见附表 3-4。然而，联合检测的特异性（78.0%）低于任何单一检测。这些结果表明，联合检测的诊断率高于单一检测，对这 3 种生物标记物的联合检测可能更有利于犬乳腺肿瘤的诊断。

附表 3-4　CA15-3、CEA 和 SF 单一、联合检测的敏感性、特异性、准确性和约登指数

标志物	敏感性（%）	特异性（%）	准确性（%）	约登指数（%）
CA15-3	51.8 (29/56)	93.9 (77/82)	76.8 (106/138)	0.457
CEA	44.6 (25/56)	84.1 (69/82)	68.1 (94/138)	0.287
SF	62.5 (35/56)	85.4 (70/82)	76.1 (105/138)	0.479
CA15-3+CEA	64.3 (36/56)	81.7 (67/82)	74.6 (103/138)	0.459
CA15-3+SF	71.4 (40/56)	84.1 (69/82)	79.0 (109/138)	0.555
CEA+SF	66.1 (37/56)	79.3 (65/82)	73.9 (102/138)	0.453
CA15-3+CEA+SF	80.4 (45/56)	78.0 (64/82)	79.0 (109/138)	0.584

4. 单一、联合检测后 CA15-3、CEA、SF ROC 测定　使用 ROC 曲线和曲线下面积（AUC）评估肿瘤标志物在犬乳腺肿瘤诊断中的价值（附表 3-5 和附图 3-2），每个肿瘤标志物对犬恶性乳腺肿瘤的诊断均有显著价值（AUC>0.5）。单一检测中 SF AUC（AUC=0.810）最高，其次为 CA15-3（AUC=0.751），最低为 CEA（AUC=0.680），见附图 3-2A。在两种肿瘤标志物的联合检测中，CA15-3+SF 组 AUC 最高（AUC=0.834），其次是 CEA+SF 组（AUC=0.814），最低的是 CA15-3+CEA 组（AUC=0.756），见附图 3-2B。三种肿瘤标志物联合检测的 AUC 比任何两种肿瘤标志物联合检测的 AUC 高，为 0.838。生物标志物的联合检测显示出比单一检测更高的诊断率。

附表 3 - 5　犬乳腺肿瘤中 CEA、CA15-3、SF 单一、联合检测的 ROC

标志物	AUC	P	95％CI
CA15-3	0.751	P<0.001	0.679～0.823
CEA	0.680	P<0.001	0.602～0.758
SF	0.810	P<0.001	0.735～0.884
CA15-3＋CEA	0.756	P<0.001	0.685～0.826
CA15-3＋SF	0.834	P<0.001	0.774～0.898
CEA＋SF	0.814	P<0.001	0.742～0.886
CA15-3＋CEA＋SF	0.838	P<0.001	0.776～0.900

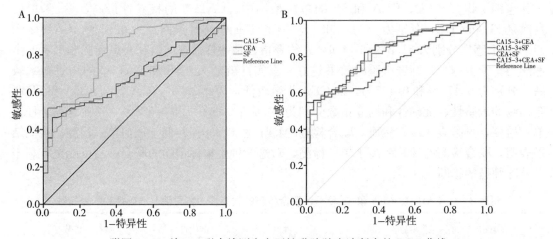

附图 3 - 2　单一、联合检测在犬恶性乳腺肿瘤诊断中的 ROC 曲线

5. 犬乳腺肿瘤组织中 CA15-3、CEA 和 SF mRNA 的表达水平　恶性肿瘤组 CA15-3、CEA 和 SF mRNA 的表达水平高于良性肿瘤组和健康对照组，均有显著差异（$P<0.01$）。良性肿瘤组和健康对照组之间 CA15-3 和 CEA mRNA 的表达水平无显著差异（$P>0.05$）。良性肿瘤组和健康对照组之间 SF mRNA 的表达水平有显著差异（$P<0.05$）。见附图 3 - 3 所示。

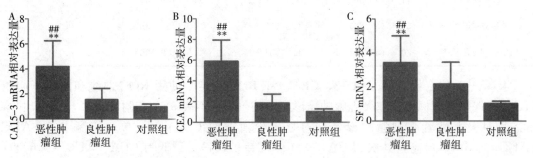

附图 3 - 3　犬乳腺肿瘤组织中 CA15-3、CEA 和 SF mRNA 的表达水平

三、分析与讨论

早期干预和诊断有助于降低犬乳腺肿瘤的病死率。肿瘤生物标识物被广泛应用于人类

医学中乳腺癌的早期诊断，可提高肿瘤和转移的检出率，但关于兽医学中肿瘤生物标记物研究的报道仍然很少。CA15-3 被认为是乳腺癌诊断的最佳肿瘤标记物，在肿瘤诊断中价值很高，与临床阶段呈正相关。在本研究中，恶性乳腺肿瘤组 CA15-3 的表达明显高于良性肿瘤组和健康对照组（$P<0.01$）。CA15-3 的敏感性为 51.8%，特异性为 93.9%。先前的研究发现，CA15-3 对乳腺癌的敏感性和特异性分别为 44.5% 和 84.5%，而血清 CA15-3 水平与肿瘤发生和转移呈正相关。CEA 是一种广谱肿瘤标记物，主要用于一般诊断乳腺癌。在本研究中，恶性肿瘤组血清 CEA 的表达明显高于良性肿瘤组和健康对照组（$P<0.01$）。然而，良性肿瘤组与健康对照组无显著差异（$P>0.05$）。在人类乳腺癌的研究中也发现了类似的结果，其中乳腺癌的 CEA 水平高于健康水平。CEA 的敏感性和特异性分别为 44.6% 和 84.1%，低于人类研究结果，（人类乳腺癌 CEA 的敏感性和特异性分别为 62.5% 和 88.4%）。由于 CEA 的敏感性和特异性低，通常需要与其他肿瘤标记物进行联合检测。临床研究表明，SF 与肿瘤的发生和发展有关。肿瘤发生过程中的铁利用率降低，这导致肿瘤患者的 SF 水平升高。在本研究中，恶性肿瘤组的 SF 水平明显高于良性肿瘤组和健康对照组（$P<0.01$），SF 的敏感性和特异性分别为 62.5% 和 85.4%。此外，在犬组织细胞肉瘤中检测到高铁素血症，因此铁蛋白对犬而言可能是有价值的血清肿瘤标记物。有报道，铁蛋白在良性肿瘤中表现出积累，而在恶性乳腺肿瘤中没有；同时，也有证据表明，与原位癌相比，铁蛋白在转移性犬乳腺肿瘤中上调。这可能是因为不同类型的癌细胞具有不同的产生铁蛋白的能力，因此，应进一步研究铁蛋白在癌细胞中的表达机制。犬恶性乳腺肿瘤组织中 CA15-3、CEA 和 SF mRNA 的表达明显高于良性乳腺肿瘤组织和正常乳腺组织（$P<0.001$）。这些结果与从血清中得到的结果相似。然而，CA15-3、CEA 和 SF 的单一检测敏感性较低，不能满足临床诊断的需要。

本研究还表明，CA15-3、CEA 和 SF 三者联合检测比两两联合检测、单一检测具有更高的敏感性和准确性。在 ROC 曲线分析中，SF 单一检测 ROC 曲线下面积大于 CA15-3 和 CEA，说明 SF 在犬乳腺肿瘤临床诊断中比 CA15-3 和 CEA 更有效。三种肿瘤标志物联合检测的 ROC 曲线下面积超过任何一种单一检测，表明联合检测的诊断性能优于单一检测。然而，值得注意的是，虽然联合检测提高了敏感性，但特异性略有降低。因此，在应用 CA15-3、CEA 和 SF 联合检测时，必须注意假阳性问题。

四、小结

血清肿瘤标志物 CA15-3、CEA 和 SF 可作为犬乳腺肿瘤筛查的诊断指标。三种肿瘤标志物联合检测的敏感性和准确性明显高于单一检测。这是首次将 CA15-3、CEA 和 SF 联合检测应用于犬乳腺肿瘤的诊断。结果表明，联合检测肿瘤生物标志物 CA15-3、CEA 和 SF 可作为犬乳腺肿瘤的诊断方法，并可提高诊断率。

附录四　EMT（上皮间质转化）标记物
在犬乳腺肿瘤中的表达及分析

EMT 在乳腺肿瘤发生、进展、侵袭和转移中起着至关重要的作用，EMT 变化过程主要是由钙黏蛋白家族参与调节钙介导的细胞黏附、细胞增殖、侵袭和信号转导等生物学过程，如上皮标记物 E-钙黏蛋白表型缺失、细胞角蛋白和 ZO-1（紧密连接蛋白-1）表达减少，间质细胞的分子标志物如 N-cadherin、Vimentin、fibronectin 等表达增加，引起上皮细胞间的黏附能力降低或丧失、细胞极性丧失而获得间质细胞特性，细胞运动力、迁移能力增强，有助于肿瘤血管形成，增强肿瘤细胞侵袭能力。本研究通过 qRT-PCR 方法和 Western blotting 方法检测犬乳腺浸润性导管癌中上皮标记物（E-cadherin）和间质标记物（N-cadherin、Vimentin、Twist1、ZEB1 和 EZH2）的表达变化，探讨 EMT 标记物与犬乳腺肿瘤临床特征的相关性，筛选出可能用于犬乳腺肿瘤早期诊断的潜在分子标志物和治疗靶标。

一、EMT 在乳腺肿瘤中研究进展

EMT 是肿瘤细胞转移的关键步骤，在 EMT 发生过程中，细胞间黏附能力降低，其转移能力增强，上皮细胞转变为间质细胞，使肿瘤细胞获得增殖、侵袭、侵袭及抗凋亡的能力。N-cadherin 作为 EMT 的标记物，又称"钙黏蛋白开关"，其特征为：N-cadherin（间质）上调与 E-cadherin（上皮）下调关系相反。研究发现犬恶性乳腺肿瘤中 E-cadherin 表达缺失、N-cadherin 和 Vimentin 阳性表达增多，显著高于良性肿瘤，但这些分子之间并没有相关性，E-cadherin 表达缺失预示着低生存期。浸润性乳腺癌中 N-cadherin 和 Vimentin 等的表达显著高于导管原位癌，而 E-cadherin 等表达下调。基质金属蛋白酶（MMP）和 γ-分泌酶可以裂解细胞外结构域或 N-cadherin 蛋白羧基端片段分别触发信号，N-cadherin 的表达与肿瘤进度相关，可作为间充质干细胞的标记物及乳腺癌诊断和预后的分子标志物。研究显示，与导管增生和导管内癌（导管原位癌）相比，N-cadherin 在浸润性导管癌中的表达显著增多，与淋巴结转移和 TNM 分期相关，提示 N-cadherin 在浸润性导管癌中的过表达与乳腺癌的发生和浸润转移相关。细胞质中 N-cadherin 的高表达介导 EGFR-Her-2 信号转导，引起癌基因 Her-2 的表达产物 EGFR 作用增强。N-cadherin 在乳腺癌中的阳性表达率随着肿瘤体积增大、组织学级别升高、TNM 分期升高、雌激素和孕激素受体表达阴性而升高；在 Luminal A 型、Luminal B 型（Her-2-）、Luminal B 型（Her-2+）、Her-2 过表达型和三阴性型乳腺癌中，N-cadherin 的阳性表达率分别为 7.0%、5.7%、12% 和 17.4%。与浸润性导管癌相比，N-cadherin 在浸润性微乳头状癌中的表达显著增加，与淋巴结转移和肿瘤分化程度呈正相关。N-cadherin 与其他生长因子受体共表达，但这些受体的存在与否不影响其表达。在乳腺癌中 N-cadherin 和 Her-2 的共表达和定位表明其增强肿瘤的侵袭能力。然而，N-cadherin 和 Her-2 之间并没有关联。在上皮间质转化时，N-cadherin 的转录因子能被激活，但不限于 Snail、Slug、Twist、ZEB、KLF4 和 TBX2，涉及 E-cadherin 的下调，同时引起 N-cadherin 上调。肿瘤细胞侵袭和转移时，通过 N-cadherin 等信号通路活化 ERK 和基质金属蛋白酶（MMP-9）的表达。N-cadherin 研究显示成纤维细胞生长因子受体（FGFR）及其下游的信号转导与血小板衍生的生长因子受体（PDGFR），以及 RhoGTPases 之间有一定的相互作用。在 FGFR1 参与下，N-cadherin 阻止成纤维细胞的吞噬作用和刺激 FGF2 的作用，引起下游信号通路的激活〔即磷脂酶 C（PLC）和磷脂酰肌醇激酶（PI3K）的激活〕，从而提高肿瘤细胞的迁移能力和 MAPK 通路中 MMP-9 表达上调和 ERK1/2 的激活，这反过来又有助于基质和相邻的浸润性肿瘤细胞脱落。此外，基于 FGFR 方式，N-cadherin 导致 Snail 和 Slug 的上调，但 Twist1、ZEB1 和 ZEB2 没有上调。miR-15a 和 miR-116 发挥调节肿瘤细胞增殖的作用，已发现调节 Akt 的表达亚型。Akt3 蛋白的大量减少可能是由于

N-cadherin对某些特定的miRNA的调节。然而，为了验证这一推测，需要进行进一步的试验。

　　组蛋白-赖氨酸N-甲基转移酶（Enhancer of zeste homolog 2，EZH2）是果蝇 *zeste* 基因增强子的人类同源基因2，位于染色体7q35上，属于 *PcG* 基因家族，参与肿瘤细胞的增殖、侵袭和转移等。研究发现，EZH2在多种肿瘤组织中高表达，而在正常组织中则不表达或少量表达，并与肿瘤大小、浸润程度、肿瘤分期、淋巴结转移、侵袭和耐药等密切相关，在前列腺癌、乳腺癌、膀胱癌、肝癌中等都发现。Vimentin是细胞间质的特征性成分，参与构成细胞骨架，具有调控细胞生长、分裂的作用。在多种恶性肿瘤上皮细胞中表达，如乳腺上皮、甲状腺滤泡上皮、肾远曲小管上皮和肾上腺皮质细胞等，极少在良性肿瘤中表达，但其在上皮细胞癌中表达较多的机制尚不清楚。E-cadherin属于钙黏蛋白家族，分布于所有上皮组织中，在建立与保持上皮细胞极性和细胞间紧密连接的过程中起到关键作用。E-cadherin是跨膜糖蛋白，前体的分子质量为135ku，之后经过剪切形成成熟体，分子质量为120ku，镶嵌于三个区域，即细胞质区、跨膜区及细胞外区。编码E-cadherin的基因 *CDH1* 由16个外显子与15个内含子组成，表达产物含884个氨基酸。E-cadherin信号肽结构集中在细胞外区，是钙离子的结合标靶，可以特异性结合细胞外游离的钙离子。E-cadherin/Catenin络合物与多种细胞生理活动相关，如生长、分化、修复、迁移、信息传递等，同时可使E-cadherin集中于细胞之间的接触部位，从而发挥介导同种细胞的连接和细胞极性的维持的作用。E-cadherin与乳腺癌发生密切相关。编码E-cadherin的基因 *CDH1* 染色体区经常发生杂合子丢失，从而使 *CDH1* 失去作用并导致癌细胞转移、无瘤生存率降低及预后不良。浸润性小叶癌中，15%的病例同时表达E-cadherin和链蛋白，但E-cadherin在这些病例中的表达是非典型、非极化的，说明正常细胞间的黏附机能异常。在某些乳腺导管癌、小叶癌病例中，虽然E-cadherin在原发病灶中表达下调或完全不表达，但E-cadherin在转移灶中却有相对较高的表达。这一现象的出现可能是由于暂时的E-cadherin表达下调及恶性肿瘤细胞中的基因突变在某种机制的调控下发生逆转。因此，应深入研究细胞黏附分子在肿瘤侵袭、转移过程中发挥作用的分子机制。

二、材料和方法

　　1. 一般资料　东北农业大学附属动物医院保存的53例患肿瘤的犬的手术后组织蜡块样本及液氮冻存组织。在53例肿瘤犬中，浸润性导管癌41例，导管内乳头状癌6例，浸润性微乳头状癌3例，导管原位癌3例，术前没有接受化疗和放射治疗。

　　2. 主要试剂　山羊抗兔EZH2、N-cadherin、E-cadherin、Vimentin多克隆抗体，二步法试剂盒PV-6001，PBS磷酸盐缓冲液，甲基联苯胺（DAB）显色液。

　　3. 方法

　　（1）实时荧光定量PCR（qRT-pPCR）　应用PCR仪进行qRT-PCR分析。用Trizol试剂提取犬乳腺肿瘤组织及正常乳腺组织中的总RNA，用Prime Script™ RT reagent Kit with gDNA Eraser逆转录试剂盒反转录为cDNA，根据SYBR Prime Script RT-PCR Kit说明书进行扩增，主要扩增条件：95℃ 5s，60℃ 20s，65℃ 15s，PCR反应共40个循环。以GAPDH作为内参，采用 $2^{-\Delta\Delta CT}$ 法计算目的基因的相对表达量，如附表4-1所示。

附表 4-1　qRT-PCR 所用的引物

名称	上游引物（5'-3'）	下游引物（5'-3'）
CDH1	TCAAGCGGCCTCTACAACTT	TGCCTTCAGCCTAACTCTGG
CDH2	TGATCCCAAGACAGGTGTGA	TCCGGCTAACCCTCCTAGTT
Twist1	CAAGCTCAGCAAGATCCAGA	ATTGTCCATCTCGTCGCTCT
ZEB1	CACATGCGGTTACATTCTGG	CCGCTTGCAATAGGAGTAGC
EZH2	CGGCACACTGCAGAAAGATA	CTATCACACAAGGGCACGAA
Vimentin	CGGGAGAAGTTGCAAGAGGA	TCCACTTTCCGCTCAAGGTC
GAPDH	GCTGCCAAATATGACGACATCA	GTAGCCCAGGATGCCTTTGAG

（2）免疫组化方法　一抗稀释倍数 EZH2 1∶100、N-cadherin 1∶100、E-cadherin 1∶100、Vimentin 1∶50，二抗为酶标山羊抗兔 IgG 聚合物，并用 PBS 磷酸盐缓冲液代替一抗作为阴性对照。EZH2 蛋白阳性的判定依据：镜下高倍视野内细胞核出现黄色或棕黄色颗粒。E-cadherin 的阳性表达以细胞质内或/和细胞膜出现淡黄色至棕褐色颗粒作为判断标准。N-cadherin 的表达以细胞膜或/和细胞质内出现棕黄色颗粒作为判断依据，≥5％为阳性表达，＜5％为阴性表达。Vimentin 表达判定：细胞质内出现淡黄色至棕褐色颗粒的肿瘤细胞数≥10％，判为阳性表达。对于免疫组化方法的检测结果，采用半定量双盲法进行评估，每张切片观察 10 个视野，查看细胞染色的强度与阳性细胞的比例。按染色强度计分：0 分为（－）、1 分为（＋）、2 分为（＋＋）、3 分为（＋＋＋）。

4. 统计学分析　采用 SPSS 22.0 软件进行统计学分析。各组间的比较采用 χ^2 检验，相关性采用 Pearson 相关性分析。$P<0.05$ 为差异显著，$P<0.01$ 为差异极显著。

三、试验结果

1. EMT 相关基因在犬乳腺肿瘤组织中的表达情况　本试验采用 qRT-PCR 方法检测 20 例犬乳腺浸润性导管癌 EMT 相关标志物的表达情况，结果如附图 4-1 所示：与正常的乳腺组织相比，犬乳腺浸润性导管癌组织中（A）CDH2、（B）Vimentin 和（C）Twist1

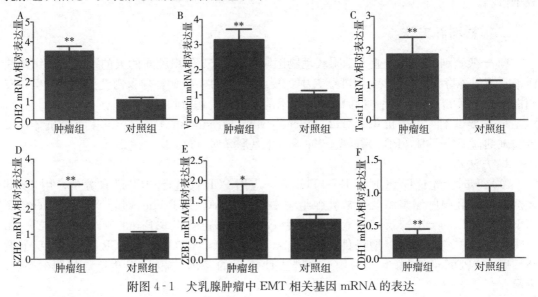

附图 4-1　犬乳腺肿瘤中 EMT 相关基因 mRNA 的表达

mRNA 表达明显升高，差异显著（$P<0.01$），（D）EZHZ 表达升高，差异显著（$P<0.05$），（E）ZEB1 mRNA 表达轻微升高，（F）CDH1 mRNA 在犬乳腺浸润性导管癌组织中的表达降低，提示犬乳腺肿瘤的发生与上皮间质转化（EMT）相关。

2. 免疫组化检测 EMT 相关蛋白在犬乳腺肿瘤组织中的表达

（1）E-cadherin 在犬乳腺肿瘤组织中的表达情况　通过免疫组化方法检测 E-cadherin 在犬乳腺肿瘤组织及正常乳腺组织中的表达，结果显示：E-cadherin 在正常犬乳腺组织中主要定位于细胞膜，呈淡黄色或棕褐色，少量表达于细胞质，E-cadherin 蛋白在正常乳腺组织中的阳性表达率为 100%，而在不同类型的犬恶性乳腺肿瘤组织中表达减少，且主要表达于细胞质；与犬正常乳腺组织相比，犬恶性乳腺肿瘤组织中 E-cadherin 蛋白表达阳性率显著降低，如彩图 14 所示。

（2）N-cadherin 在犬乳腺肿瘤组织中的表达情况　N-cadherin 主要定位于细胞膜和细胞质，以细胞质为主，试验结果显示：N-cadherin 在犬正常乳腺组织中不表达，阳性表达率为 0，在犬恶性乳腺肿瘤组织中主要定位于细胞质，少量表达于细胞膜，呈淡黄色或棕褐色，少量表达于细胞质，但在不同类型的犬恶性乳腺肿瘤组织中表达不同，导管原位癌和导管内乳头状癌组织中表达相对较少，浸润性导管癌组织中强阳性表达；与犬正常乳腺组织相比，犬恶性乳腺肿瘤中 N-cadherin 蛋白表达阳性率显著升高，如彩图 15 所示。

（3）EZH2 在犬乳腺肿瘤组织中的表达情况　免疫组化结果显示：EZH2 的表达主要在恶性肿瘤细胞的细胞核中，在癌巢中呈弥漫均一的分布，在浸润性导管癌和导管原位癌组织中 EZH2 呈强阳性表达，导管内乳头状癌和浸润性微乳头状癌中表达相对较少；EZH2 在犬正常乳腺组织中表达率很低，几乎不表达。EZH2 在犬恶性乳腺肿瘤组织中的表达显著高于正常乳腺组织，如彩图 16 所示。

（4）Vimentin（VIM）在犬乳腺肿瘤组织中的表达情况　免疫组化方法检测 Vimentin 在 5 种不同类型的犬乳腺组织中的表达，结果如彩图 17 所示。Vimentin 的表达主要定位于恶性肿瘤细胞的细胞质中，呈淡黄色或棕褐色，在浸润性导管癌和导管原位癌组织中强阳性表达，在导管内乳头状癌和浸润性微乳头状癌中表达相对较少；Vimentin 在犬正常乳腺组织中阳性表达率很低，几乎不表达。Vimentin 在犬恶性乳腺肿瘤组织中的表达显著高于正常乳腺组织。

3. EMT 相关蛋白的表达与临床病理因素的相关性

（1）E-cadherin 的表达与临床病理因素的相关性　采用 χ^2 检验，分析了 53 例犬恶性乳腺肿瘤组织样本中 E-cadherin 与临床病理因素的关系，结果显示（附表 4 - 2）：E-cadherin 的表达与犬乳腺肿瘤的转移及组织学分级密切相关（$P<0.05$），在组织学分级高、临床分期高的恶性乳腺肿瘤组织中，E-cadherin 表达显著降低；与患犬的年龄、肿瘤大小无关（$P>0.05$）。

附表 4 - 2　犬恶性乳腺肿瘤组织中 E-cadherin 的表达与临床病理因素的相关性

临床病理特征	患犬病例数（例）	E-cadherin 的表达（例）		P 值
		−	+	
年龄（岁）				0.365
<10	18	14	4	
$\geqslant10$	35	23	12	

（续）

临床病理特征	患犬病例数（例）	E-cadherin 的表达（例）		P 值
		−	+	
肿瘤大小（cm）				0.701
<3	16	10	6	
3~5cm	28	20	8	
≥5	9	7	2	
组织学分级				
Ⅰ级	16	7	9	0.021
Ⅱ级	30	25	5	
Ⅲ级	7	5	2	
转移				0.016
有	12	5	7	
无	41	32	9	
病理学类型				0.298
浸润性导管癌	41	31	10	
导管内乳头状癌	6	3	3	
浸润性微乳头状癌	3	2	1	
导管原位癌	3	1	2	

（2）N-cadherin 的表达与临床病理因素的相关性　通过 χ^2 检验分析了犬恶性乳腺肿瘤组织中 N-cadherin 的表达与临床病理因素的关系（附表 4-3），结果显示：犬恶性乳腺肿瘤组织中 N-cadherin 的表达与组织学分级密切相关（$P<0.05$），在组织学分级高的犬恶性乳腺肿瘤组织中，N-cadherin 表达增多（$P<0.05$）；与患犬的年龄、肿瘤大小和肿瘤转移无关（$P>0.05$）。不同类型的犬恶性乳腺肿瘤组织中 N-cadherin 的表达差异不显著（$P>0.05$）。

附表 4-3　犬恶性乳腺肿瘤组织中 N-cadherin 的表达与临床病理因素的相关性

临床病理特征	患犬病例数（例）	N-cadherin 的表达（例）		P 值
		−	+	
年龄（岁）				0.248
<10	18	8	10	
≥10	35	10	25	
肿瘤大小（cm）				0.592
<3	16	7	9	
3~5cm	28	8	20	
≥5	9	3	6	
组织学分级				0.041
Ⅰ级	16	9	7	

（续）

临床病理特征	患犬病例数（例）	N-cadherin 的表达（例）		P 值
		−	+	
Ⅱ级	30	6	24	
Ⅲ级	7	3	4	
转移				0.958
有	12	4	8	
无	41	14	27	
病理学类型				0.854
浸润性导管癌	41	13	28	
导管内乳头状癌	6	3	3	
浸润性微乳头状癌	3	1	2	
导管原位癌	3	1	2	

（3）EZH2 的表达与临床病理因素的相关性　通过 χ^2 检验分析 EZH2 的表达与临床病理因素的关系，见附表 4 - 4，结果显示：犬恶性乳腺肿瘤组织中 EZH2 的表达与组织学分级密切相关（$P<0.05$），在组织学分级高的恶性乳腺肿瘤组织中，EZH2 表达增高（$P<0.05$）；与患犬的年龄、肿瘤大小及转移无关（$P>0.05$）。不同类型的犬恶性乳腺肿瘤组织中 EZH2 的表达差异不显著（$P>0.05$）。

附表 4 - 4　犬恶性乳腺肿瘤组织中 EZH2 的表达与临床病理因素的相关性

临床病理特征	患犬病例数（例）	EZH2 的表达（例）		P 值
		−	+	
年龄（岁）				0.502
<10	18	6	12	
≥10	35	15	20	
肿瘤大小（cm）				0.186
<3	16	9	7	
3～5cm	28	8	20	
≥5	9	4	5	
组织学分级				0.011
Ⅰ级	16	11	5	
Ⅱ级	30	7	23	
Ⅲ级	7	3	4	
转移				0.424
有	12	4	8	
无	41	19	22	
病理学类型				0.346
浸润性导管癌	41	14	27	

（续）

临床病理特征	患犬病例数（例）	EZH2 的表达（例）		P 值
		−	+	
导管内乳头状癌	6	4	2	
浸润性微乳头状癌	3	2	1	
导管原位癌	3	1	2	

（4）Vimentin 的表达与临床病理因素的相关性　通过 χ^2 检验分析犬恶性乳腺肿瘤组织中 Vimentin 的表达与临床病理因素的关系，结果显示：犬恶性乳腺肿瘤组织中 Vimentin 的表达与年龄、组织学分级密切相关（$P<0.05$），在患犬年龄大、肿瘤组织学分级高的恶性乳腺肿瘤组织中，Vimentin 表达增多（$P<0.05$）；与肿瘤大小及转移无关（$P>0.05$）。不同类型的犬恶性乳腺肿瘤组织中 Vimentin 的表达差异不显著（$P>0.05$），如附表 4-5 所示。

附表 4-5　犬恶性乳腺肿瘤组织中 Vimentin 的表达与临床病理因素的相关性

临床病理特征	患犬病例数（例）	Vimentin 的表达（例）		P 值
		−	+	
年龄（岁）				0.016
<10	18	8	10	
≥10	35	5	30	
肿瘤大小（cm）				0.769
<3	16	4	12	
3～5cm	28	6	22	
≥5	9	3	6	
组织学分级				0.011
Ⅰ级	16	8	8	
Ⅱ级	30	3	27	
Ⅲ级	7	2	5	
转移				0.42
有	12	4	8	
无	41	9	32	
病理学类型				0.885
浸润性导管癌	41	9	32	
导管内乳头状癌	6	2	4	
浸润性微乳头状癌	3	1	2	
导管原位癌	3	1	2	

四、总结

犬乳腺浸润性导管癌组织中的 CDH1（E-cadherin）mRNA 和蛋白表达水平低于癌旁正常组织，且组织学分级高的恶性乳腺肿瘤组织中 E-cadherin 表达显著降低；犬恶性乳腺肿瘤组织中 CDH2（N-cadherin）、Twist1、Vimentin 和 ZEB1 mRNA 和蛋白表达水平升高，且组织学分级高的恶性乳腺肿瘤组织中 N-cadherin、EZH2、Vimentin 表达显著升高；不同类型的犬恶性乳腺肿瘤组织中 E-cadherin、N-cadherin、EZH2、Vimentin 的表达差异不显著。提示犬恶性乳腺肿瘤的发生与 EMT 相关。

附录五 miR-124 在犬乳腺肿瘤中的表达及其调控机制

MicroRNA（miRNA）是一类大小为 18～25 个 nt 的内源性非编码小 RNA 分子，miRNA 表达的时序性和组织特异性提示可能靶向人类中的任何 mRNA。通过与靶 mRNA 的 3'UTR 或 5'UTR 中的部分互补序列结合，导致 mRNA 降解，翻译抑制或转录激活。越来越多的证据表明，癌症的发展伴随着 miRNA 的异常表达，miRNA 被用作各种类型癌症的诊断、预后和治疗的生物标志物。犬与人的 miRNA 存在 50% 的同源性，miRNA 可以调控的蛋白编码基因约占 1/3，控制着细胞机体的生命活动，其中包括增殖、凋亡、代谢和分化。犬乳腺肿瘤 miRNA 定量分析模型对研究人类乳腺肿瘤具有重要的价值。

高通量测序、微列阵芯片和 qRT-PCR 已用于不同类型癌症的 miRNA 表达的检测。miRNA 芯片检测显示，48 个来自犬乳腺癌细胞系（SNP）的 miRNA 异常改变，其中 30 个上调 4 倍，18 个下调超过 4 倍，与正常乳腺组织相比，miRNA-143 的表达增加了 1547.9 倍。与正常乳腺组织之间，miRNA-138a 在 SNP 细胞系的表达下调。此外，在犬乳腺肿瘤细胞中，277 个改变的 miRNA 可能成为潜在的致癌和抑癌靶点，为肿瘤的治疗提供了新的靶点。miR-124 已被发现在多种人类癌症中发挥抑癌作用，包括乳腺癌、子宫内膜癌、肺癌、膀胱癌、卵巢癌、宫颈癌、胶质瘤等。体外试验表明，miR-124 通过靶向 MGAT5 显著抑制乳腺癌细胞的增殖和迁移。因此，miR-124 在乳腺癌组织中的表达降低，提示预后不良。此外，miR-124 过表达，通过靶向 ZEB2 抑制 TNBC 细胞的增殖、转移和 EMT；miR-124 在 30 个 TNBC 组织中下调。qRT-PCR 检测结果显示，miR-124 在人乳腺癌组织中的相对表达水平明显低于正常组织，与临床病理因素（临床分期、病理分化程度、淋巴结转移）呈正相关。与配对的癌旁组织相比，miR-124 的表达在乳腺癌组织中下调，且与肿瘤的组织学分级和病例的年龄呈负相关。在两株乳腺癌高侵袭性细胞株 MDA-MB-231 和 BT-549 中，miR-124 的异常表达能直接作用于钙黏蛋白转录抑制剂 Slug，下调 Slug 的表达，上调钙黏蛋白的表达，显著抑制细胞增殖和侵袭能力，抑制 EMT 表型和细胞克隆的生成，抑制肿瘤的肺转移能力。miR-124 能直接靶向结合 CD151，抑制基因的表达和蛋白质的翻译，沉默 CD151，抑制乳腺癌细胞的增殖并引起细胞周期阻滞，但细胞凋亡没有受到影响。另有研究发现，miR-124 在乳腺癌细胞系和组织样本中的表达水平下调，且与 TNM 分期和淋巴结转移相关。miR-124 表达异常能降低乳腺肿瘤细胞的增殖和侵袭能力；miR-124 能直接靶向于 flot1，抑制其 flot1 mRNA 表达和蛋白的翻译，沉默 flot1，显著抑制乳腺癌细胞的增殖、迁移和侵袭能力；恢复 flot1 表达，则逆转 miR-124 对肿瘤细胞的抑制作用。miR-124、miR-147 和 miR-193a-3p 作为新的乳腺癌抑癌基因共同作用于 EGFR（表皮生长因子受体），促进细胞周期蛋白的表达、抑制细胞周期进程及细胞增殖；与癌旁组织相比，miR-124-3p 的表达在原发性乳腺癌组织中明显降低，mir-124-3p 的表达与淋巴结转移和较低的总生存时间相关。细胞划痕和 Transwell 试验显示，miR-124-3p 模拟剂能抑制 MCF-7 和 MDA-MB-231 细胞活力，但 miR-124-3p 抑制剂相反，miR-124-3p 的表达与 N-cadherin 和 Vimentin 水平降低、E-cadherin 表达水平升高有关，表明 miR-124-3p 抑制上皮间质转化。此外，生物信息学分析和体外试验证明程序性细胞死亡蛋白 6（PDCD6）是 miR-124-3p 的直接靶标，miR-124-3p 的表达与乳腺肿瘤 PDCD6 mRNA 水平相关。这些数据表明，miR-124-3p 通过抑制 PDCD6 的表达，抑制肿瘤转移，miR-124-3p/PDCD6 信号轴可能是晚期乳腺癌患者的新的潜在靶标。双荧光素酶试验表明 miR-124-3p 可负调控 Beclin-1（自噬相关蛋白）和 LC3 的表达。然而，miR-124 在犬乳腺肿瘤中的病理和临床意义尚不清楚。因此，本研究旨在评估 miR-124 在犬乳腺肿瘤组织中的表达，探讨 miR-124 在犬乳腺肿瘤细胞增殖、迁移和侵袭中的潜在作用。

一、材料与方法

1. 试验材料

（1）细胞系　试验选取犬乳腺肿瘤 CHMp 和 CHMm 细胞系作为研究对象，从 12 岁母犬（杂种犬）乳腺肿瘤（Ⅳ 期）原发病灶和转移病灶（胸腔积液）中分离培养获得，由日本东京大学农学部生命科学学科犬学院兽医外科教研室馈赠。

（2）临床样本收集　组织样本来自 20 例经手术切除肿瘤犬的乳腺肿瘤组织（浸润性导管癌）和正常乳腺组织。临床病理因素包括年龄、肿瘤大小、肿瘤类型、淋巴结转移状态和组织学分级等，参见附表 1-1。术前 X 线检查及 B 超检查肿瘤是否发生转移。

2. 试验方法

（1）细胞培养　从液氮罐中取出犬乳腺肿瘤细胞冻存小管，立即投入 $37 \sim 40℃$ 温水中快速解冻（$20 \sim 60s$），置于离心管中，1 000r/min 离心 5min，去除上清，充分去除其中的 DMSO 残液。加入 DMEM 不完全培养基 1mL 复悬，转移至 50mL 培养瓶。加 DMEM 完全培养液（含 20% 胎牛血清、100U/mL 青霉素、$100\mu g/mL$ 链霉素）至 4mL，置于 37℃、饱和湿度、含 5%CO_2 的培养箱中进行常规培养，细胞呈上皮样贴壁生长。按 1∶2 或者 1∶3 传代培养。

（2）组织/细胞 RNA 提取和 qRT-PCR　使用 Trizol 试剂，按照常规方法从 20 例犬乳腺肿瘤组织、正常乳腺组织和培养细胞中提取总 RNA。随后，使用 mRNA 逆转录试剂盒和 miRcute Plus miRNA First-Strand cDNA Synthesis Kit，根据说明书要求将 RNA 反转录成 cDNA 并完成 miRNA cDNA 第一链合成。采用 LightCycler 96 仪器按 SYBR Green 检测试剂盒和 miRcute Plus miRNA qPCR 检测试剂盒中描述进行 qRT-PCR。以 snRNA U6 和 GAPDH 作为内参，miR-124 引物序列见附表 5-1。采用 $2^{-\triangle\triangle Ct}$ 法计算 mRNA 和 miRNA 的相对表达量：

$$-\triangle\triangle Ct = (Ct_{目的基因} - Ct_{内参基因})_{试验组} - (Ct_{目的基因} - Ct_{内参基因})_{对照组}$$

附表 5‑1　qRT‑PCR 引物序列

基因名称	上游引物（5'‑3'）	下游引物（5'‑3'）
miR‑124	CTAAGGCACGCGGTGAATG	—
CDH2	TGATCCCAAGACAGGTGTGA	TCCGGCTAACCCTCCTAGTT
GAPDH	GCTGCCAAATATGACGACATCA	GTAGCCCAGGATGCCTTTGAG

（3）细胞转染

①准备细胞　按照 $1×10^5$ 个/mL 的细胞密度，将细胞接种于 24 孔细胞培养板内，置于 37℃、5%CO_2 培养箱中培养，待细胞生长 60%～70% 时，弃去培养液，用预温的 Opti‑MEM 培养液（无血清和双抗）漂洗细胞 2 次，转染 miR‑124 mimics/NC 和 miR‑124 inhibitor/NC。

②转染试剂的配置　用 100μL 的 Opti‑MEM 培养液（无血清和双抗）稀释 miR‑124 mimics/NC 至 50 nmol/L、miR‑124 inhibitor/NC 至 150 nmol/L、sh‑CDH2 至 100 nmol/L，轻轻混匀，室温下孵育 5min；将 1μL Lipofectamine™ 2000 溶于 100μL Opti‑MEM 无血清培养液内，混合均匀，室温静置 5min；将以上孵育好的 miRNA 和脂质体按 1∶1 的比例轻轻混合，室温静置 20min，形成脂质体复合物；吸取混合好的脂质体复合物 200μL 加到相应培养板中，另加培养液至 300μL，轻摇混匀后，于 37℃、5%CO_2 培养箱中继续培养，待 4～6h 后，更换含有 10%FBS 的 DMEM 培养液继续培养；转染 48h 后，使用 1× PBS 清洗 2 遍，之后采用 qRT‑PCR 和 Western blotting 方法检测相应基因和蛋白的表达变化。miR‑124 mimics 和 miR‑124 inhibitor 及其相应 Negative Control（NC）序列见附表 5‑2。

附表 5‑2　miR‑124 mimic、inhibitor、Negative Control 序列

基因名称	序列
mimics	5'‑UAAGGCACGCGGUGAAUGCCAAG‑3'
	5'‑UGGCAUUCACCGCGUGCCUUAUU‑3'
inhibitor	5'‑CUUGGCAUUCACCGCGUGCCUUA‑3'
mimics/NC	5'‑UUCUCCGAACGUGUCACGUTT‑3'
	5'‑ACGUGACACGUUCGGAGAATT‑3'
inhibitor/NC	5'‑CAGUACUUUUGUGUAGUACAA‑3'

（4）细胞增殖检测（CCK‑8 法检测细胞增殖活性）　将细胞悬液调整至细胞浓度为 $1×10^5$ 个/mL，按照 100μL/孔浓度，将细胞接种于 96 孔细胞培养板，置于 37℃、5% CO_2 培养箱培养。分别培养 24h、48h 和 72h 后，每孔加入 CCK‑8 工作溶液 10μL，混合均匀（避免产生气泡），以无细胞组为空白对照组；之后，将 96 孔培养板放回 37℃、5%CO_2 的细胞培养箱继续孵育 2h。用酶标仪在 450nm 处测定吸光度值。试验至少重复 3 次。

（5）细胞迁移和侵袭试验（Transwell 试验）　贴壁细胞用 0.25% 胰蛋白酶进行常规消化，待细胞变圆时，弃去消化液，加入完全培养液终止消化，1 000r/mim 离心 3～5min，弃去培养液。用 1×PBS 液反复洗涤 2 次，再用不含血清的 DMEM 培养液进行吹

打重悬，将细胞密度调整至 3×10^4 个/mL；Transwell 小室（上室）内加入 $100 \mu L$ 细胞悬液，下室（24 孔细胞培养板）加入含 10% FBS 的 DMEM 培养液 $500 \mu L$，将 24 孔细胞培养板放置于 37℃、5%CO_2 细胞培养箱继续孵育 12h；结晶紫染色：使用医用棉签擦去小室内细胞，吸弃培养液，用 $1 \times$ PBS 洗涤 2 次，用 10% 多聚甲醛固定 20min，再用 0.1% 结晶紫染液染色 15min。将小室放于倒置显微镜进行观察并拍照（$100 \times$）。细胞侵袭试验与迁移试验相似，但后者在细胞接种前将 $100 \mu L$ 的新鲜基质置于上 Transwell 小室。

（6）双荧光素酶试验　将犬 CHMm 细胞（1×10^4 个/mL）接种至 24 孔细胞培养板中。细胞铺满至 60%~70%，采用脂质体 Lipofectamine™ 2000 将 miR-214 mimics/NC、pMIR-REPORT-3'UTR 或 pMIR-REPORT-con 质粒以及 Renilla luciferase pRL-TK 内对照质粒转染至细胞中，48h 后，根据双荧光素酶检测试剂盒使用说明书进行操作，使用荧光酶标仪检测萤火虫荧光素酶及海肾荧光素酶的活性，萤火虫荧光强度与海肾荧光强度比值可反映各组的相对荧光值。

（7）组织/细胞蛋白样品的制备及 Western blotting 试验

①组织样品蛋白质提取　组织样品需用液氮研磨成粉状，加入 $200 \mu L$ RIPA 裂解液（加入终浓度为 1mmol/L 的 PMSF）。细胞样品需先用预冷的 $1 \times$ PBS 洗涤 2 次，加入 $200 \mu L$ 细胞裂解液，4℃ 裂解 30min，然后用细胞刮刀直接刮掉细胞。随后 4℃，12 000r/min 离心 10min。吸取上清即为提取的蛋白样品。用 BCA 定量法检测蛋白浓度。按照 1:4 比例加入 SDS-PAGE 蛋白上样缓冲液，混匀，100℃ 煮沸 15min，样品分装，储存于 -20℃ 冰箱（或长期保存于 -80℃）。

②Western blotting 方法检测相关蛋白的表达　配制 8%~15% SDS-PGFE 胶，样品蛋白上样量为 $30 \mu g$。浓缩胶电泳电压为 80V，电泳时间为 30min；分离胶电泳电压为 120V，电泳时间为 1h。电泳后切胶，并将 PVDF 膜截成与切胶大小相同，制成"三明治"，同时避免膜与胶之间产生气泡。300mA 转膜（根据蛋白分子量大小确定转膜时间），随后 5% 脱脂牛奶封闭 2h，加入相应的一抗 4℃ 过夜孵育（Anti-Rabbit E-cadherin，1:750；Anti-Rabbit N-cadherin，1:750；Anti-Rabbit-Twist，1:750；Anti-Rabbit EZH2，1:750；Anti-Rabbit ZEB1，CST，1:750；Anti-Rabbit-Vimentin，1:500；Anti-Rabbit-GAPDH，1:1 000），TBST 洗膜 3 次，每次 10min，加入辣根过氧化物酶标记的山羊抗兔二抗孵育 2h，TBST 洗膜 3 次，每次 10min，再应用 Amersham Imager 600 凝胶成像系统进行图像拍照，随后采用 Image J 软件进行吸光度值（OD）分析（以 GAPDH 蛋白作为内参，目的蛋白 OD 值/内参 OD 值）。

3. 试验数据的统计与分析　采用 SPSS 17.0 统计软件进行数据分析，应用 GraphPad prism 5.0 软件进行做图和相关的数据学分析，试验结果以平均数±标准差（SD）表示，正态分布的数据采用单因素方差分析（One-way ANOVA）多重比较检验或两组样本之间比较的 t 检验，非正态分布数据采用两组样本之间比较的秩和检验（Mann-Whitney U test）或多组样本之间比较的秩和检验（Kruskal-Wallis test）。采用 χ^2 检验，分析检测指标表达水平与临床病理因素的关系，组织间基因表达的相关性分析采用 Spearman's 相关性检验，统计检验均为双侧概率检验（$\alpha=0.05$）。$^*P<0.05$ 表示差异显著，$^{**}P<0.01$ 表示差异极显著。

二、试验结果

1. miR-124 在犬乳腺肿瘤组织和细胞中的表达　采用 qRT-PCR 方法评估了 20 例犬乳腺肿瘤组织、正常乳腺组织、CHMm 和 CHMp 细胞株中 miR-124 的表达水平，如附图 51-1 所示。与正常乳腺相比，犬乳腺肿瘤组织中 miR-124 表达水平下调（附图 5 - 1A），CHMm 和 CHMp 细胞中 miR-124 表达水平较对照组降低（附图 5 - 1B），因此选择 CHMm 和 CHMp 细胞进行后续试验。将 miR-124/mimics（或 miR-NC/mimics）和 miR-124/inhibitor（或 miR-NC/inhibitor）转染到 CHMm 和 CHMp 细胞中，应用 qRT-PCR 检测转染效率。转染 miR-124mimics 的 CHMm 和 CHMp 细胞中 miR-124 的表达水平高于阴性对照组（附图 5 - 1C 和 D）。相反，miR-124inhibitor 组的 miR-124 表达水平较阴性对照组下降（附图 5 - 1C 和 D）。这些结果提示 miR-124 可能在犬乳腺肿瘤的发展过程中起到抑癌作用。

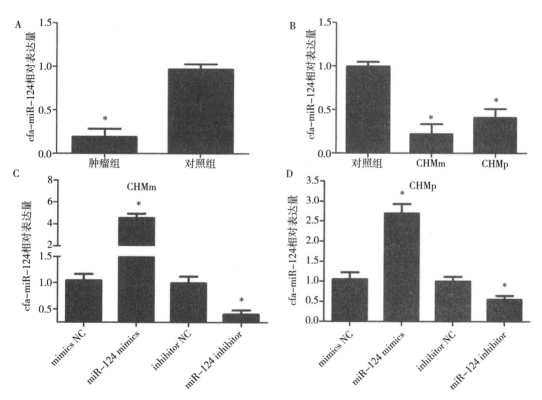

附图 5 - 1　miR-124 在犬乳腺肿瘤组织、正常乳腺组织和 CHMm/CHMp 细胞中的表达
图中 cfa 代表犬种属的编码，NC 表示对照组，mimics＝模拟物，inhibitor＝抑制剂

2. 生物信息学分析和双荧光素酶活性检测结果　通过 miRDB（http://www.mirdb. org）、miRbases（http://www. mirbase. org）、Targetscan7. 0（http：//www. targetscan. org）等生物信息学工具分析 miR-124 的潜在靶基因（附图 5 - 2A），进一步了解 miR-124 在犬乳腺肿瘤细胞中的调控机制。结果显示，miR-124 可能通过结合 CDH2 mRNA 在 241～247 碱基上的 3'UTR 直接靶向 CDH2（附图 5 - 2B）。用 miR-124 mimics 和 NC 转染 CHMm 和 CHMp 细胞后，CDH2 的 mRNA 和蛋白表达均显著降低。相反，在转染

miR-124 inhibitor 的 CHMm 和 CHMp 细胞中，CDH2 在 mRNA 和蛋白水平上的表达均增加（附图 5-2C 和 D）。分别将野生型和突变型 CDH2 的 3'UTR 和 miR-124 mimics 转染到犬乳腺肿瘤 CHMm 细胞中，以海肾荧光素酶作为内参，48h 后，双荧光素酶活性试验结果如附图 5-2C 和 D 所示。miR-124 可显著抑制转染有野生型 CDH2 3'UTR 质粒的细胞的荧光强度，荧光素酶的活性明显降低，差异显著（$P<0.05$）；而突变型 CDH2 3'UTR 质粒与 miR-124 共转染没有引起荧光素酶活性变化，差异不显著（$P>0.05$）。上述结果显示，miR-124 可以调控野生型表达载体的表达，CDH2 可能是 miR-124 的潜在作用靶点，结合位点为 241～247 碱基（结合位点为"GUGCCUU"），其表达量受 miR-124 的负调控。

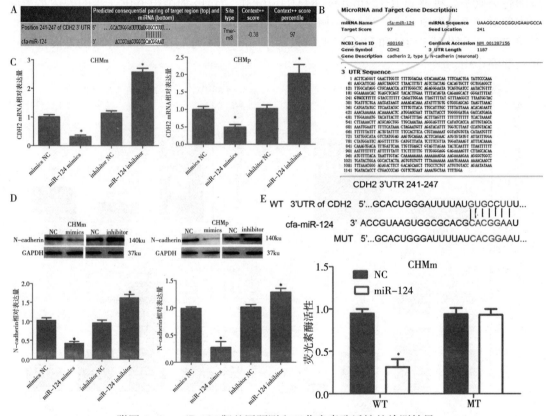

附图 5-2　miR-124 靶基因预测和双荧光素酶活性的检测结果

3. 犬乳腺肿瘤中 miR-124 与 CDH2 的表达与临床病理因素的关系　通过 qRT-PCR 和 Western blotting 方法分析犬乳腺浸润性导管癌组织中 miR-124、CDH2（N-cadherin）mRNA、的表达与临床病理因素的相关性，见附表 5-3。结果显示，犬乳腺浸润性导管癌组织中 miR-124 的表达与组织学分级和肿瘤转移呈正相关，差异有统计学意义（$P<0.05$），但与患犬的年龄和肿瘤大小无相关性，差异无统计学意义（$P>0.05$）。此外，犬乳腺浸润性导管癌组织中 CDH2 mRNA 的表达与患犬的年龄和肿瘤大小无关，差异无统计学意义（$P>0.05$），而与肿瘤转移及组织学分级呈正相关，差异具有统计学意义（$P<0.05$）。Spearman's 相关性检验用于分析犬乳腺浸润性导管癌组织中 miR-124 的表达与 CDH2（N-cadherin）mRNA 表达量之间的相关性，试验结果如附图 5-3 所示，miR-124 的表达与 CDH2 的表达之间存在负相关性（相关系数 r 为 -0.469，$P<0.05$）。

提示 miR-124 与 CDH2 在乳腺肿瘤的发生中起着重要作用。

附表 5 - 3　犬乳腺肿瘤中 miR-124 和 CDH2（N-cadherin）mRNA 的表达与临床病理因素的相关性

临床病理因素	病例数量（例）	组别	miR-124 表达	CDH2（N-cadherin）mRNA 表达
年龄	6	≤8 岁	0.371±0.0.122	3.605±0.94
	14	>8 岁	0.2918±0.1923	3.071±0.846
P 值			0.239	0.161
转移状况	5	是	0.1474±0.098	4.362±0.896
	15	否	0.366±0.165	3.137±0.728
P 值			0.018*	0.015*
肿瘤大小	6	≤3cm	0.371±0.211	3.015±0.676
	14	>3cm	0.279±0.157	3.628±0.978
P 值			0.525	0.328
组织学分级	13	Ⅰ＋Ⅱ	0.385±0.155	2.989±0.617
	7	Ⅲ	0.176±0.138	4.291±0.82
P 值			0.035*	0.009*

注：两组间比较采用 t 检验，试验数据用平均数±标准差表示，* $P<0.05$ 表示差异显著。

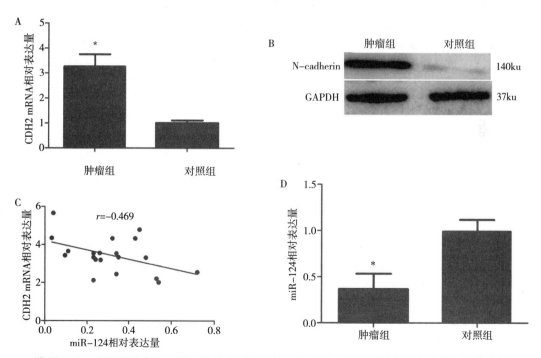

附图 5 - 3　犬乳腺肿瘤中 miR-124 和 CDH2（N-cadherin）mRNA/蛋白的表达及相关性分析

4. miR-124 转染对犬乳腺肿瘤细胞增殖、侵袭和迁移能力的影响　转染 miR-124 mimics 及 miR-124 inhibitor 对犬 CHMm 和 CHMp 细胞生物学功能的影响，CCK-8 细胞增殖试验结果见彩图 18A 和 B，相比较 mimics NC 组，miR-124 mimics 组抑制犬乳腺肿瘤 CHMm 和 CHMp 细胞增殖，肿瘤细胞增殖活力显著下降（$P < 0.05$），而 miR-124 inhibitor 组显著促进犬乳腺肿瘤 CHMm 和 CHMp 细胞增殖，肿瘤细胞的增殖能力显著上升（$P < 0.05$），阴性对照组处于两者中间（$P > 0.05$）。Transwell 迁移试验结果见彩图 18B 和 C，与 mimics NC 组相比，转染 miR-124 mimics 后犬乳腺肿瘤 CHMm 和 CHMp 细胞的迁移和侵袭能力均明显下降，抑制肿瘤细胞增殖；与 inhibitor NC 组相比，转染 miR-124 inhibitor 后犬乳腺肿瘤 CHMm 和 CHMp 细胞的迁移和侵袭能力均明显增强，促进肿瘤细胞增殖；阴性对照组（NC）对犬乳腺肿瘤 CHMm 和 CHMp 细胞的迁移和侵袭能力没有影响。这些结果提示过表达 miR-124 可抑制犬乳腺肿瘤细胞的增殖、迁移和侵袭。

5. miR-124 转染对犬乳腺肿瘤细胞中 EMT 相关蛋白表达的影响　为进一步探讨 miR-124 的作用靶点 CDH2 及 EMT 相关蛋白的表达，将化学合成的 miR-124 mimics/NC、inhibitor/NC 分别转染到犬乳腺肿瘤 CHMm 和 CHMp 细胞内。Western blotting 检测结果如附图 5-4 所示，过表达 miR-124（mimics）后，Vimentin、Twist1、ZEB1 和 EZH2 蛋白的表达量较对照组降低，E-cadherin 蛋白的表达较对照组显著升高；而抑制 miR-124（转染 miR-124 inhibitor）之后，犬乳腺肿瘤 CHMm 和 CHMp 细胞内 Vimentin、Twist1、ZEB1 和 EZH2 蛋白的表达水平较对照组升高，E-cadherin 蛋白的表达较对照组显著降低。提示 miR-124 通过靶向 N-cadherin 蛋白的表达调控 EMT 相关蛋白的表达，发挥抑制犬乳腺肿瘤生长的作用。

6. CDH2 介导 miR-124 对犬乳腺肿瘤细胞的影响　通过功能挽救试验可证实 miR-124 是否通过抑制靶基因 CDH2 而发挥作用。与 miR-124 mimics 组相比，通过 CCK-8 细胞增殖试验和 Transwell 试验发现，CHMm-miR-124 mimics＋CDH2 组细胞消除了对 CHMm 细胞增殖、迁移和侵袭的抑制作用。相反，与 miR-124 inhibitor 组相比，CHMm-miR-124 mimics＋shCDH2 组显著降低了 CHMm 细胞活力、迁移和侵袭（彩图 19A 和 B）。此外，通过 Western blotting 检测转染 CDH2 或 shCDH2 的 CHMm-miR-124-mimics/inhibitor 细胞中 N-cadherin、E-cadherin、Vimentin 的蛋白表达。与 miR-124 inhibitor＋shNC 组相比，转染 shCDH2 后，miR-124 inhibitor 诱导的 CDH2（N-cadherin）和 Vimentin 蛋白表达水平明显降低，E-cadherin 水平上调（彩图 19C）。这些结果表明 CDH2 作为一个功能靶点介导了 miR-124 在犬乳腺肿瘤细胞中的作用。

三、分析与讨论

1. miR-124 在犬乳腺肿瘤中的表达　目前许多文献已经报道 miR-124 的异常表达与癌症的发生相关，在子宫内膜癌、非小细胞肺癌、骨肉瘤、胆管癌、卵巢癌、宫颈癌、胶质瘤、口腔鳞状细胞癌等中显著下调，发挥抑癌基因的角色，起到抑制肿瘤生长的作用。Li 等对临床 58 例配对的胃癌组织与癌旁组织研究发现：与癌旁组织相比，miR-124-3p 在胃癌组织中低表达；与 miR-124-3p 高表达组相比，miR-124-3p 低表达组显示更广泛的淋巴结转移、淋巴管浸润、静脉浸润、高阶段的 Borrmann 型、分化差。miR-124 在乳腺癌组织和细胞中的表达显著降低，且 miR-124 的表达与乳腺癌患者年龄、组织学分级呈负相关。Du 等对 30 例配对的乳腺癌组织研究发现：与癌旁组织相比，miR-124 在乳腺癌组织中的表达显著下调；转染 miR-124 mimics 后，通过与靶基因 Snail2 3'UTR 结合，显著降低 Snail2 基因和蛋白的表达水平，上调 miR-124 使乳腺癌细胞增殖、侵袭和细胞克隆形

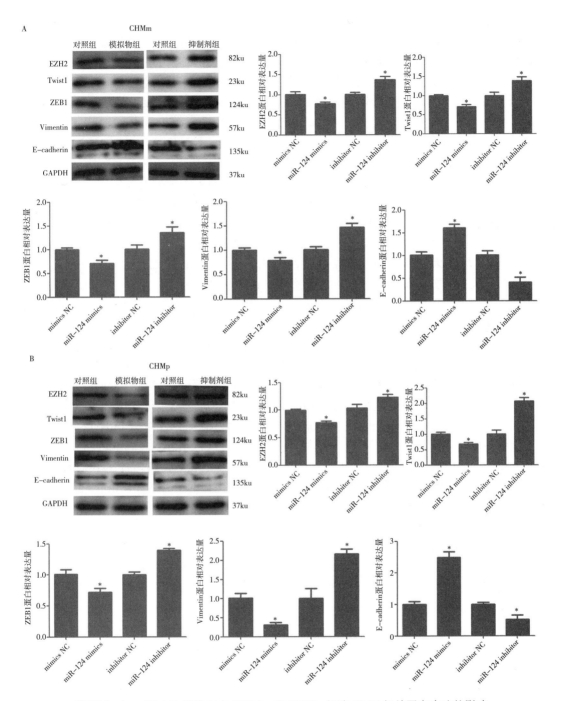

附图 5 - 4　miR-124 转染对犬 CHMm 和 CHMp 细胞 EMT 相关蛋白表达的影响

成能力下降；转染 Snail2 shRNA 后，细胞增殖能力降低。与癌旁组织相比，miR-124 在乳腺癌组织和细胞系（MCF-7 和 MDA-MB-231）中的表达显著下调，e26 转录因子（Ets-1）显著上调。Ets-1 和 miR-124 在乳腺癌组织中的表达水平与淋巴结转移相关，与患者年龄、肿瘤大小、组织学分级、ER 和 PR 状态无关。体外试验表明，转染 miR-124 agomir 至 MCF-7 和 MDA-MB-231 后，负向调控 Ets-1 转录，减少 Ets-1 的表达，抑制细胞增殖和细胞克隆形成，促进细胞凋亡和迁移。miR-124 在胆管癌组织和细胞中的表达明显下调。前期结果证明，miR-124 在犬乳腺浸润性导管癌中的表达水平显著低于癌旁正常乳腺组织，进一步分析发现犬乳腺浸润性导管癌组织中 miR-124 的表达水平与组织学分级、有无转移密切相关，犬乳腺肿瘤中 miR-124 表达越低，表明犬乳腺肿瘤组织分化程度越低，恶性程度越高，细胞增殖活性越强，这与文献报道相一致，且 miR-124 的表达与 CDH2 的表达呈负相关，提示 miR-124 在犬乳腺肿瘤中发挥抑癌基因功能，可作为判断犬乳腺肿瘤的潜在分子标志物。

miRNA 主要通过与靶基因 3'UTR 区结合，负性调控基因表达或蛋白质翻译，从而调节细胞增殖、细胞分化、细胞周期、细胞凋亡等，从而影响肿瘤的发生发展。不同水平表达的 miRNA 具有不同的功能。表达下调的 miRNA 通过调控癌基因和/或调控与细胞分化或凋亡相关的基因，促进肿瘤的形成。因此，选择 miR-124 作为本试验的研究对象，研究 miR-124 在犬乳腺肿瘤细胞中的表达及其生物学功能。

2. miR-124 对犬乳腺肿瘤生物学功能的影响　miRNA 的异常表达与肿瘤细胞增殖、分化和凋亡失衡有关，调控基因的表达、修饰、转录和翻译过程。了解 miRNA 在肿瘤性疾病发生发展过程中的作用，对肿瘤的病理学诊断和靶向治疗至关重要。作为癌基因的 miRNA，可在肿瘤中高表达，促进肿瘤细胞增殖，抑制细胞凋亡，增强肿瘤细胞侵袭和转移能力，导致肿瘤的恶性程度升高；而抑癌基因的 miRNA 可能通过诱导细胞凋亡，引起迁移、侵袭阻滞。前述试验已证实 miR-124 作为抑癌基因，在犬乳腺组织中低表达，与犬乳腺肿瘤的发生相关。为了进一步探究 miR-124 在犬乳腺肿瘤中的作用，对正常乳腺上皮组织和犬乳腺肿瘤细胞系进行了 qRT-PCR 检测，试验结果证实 miR-124 在犬乳腺肿瘤细胞中呈低表达，与临床犬乳腺肿瘤组织样本检测结果一致，但 miR-124 在犬乳腺肿瘤细胞中的功能还不清楚。目前试验大多采用化学合成的 miRNA mimics 和 inhibitor，研究 miRNA 的功能性试验，miRNA mimics 是根据 miRNA 成熟体序列设计的双链小 RNA 分子，用于模拟生物体内源性 miRNA 的作用。特异的 miRNA mimics 能够导入到表达对应 miRNA 的细胞中，可增强内源性 miRNA 的表达，验证 miRNA 和靶基因的表达水平，检验 miRNA 与靶基因的直接调控关系。miRNA inhibitor 具有抑制内源性 miRNA 的功能。关于 miRNA inhibitor 的研究主要集中在大分子 antisense oligonucleotides 上，antisense oligonucleotides 是未经修饰或经化学修饰的具有靶 miRNA 互补序列的单链 DNA 分子，通过与相应的靶基因结合，使其无法形成沉默复合体（RISC），进而抑制 miRNA 的作用。

文献报道显示：miR-124 诱导胆管癌细胞凋亡和引起细胞自噬泡的出现，EZH2 和 STAT3 被确定为 miR-124 直接靶标，沉默 EZH2 增强对 miR-124 表达的影响，而 EZH2 高表达抑制 miR-124 表达的影响，沉默 ATG5 或 Beclin1 能抑制 miR-124 或 siEZH2 的影响；体内 miR-124 过表达可诱导自噬相关的细胞死亡和抑制肿瘤发生（miR-124 通过诱导自噬相关的细胞死亡，经过 EZH2-STAT3 信号轴发挥抑癌作用），miR-124 表达下调与胆管癌疾病进展相关。Meng 等报道，miR-124 在人骨肉瘤组织中表达下调，转染人骨肉瘤细胞系（MG-63）miR-124 mimics 后，miR-124 的表达水平显著升高，miR-mimics 组双荧光素酶活性显著降低，TRAF6 作为 miR-124 的靶标，显著抑制细胞活性，S 期到 G_2/M 期细胞比率显著下降，细胞凋亡比率升高，细胞侵袭数量显著降低，过表达 TRAF6 转染 MG-63 细胞后，相比较过表达 miR-124，其结果相反，miR-124 负向调控

TRA6 的表达，提高 miR-124 的表达或抑制 TRAF6 的表达可能有利于骨肉瘤患者的治疗。本试验采用人工合成的 miR-124 mimics/inhibitor，qRT-PCR 分析发现 miR-124 mimics 和 mimics NC 转染犬 CHMm 和 CHMp 细胞后，mimics 组中 miR-124 的表达明显低于 NC 组；miR-124 inhibitor 和 inhibitor NC 转染 CHMm 和 CHMp 细胞后，inhibitor 组中 miR-124 的表达高于 inhibitor NC 组；mimics NC 和 inhibitor NC 组的表达没有明显差异，说明此转染方法可进行后续试验。进一步研究 miR-124 在犬乳腺肿瘤细胞中的作用发现，转染 miR-124 mimics 的 CHMm 和 CHMp 细胞增殖活性均显著降低，转染 miR-124 inhibitor 的 CHMm 和 CHMp 细胞增殖活性增强，表明 miR-124 表达降低可促进犬乳腺肿瘤细胞的增殖活性，过表达 miR-124 能抑制犬乳腺肿瘤细胞增殖和迁移能力。由于肿瘤的发生与相关基因信号转导调控相关，因此，我们推测低表达的 miR-124 可能靶向肿瘤相关基因调控细胞的增殖、侵袭能力，影响基因相关蛋白的表达，从而调控犬乳腺肿瘤的发生发展。

3. miR-124 靶向 CDH2 抑制犬乳腺肿瘤细胞增殖的分子机制　miRNA 所诱导的生物行为效应是通过对其配对的靶基因的调控来实施的，功能研究的核心是对 miRNA 靶基因的研究，靶基因的确定是一个相对复杂的过程。每个 miRNA 可调节多个靶基因，每个 mRNA 也可同时受多个 miRNAs 的调控。随着生物信息学的发展，"种子序列"的碱基互补配对为 miRNA 靶基因的确定提供了分子生物信息学基础，但并不是所有和 miRNA 碱基互补配对的基因都对肿瘤形成或发展起真正作用。miR-124 通过调控哪些分子发挥其抑制犬乳腺肿瘤发生的作用呢？因此，我们需要将生物信息学预测与试验验证相结合，研究 miR-124 抑制犬乳腺肿瘤发生的分子机制。

最近研究发现，细胞黏附分子 N-cadherin、E-cadherin 和 vimentin 的表达涉及 miRNA 分子调控。研究显示，miR-200 家族暴露于转化生长因子-β（TGF-β）后下调，TGF-β 可以作为诱导 EMT 表型的细胞因子，miR-200 家族的重新表达显著抑制 TGF-β 诱导的 EMT，而抑制 miR-200 家族的导致 EMT 表型的诱导，引起 ZEB1 和 ZEB2 的表达水平升高，这表明 ZEB1 和 ZEB2 是 miR-200 家族的负调节因子。miR-221 和 miR-222 抑制靶标 TRPS1 表达，促使 ZEB2 表达增加。进一步的研究显示，miR-221 和 miR-222 均为基底样型乳腺癌特异性 miRNA，两种 miRNA 作为 EMT 的调节因子，引起细胞迁移和侵袭增强，并能抑制细胞周期抑制蛋白 p27/Kip1 和 p57，导致细胞增殖增强，引起他莫昔芬在基底样型乳腺癌中的耐药；将 miR-221 和 miR-222 mimics 转染到非转化乳腺细胞系 MCF10A 中导致诱导 EMT 样表型，细胞侵袭和迁移增强，Vimentin 表达上调，转染 miR-221 和 miR-222 inhibitor 出现反向表型。肺腺癌组织中 miR-145 低表达与淋巴结转移相关，与 N-cadherin mRNA 的表达水平呈负相关。体外试验表明，过表达 miR-145 直接负向调控 N-cadherin 3'UTR，抑制细胞的迁移和侵袭，沉默 N-cadherin 与过表达 miR-145 作用相似。研究显示相比癌旁组织，miR-125b 在 19 例三阴性型乳腺癌组织中显著下调（83%），过表达 miR-125b，通过靶向 MAP2K7，降低 Hs578T 细胞系的迁移和侵袭能力，引起间质标记物（N-cadherin、Vimentin 和 Fibronectin）下调，上皮标记物（E-cadherin）上调。miR-9 在原发性食管鳞状细胞癌组织中上调，与临床进展（$P = 0.022$）和淋巴结转移（$P = 0.007$）相关，总体生存率较低（$P < 0.001$）。功能性研究表明，miR-9 促进细胞迁移和肿瘤转移，沉默 miR-9 有效抑制表达。miR-9 与 E-cadherin 3'UTR结合，引起 E-cadherin 下调、β-catenin 的核转位和 c-myc 和 CD44 的上调，提示

miR-9 可以作为新的独立预后标志物或作为潜在的治疗靶点。已经证明，BT-IC 分化所必需的胰岛素受体底物-1（IRS-1）是 miR-145 的直接靶标，miR-145 显著性降低 RTKN 蛋白表达，从而抑制细胞生长和诱导细胞凋亡。miR-145 在乳腺癌中作为肿瘤抑癌基因，直接靶向 FSCN-1，阻断 Oct4 的表达，抑制 EMT。Zhang 等报道，miR-124 在 13 例卵巢癌患者及多株卵巢癌细胞（SKOV3-ip 和 HO8910pm）中下调，鞘氨醇激酶-1（SphK1）表达升高。过表达 miR-124，通过靶向鞘氨醇激酶-1，抑制卵巢癌细胞的增殖、侵袭和迁移，并且 miR-124 表达的丢失与卵巢癌的转移相关。miR-124 在宫颈癌细胞中能通过调节 AmotL1 抑制血管旁路生成、肿瘤细胞迁移侵袭和上皮间质转化的进程。miR-124 在 35 例子宫内膜癌患者中表达下调。miR-124 能通过信号转导和转录激活因子-3（STAT3）显著抑制肿瘤细胞的增殖、迁移和侵袭，使细胞凋亡和 G_1 期阻滞，在子宫内膜癌细胞株 HEC-1B 中，过表达 miR-124 诱导 STAT3 表达的改变，以及 cyclinD2 和 MMP2 的表达，提示 miR-124 的抑癌作用是通过下调 STAT3 mRNA 及其下游靶基因的表达来实现的。miR-143 上调可增强 E-cadherin 介导的细胞-细胞黏附能力，使间质细胞标记物减少，体外试验证明与乳腺细胞增殖、迁移和侵袭相关。与非肿瘤组织相比，miR-138 的表达在乳腺癌组织中明显降低，低水平的 miR-138 与淋巴结转移和侵袭相关，miR-138 过表达会抑制乳腺癌细胞的转移，抑制 EMT，下调 Vimentin 的表达和上调 E-cadherin 的表达，提示 Vimentin 是 miR-138 的功能性靶标，miR-138 可作为乳腺癌治疗剂，尤其是在淋巴结转移患者。78 例骨肉瘤患者中有 51 例（占 65.4%）出现 N-cadherin 表达升高和 miR-194 表达下降，且 N-cadherin 的表达与临床分期（$P=0.035\,4$）、远端转移（$P=0.027\,1$）和患者生存（$P=0.001\,4$）相关。N-cadherin 可作为 miR-194 靶标之一，miR-194 过表达显著下调 N-cadherin 的表达，有助于抑制肿瘤生长和转移，miR-194 的下调与骨肉瘤的侵袭和转移相关，总生存期低。miR-708-3p 在乳腺癌组织中表达下调，特别是乳腺癌转移患者下调更明显。体内外试验表明，侵袭性腺癌细胞系中 miR-708-3p 的表达明显降低，抑制 miR-708-3p 显著促进乳腺癌细胞转移和增强乳腺癌耐药，相反，过表达 miR-708-3p 可显著抑制乳腺癌细胞的转移和增强对化疗药物的敏感性，此外，miR-708-3 直接靶向 EMT 激活剂（如 ZEB1、CDH2 和 vimentin）的表达，抑制乳腺癌细胞增殖。与相关文献研究一致，在本研究中，通过 miRDB、miRbase 和 Targetscan7.0 在线软件预测 CDH2 是 miR-124 的潜在靶基因之一，在前期试验中，研究发现犬乳腺肿瘤组织中 CDH2（N-cadherin）的高表达，miR-124 过表达能显著抑制野生型 CDH2 3'UTR 荧光素酶活性，但突变型没有变化，转染 miR-124 mimics/inhibitor 能显著降低 CDH2 mRNA 和蛋白的表达，这些结果证明在犬乳腺肿瘤细胞内 CDH2 是 miR-124 潜在的靶基因。此外，miR-124 通过靶向 CDH2 基因负向调控肿瘤细胞上皮间质转化，引起 Twist1、Vimentin 和 N-cadherin 蛋白的表达水平上调，下调 E-cadherin 蛋白的表达水平，抑制犬乳腺肿瘤细胞的增殖、迁移能力。因此，本研究结果表明，miR-124（低表达）在犬乳腺肿瘤发生、发展过程起到重要的调控作用，可作为犬乳腺肿瘤治疗的潜在靶点。

四、小结

miR-124 通过靶向结合 CDH2 3'UTR 区，调控 EMT 相关分子 N-cadherin、E-cadherin、Twist1 和 Vimentin 的表达，从而影响犬乳腺肿瘤细胞的增殖及迁移能力，miR-124 和 CDH2 mRNA 之间存在负向调控关系，提示 miR-124 可作为犬乳腺肿瘤靶向治疗的靶点。

附录六   miR-502 在犬乳腺肿瘤中的表达及意义

微小 RNA（microRNA，miRNA）与肿瘤的发展、转移、浸润及对放化疗药物的抗性有密切关系，miRNA 的异常表达可以用于肿瘤的早期诊断、预后及指导靶向治疗。miR-502 在人乳腺癌中有促进肿瘤生长的作用，可引起乳腺癌的侵袭和转移，扮演癌基因的角色，但 miR-502 与犬乳腺癌的发生、发展及转移是否相关，目前尚无报道。本研究拟采用实时荧光定量 PCR（qRT-PCR）方法检测 miR-502 在犬恶性乳腺肿瘤及正常组织中的表达情况，进一步分析其与临床病理因素之间的关系，旨在探讨 miR-502 与犬乳腺肿瘤的发生、发展的相关性，为将其作为犬乳腺肿瘤诊断和治疗的新分子标志物提供试验依据。

一、材料与方法

1. RNA 提取和 qRT-PCR 反应   采用 Trizol 法提取 20 例犬乳腺浸润性导管癌组织中的总 RNA，按照增强型 miRcute microRNA cDNA 第一链合成试剂盒说明书和 miRcute microRNA 荧光定量检测试剂盒操作，合成 miRNA 的 cDNA 第一链，所有操作均在冰上进行。miR-502 引物由北京天根生物公司设计，miRNA 序列：5'-AAUGCACCUGGGCAAGGAUUCA-3'，上游引物：5'-GCACCTGGGCAAGGATTCA-3'，内参 U6 为北京天根生物公司的商品化引物（RNU6B），下游引物为通用引物序列。采用 $2^{-\triangle\triangle Ct}$ 法计算 miR-502 在犬恶性乳腺肿瘤组织和正常组织中的相对表达量。

2. 统计学分析   应用 SPSS 20.0 软件对试验结果进行统计学分析，试验数据以平均数±标准差（SD）表示，组间比较采用 t（Wilcoxon）检验，对于计数资料，选择 χ^2 检验及 Fisher 确切概率法，分析 miR-502 与临床病理因素的关系。采用 GraphPad prism 7.0 软件进行图像绘制。$^*P<0.05$ 表示差异显著，$^{**}P<0.01$ 表示差异极显著。

二、试验结果

1. miR-502 在犬乳腺癌及正常癌旁组织中的表达   采用 qRT-PCR 方法检测 miR-502 在 30 例犬乳腺癌及正常癌旁组织中的相对表达情况。试验结果经统计学分析表明，与正常乳腺组织相比（1.030±0.174 8），犬乳腺癌组织中 miR-502 的相对表达量显著升高（2.702±0.613 9），差异有统计学意义（$P<0.01$）。见附图 6-1。

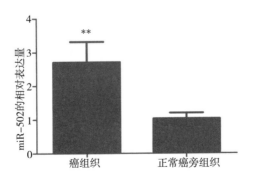

附图 6-1   miR-502 在犬乳腺癌及正常癌旁组织中的表达

2. miR-502 表达与犬乳腺癌临床病理因素间的关系   以犬乳腺癌组织中 miR-502 的表

达量的中位数作为分界点，将其分为低表达组和高表达组，分析两组与犬乳腺癌临床病理因素的关系。统计学结果分析显示：miR-502 的表达与犬恶性乳腺肿瘤的病理组织学分级、淋巴结转移有关。miR-502 的高表达主要发生在组织学Ⅲ级，miR-502 的低表达主要发生在组织学Ⅱ级，组织学分级越高，miR-502 的表达越多，肿瘤恶性程度越高（$P<0.05$）。miR-502 的表达与犬恶性乳腺肿瘤的转移有关（$P<0.01$），发生肿瘤转移的患犬，miR-502 的高表达比例占 85.71%（12/16），但与年龄和肿瘤大小无关（$P>0.05$），见附表 6-1。

附表 6-1　miR-502 的表达与犬乳腺癌临床病理因素的关系

临床因素	例	miR-502 高表达	miR-502 低表达	P 值
年龄（岁）				0.602
≤8	10	6	4	
>8	20	9	11	
肿瘤大小（cm）				0.687
<3	6	3	3	
3≤T≤5	16	7	9	
>5	8	5	3	
转移状态				0.001
是	14	12	2	
否	16	4	12	
组织学分级				0.004
Ⅰ	6	5	1	
Ⅱ	15	3	12	
Ⅲ	9	7	2	

三、分析与讨论

miR-502 是 miRNA 中的一员，目前关于 miR-502 在犬乳腺癌中表达及与临床病理因素的关系的研究较少。同一 miRNA 分子在不同的肿瘤组织中表达不同，在多种癌症中发挥重要作用。已有研究发现，miR-502 在人乳腺癌中的表达水平显著低于癌旁组织，通过下调肿瘤坏死因子受体相关因子 2（TRAF2），发挥促进乳腺癌细胞凋亡和抑制乳腺癌细胞增殖的作用。Chen 等发现，miRNA-502 表达下调与肝癌的发生、发展相关，miRNA-502 通过靶向下游磷脂酰肌醇 3-激酶 γ（PIK3CG）抑制肝癌细胞增殖、G_1/S 期细胞周期阻滞和促进肝癌细胞凋亡。miR-502-3p 在肝癌细胞株和人肝癌组织中均表达下调，早期（TNMⅠ和Ⅱ期）肝癌组织样本中 miR-502-3p 的表达水平明显高于晚期（TNM Ⅲ期）肝癌组织样本，miR-502-3p 的表达与肝癌 TNM 分期呈显著负相关，且 miR-502-3p 的过度表达显著抑制肝癌的增殖、转移、侵袭和细胞黏附。然而，miR-502 在食管癌组织中显著上调，过表达 miR-502 可促进 TE1 癌细胞的增殖，通过激活 PI3K/AKT 通路抑制 dox 诱导的细胞凋亡。Osaki T 等对 SNP（犬乳腺癌细胞系）和犬的正常乳腺组织 miRNA 的研究结果显示：miR-502 在 SNP 细胞中高表达，表达差异 5.994 5 倍。而 Ben L 通过 qRT-PCR 方法对 60 例配对乳腺癌和癌旁组织样本进行分析，结果显示，乳腺癌组织中的 miR-502 表达显著低于癌旁组织，提示 miRNA 分子在不同的肿瘤组织中表达不同。本研究通过 qRT-PCR 检测 miR-502

在犬乳腺癌组织和癌旁组织中的表达水平，发现 miR-502 在犬乳腺癌组织中的表达水平较癌旁组织明显上调，差异具有统计学意义，进一步分析 miR-502 的表达与临床病理因素的关系发现，组织学Ⅲ级（分化程度低）和转移肿瘤的 miR-502 表达水平显著高于组织学分级低和未转移肿瘤的表达，miR-502 表达与组织学分级与转移有关（$P < 0.05$），与年龄和肿瘤大小无关（$P > 0.05$），提示 miR-502 可能参与犬乳腺癌的发生、发展，发挥癌基因的功能。尽管临床上关于 miR-502 与犬乳腺癌关系的研究较少，但本研究结果提示 miR-502 可作为犬乳腺肿瘤诊断预测的新靶点。然而，关于 miR-502 在犬乳腺肿瘤的发生、发展中的具体表达变化，以及其相关的调控机制，仍有待进一步研究确定。

四、小结

miR-502 在犬乳腺肿瘤组织中表达上调，且 miR-502 表达与犬乳腺肿瘤的组织学分级和转移有关，提示 miR-502 与犬乳腺肿瘤的发生、发展有一定关系，有可能作为犬乳腺肿瘤诊断的标记物。

附录七　紫杉醇诱导犬乳腺肿瘤细胞凋亡的机制研究

乳腺肿瘤是最常见的恶性肿瘤之一，在雌性犬中发病率较高。肿瘤转移是导致临床治疗失败的主要原因。手术切除和化疗是临床治疗乳腺肿瘤最常用的方法。紫杉醇属于短叶红豆杉（*Taxus brevifolia*）衍生的二萜化合物（有丝分裂抑制剂），对多种癌症类型具有高效、广谱的化疗作用，如卵巢癌、乳腺癌、胃癌和其他恶性肿瘤。紫杉醇的分子式为 $C_{47}H_{51}NO_{14}$，相对分子质量为 853.890。紫杉醇作为一种抗菌剂，已被证明可阻滞 G_2/M 期，干扰多种信号转导途径，并通过稳定微管诱导细胞凋亡。然而，紫杉醇通过调控哪些信号通路来诱导对犬乳腺肿瘤的抗肿瘤作用仍有待研究。

先前的研究表明，紫杉醇通过不同的信号转导途径诱导细胞凋亡，包括 PI3K/AKT、EGFR 和 MAPK 信号通路。靶向抑制 p-PI3K 被证明可增强诱导细胞凋亡，并增加紫杉醇耐药卵巢癌细胞对治疗的敏感性。MAPK 通路是氧化还原敏感性信号通路。氧化应激可通过激活 MAPK 信号转导通路调节细胞增殖、分化和凋亡。ROS 水平升高可增强 JNK、P38 MAPK 和细胞外信号调节激酶 1/2 的磷酸化，调节 Bcl-2 家族蛋白的表达和线粒体膜去极化，最终导致细胞凋亡。虽然这些过程已被广泛了解，但紫杉醇在犬乳腺肿瘤中的作用模式仍有待阐明。本研究旨在探讨紫杉醇体外抗肿瘤作用的机制以及 AKT/MAPK 信号转导通路在 CHMm 细胞中的作用，为紫杉醇在兽医临床的应用和进一步研究提供理论和试验依据。

一、材料与方法

1. 试验方法

（1）细胞增殖检测　采用 MTT 比色法（四唑盐比色法）检测细胞存活和生长情况。取对数生长期的犬乳腺肿瘤细胞，用含 10%FBS 的 DMEM 培养基配成 3×10^4 个/mL 细胞悬液，接种于 96 孔细胞培养板，$100\mu L$/孔，置于 37℃、饱和湿度、含 5%CO_2 的培养箱中常规培养 24h。待细胞长满单层后，弃去培养液，分别加入终浓度为 $1\mu mol/L$、$0.1\mu mol/L$、$0.01\mu mol/L$ 的紫杉醇（5mg 紫杉醇溶于 99% 的 DMSO 中，配制成

50mg/mL的贮存液，20℃冰箱贮存，临用前用培养液稀释）100μL，同时设立平行对照组包括20μmol LY294002或SB203850（PI3K/AKT抑制剂和P38抑制剂，每种浓度设6个平行孔），阴性对照不加紫杉醇，空白对照只加培养液。置于37℃、饱和湿度、含5% CO_2 的培养箱中分别培养24h，利用倒置显微镜观察不同浓度紫杉醇处理的细胞，比较细胞形态变化。细胞增殖检测时，弃上清，加无血清DMEM培养基200μL及MTT（5mg/mL）20μL。继续培养4h。吸弃孔内的培养上清液，每孔加入150μL DMSO（二甲基亚砜），在微量振荡器上振荡10min，直至蓝紫色结晶完全溶解，静止几分钟。空白对照调零，用酶标仪（单波长490nm）测定各孔的吸光度值（OD值）。计算不同浓度、不同时间紫杉醇作用下细胞的抑制率。试验重复4次，取其平均值。

计算细胞的存活率：细胞存活率（%）＝（试验组OD值－空白组OD值）/（正常组OD值－空白组OD值）×100%

（2）肿瘤细胞培养上清液中乳酸脱氢酶活性的检测　乳酸脱氢酶（LDH）活性的检测采用LDH释放测定试剂盒。常规分离、培养细胞（细胞密度 3×10^4 个/mL），待细胞长成单层后，弃去培养液，加入不同浓度紫杉醇处理24h，另外设未加紫杉醇的对照组，室温下400r/min离心5min，收集细胞上清液。将培养上清液加到96孔培养板上（120μL/孔）。用酶标仪在490nm波长处测量吸光度值。

（3）吖啶橙/溴化乙锭（AO/EB）双染色荧光显微镜观察　用0.25%胰蛋白酶消化细胞制成细胞悬液，用PBS液冲洗1次，将洗涤好的细胞进行适当的稀释，取50μL细胞悬液加入4μL AO/EB混合液，混匀后，立即镜检。激发波长峰值为490nm，于荧光显微镜下观察凋亡细胞典型的形态变化。

（4）透射电镜观察　取对数生长期的细胞，以 1×10^6 个/mL细胞悬液接种于25cm培养瓶中，2mL/瓶，待细胞长成单层后，弃去培养液，分别加入终浓度为1μmol/L、0.1μmol/L、0.01μmol/L的紫杉醇培养液，设未加紫杉醇的对照组，培养24h后，将上清液吸出，置EP管中，并将细胞用胰蛋白酶消化，与相应的上清液混合，2 000r/min离心5min。弃去上清液，加入2.5%、pH 7.2戊二醛预固定，置4℃保存。用pH 7.2 PBS液冲洗3次，10min/次。2%四氧化锇固定1.5h。脱水：分别用浓度50%、70%、90%的乙醇脱水一次，再用浓度为100%的乙醇脱水三次，10～15min/次。置换：100%乙醇：丙酮＝1：1，一次，10min；纯丙酮一次，10min。浸透：纯丙酮：环氧树脂812包埋剂＝1：1，1h；纯丙酮：环氧树脂812包埋剂＝1：2，2h；纯丙酮：环氧树脂812包埋剂＝1：3，开盖过夜。聚合：将样品置恒温培养箱中培养，40℃ 17h，45℃ 24h，60℃ 17h。切片：用ULTRACUT E型超薄切片机进行切片，切片厚度为5 000～7 000nm。染色：用醋酸双氧铀、柠檬酸铅在25℃下分别对样品染色15～20min，双蒸水冲洗，备用。在透射电镜观察。

（5）细胞凋亡分析　取对数生长期的细胞，按 3×10^4 个/mL CHMm细胞接种于6孔板中，待细胞长成单层后，弃去培养液，加入不同浓度的紫杉醇，孵化24h。收集细胞，1 000g离心5min，用500μL结合缓冲液（含5μL FITC Annexin V和5μL PI）悬浮细胞，室温避光孵育20分钟。用流式细胞仪、FACSDiva Version 6.1.3软件对凋亡细胞进行分析。

（6）细胞周期　紫杉醇处理犬CHMm细胞24h后，用0.25%胰蛋白酶将细胞从培养板上分离，收集细胞，并用冷PBS冲洗。随后，用70%的冰冷乙醇固定细胞，在4℃孵育过夜。然后，用冷PBS重新悬浮细胞，用1mL碘化丙啶（PI）染色液（含50μg/mL

碘化丙啶和 $50\mu g/mL$ RNase A）染色，室温避光孵育 1h。用流式细胞仪、Modfit LT 4.0 软件分析细胞周期的分布。

（7）抗氧化功能检测

①活性氧（ROS）含量测定　原理：利用荧光探针 DCFH-DA 进行活性氧检测。DCFH-DA 本身没有荧光，可以自由穿过细胞膜，进入细胞内后，可以被细胞内的酯酶水解生成 DCFH。而 DCFH 不能穿过细胞膜，从而使探针很容易被装载到细胞内。细胞内的活性氧可以氧化无荧光的 DCFH 生成有荧光的 DCF。检测 DCF 的荧光就可以知道细胞内活性氧的水平。

测定细胞内 ROS 水平：分别用 0、0.01、0.1 和 $1\mu mol/L$ 紫杉醇，以及 5mmol/L N-乙酰半胱氨酸（N-acetylcysteine，NAC）处理 CHMm 细胞。处理 24h 后，用 0.25% 的胰蛋白酶消化细胞。使用 2,7,-二氯荧光黄双乙酸盐（DCFH-DA）检测试剂盒测定 ROS 水平。收集细胞（1×10^6 个/mL），用无血清 DMEM 洗涤，用 10mmol/L DCFH-DA 在 37℃ 孵育 20min。染色细胞经洗涤 3 次后，用无血清 DMEM 重新悬浮。细胞内 ROS 氧化无荧光的 DCFH，转化为有荧光的 DCF。使用荧光酶标仪测量 ROS 水平，参考波长为 490nm，检测波长为 570nm。

②超氧化物歧化酶（SOD）活性和丙二醛（MDA）含量检测　取对数生长期细胞，按 1×10^6 个/mL 接种于 60mm 培养板中培养，待培养 24h 后，加入不同浓度的紫杉醇，培养 24h 后，取培养液，按试剂盒说明书进行检测。

（8）Western blotting 方法检测相关蛋白的表达　Western blotting 方法被用来检测紫杉醇处理 CHMm 后相关蛋白的表达水平。紫杉醇与 CHMm 细胞信号蛋白抑制剂的协同作用：CHMm 细胞在含 LY294002（$20\mu mol/L$）或 SB203580（$20\mu mol/L$）的无血清培养基中孵育 1h，然后在 37℃ 下与紫杉醇（$1\mu mol/L$）孵育 30min。用细胞 RIPA 裂解缓冲液裂解细胞，获得细胞总蛋白。为了检测细胞色素 C，收集的细胞使用线粒体分离试剂盒进行处理，以获得胞质成分和线粒体。使用 BCA 蛋白检测试剂盒测定试验组和对照组的蛋白浓度。蛋白经煮沸 10min 变性，10%～15% SDS-PAGE 分离。随后，将溶解的蛋白条带转移到硝化纤维素膜上，在室温下用 5% 脱脂牛奶封闭 1h。加入一抗，在 4℃ 下孵育过夜。随后，在 TBST 缓冲液（1% 吐温-20）中洗涤 3 次，每次 10min 随后，用辣根过氧化物酶标记的二抗（山羊抗兔 ZB2301，1∶2 000；山羊抗鼠 ZB2305，1∶2 000）孵育。以总蛋白和 β-肌动蛋白（1∶1 000）作为内参。使用化学成像系统观察蛋白条带，用 Image J1.48 软件定量分析相对蛋白水平。

2. 统计学分析　数据以平均数＋标准差表示。采用 GraphPad prism 5.0 软件进行单因素方差分析（ANOVA）。试验至少重复 3 次。$P<0.05$ 表示差异有统计学意义。

二、试验结果

1. 紫杉醇对犬乳腺肿瘤细胞生长的影响　应用 MTT 比色法分别检测不同浓度的紫杉醇作用于犬乳腺肿瘤细胞后，与对照组相比，随着紫杉醇浓度的升高，细胞活力逐渐下降，对照组与各试验组比较差异极显著（$P<0.01$），在同一时间点，不同浓度的紫杉醇组间差异均极显著（彩图 20A）。此外，紫杉醇使犬乳腺肿瘤细胞内的乳酸脱氢酶（LDH）漏出增多，随紫杉醇浓度的升高，细胞培养上清液中 LDH 活性增强，表明紫杉醇对犬乳腺肿瘤细胞具有明显的抑制作用，呈明显的时间-剂量依赖关系（彩图 20B）。

2. 紫杉醇诱导犬乳腺肿瘤细胞凋亡的形态学变化

（1）倒置显微镜下观察犬乳腺肿瘤细胞形态学变化　倒置显微镜下观察对照组细胞贴壁状况良好，细胞生长增殖旺盛、密集，束状排列，连接成片，胞晕清，呈梭形或多边形，胞体饱，扁平而长突生长，细胞核很大，有的细胞中可见两个或多个的细胞核，细胞透明，折光性好，状态佳。试验组细胞增殖较对照组差，且紫杉醇浓度越大，增殖状态越差。紫杉醇低剂量组（$0.01\mu mol/L$），镜下观察细胞形态无明显变化，贴壁状况良好，细胞呈梭形或多边形生长，随着紫杉醇作用时间的延长，细胞变圆、分布松散，间隙变宽，折光性增强，细胞皱缩，漂浮，可见坏死细胞及碎片；中等剂量组（$0.1\mu mol/L$），细胞形态开始与低剂量组相近，可见细胞形态欠规则，呈梭形或多边形生长，少许呈圆形贴壁生长，胞质内变化不明显或略有变化（胞质内黑色颗粒物质增多），随着紫杉醇作用时间的延长，细胞形态变化更加明显，细胞逐渐变圆，间隙增宽，折光性减弱，并可见少数细胞漂浮于培养液中；高剂量组（$1\mu mol/L$），细胞贴壁状况不好，大部分细胞漂浮于培养液中，并可见坏死细胞和碎片，个别细胞呈圆形贴壁生长，细胞折光性差，较暗，细胞内可见黑色颗粒物质，且随紫杉醇作用时间的延长，贴壁生长细胞减少，有些细胞甚至死亡、破裂，培养瓶中可见漂浮细胞逐渐增多。不同浓度紫杉醇对犬乳腺肿瘤细胞增殖的抑制作用，随着其浓度升高，抑制作用增强，并呈时间-剂量依赖性（彩图20C）。

（2）吖啶橙/溴化乙锭（AO/EB）双荧光染色的检测结果　犬乳腺肿瘤细胞经不同浓度的紫杉醇处理24h后，用AO/EB染色，在荧光显微镜下观察细胞凋亡情况。正常细胞被AO染成绿色，荧光在细胞内均匀分布，界限清楚，凋亡初期细胞染成亮绿色，凋亡末期细胞被染成橙色，坏死细胞被EB染成红色。荧光显微镜下，对照组可见大量被染成绿色的正常细胞，胞核完整，界限清晰。随着紫杉醇浓度的升高，有些细胞的细胞膜发生皱缩、细胞出芽、胞质稀少、染色体固缩、边聚、碎裂等，出现凋亡特征的细胞逐渐增多。高浓度组可见坏死细胞增多（彩图21A）。

（3）透射电镜观察细胞凋亡情况　在透射电镜下观察，对照组细胞完整，胞体大，细胞分布均匀，大小基本一致，核仁大而明显，微绒毛和内质网丰富，细胞增殖活跃，内见多个细胞核，染色质分布均匀，核仁存在，核固缩现象仅偶见。试验组细胞体积缩小，细胞变圆，细胞核染色质发生浓缩、致密，在细胞核膜周边聚集呈新月形或花瓣形，电子密度增强，细胞膜保存完整，细胞膜表面微绒毛消失，胞质内有许多空泡样变，细胞器结构存在，细胞表面有芽状突起，由膜性结构相连，突起小体内有空泡样变，并且随着紫杉醇浓度的升高、作用时间的延长，核发生碎裂，在细胞质内可见多个电子密度增强的核碎片，细胞质内可见空泡逐渐增多，线粒体膜不完整、肿胀（彩图21B）。

3. 紫杉醇对CHMm细胞周期阻滞和细胞凋亡的影响　流式细胞术数据显示，$1\mu mol/L$紫杉醇处理组与对照组相比，24h后阻滞在G_2/M期的细胞百分比显著升高（$P < 0.01$）。与$0.1\mu mol/L$紫杉醇相比，$1\mu mol/L$紫杉醇的作用更明显（附图7-1A和B）。紫杉醇处理24h后，CHMm细胞凋亡数量呈剂量依赖性升高。$1\mu mol/L$紫杉醇处理的细胞凋亡比例最大。5mmol/L NAC（N-乙酰半胱氨酸）对紫杉醇诱导的CHMm细胞凋亡有明显抑制作用。这些结果表明，紫杉醇可能促进了CHMm细胞的凋亡，这一过程可能与氧化应激增强有关，最终将细胞周期阻滞在G_2/M期（附图7-1B和C）。

4. 紫杉醇对CHMm细胞ROS、SOD和MDA的影响　过量ROS的产生是触发细胞凋亡的早期事件。紫杉醇诱导CHMm细胞凋亡过程中ROS、SOD和MDA的参与情况：

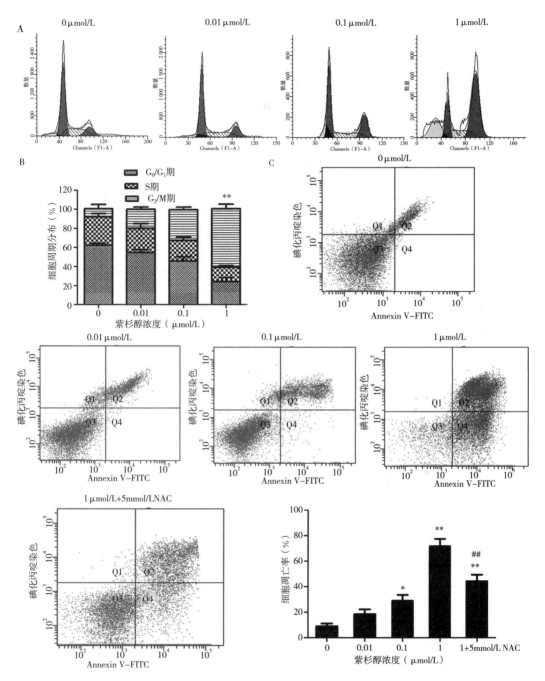

附图 7 - 1　紫杉醇对 CHMm 细胞凋亡、细胞周期分布的影响

用 DCFH-DA 探针检测 CHMm 细胞 ROS 水平，与对照组相比，紫杉醇处理后 CHMm 细胞 ROS 和 MDA 水平显著升高（$P<0.05$ 和 $P<0.01$），SOD 活性显著降低（$P<0.01$）。与 1 μmol/L 组相比，5mmol/L NAC 处理的细胞中 ROS（$P<0.01$）和 MDA（$P<0.05$）含量降低（附图 7 - 2）。这些结果提示紫杉醇可能导致 CHMm 细胞 ROS 生成增多，细胞内 ROS 的过度积累引起氧化应激损伤，促进细胞凋亡。

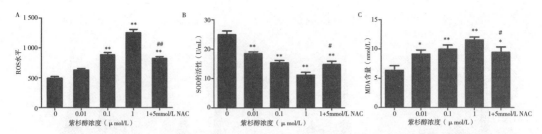

附图 7-2　紫杉醇对 CHMm 细胞 ROS、SOD、MDA 水平的影响

5. 紫杉醇对 CHMm 细胞凋亡相关蛋白表达的影响　为了进一步确定紫杉醇对 CHMm 细胞凋亡反应的影响，采用 Western blotting 方法检测凋亡相关蛋白的表达。P53 是一种肿瘤抑制基因，在响应包括 DNA 损伤和氧化应激在内的多种细胞过程时上调，直接或间接地调节线粒体生理活动。结果显示，紫杉醇可促进 CHMm 细胞中 P53 蛋白的表达。Bcl-2 家族成员在程序性细胞死亡过程中线粒体功能障碍中发挥调节作用。Western blotting 分析表明，紫杉醇处理 CHMm 细胞后，Bcl-2 表达降低，Bcl 关联 x 蛋白（Bax）表达增加，呈剂量依赖性。另外，结果表明，紫杉醇处理 CHMm 细胞 24h 后，细胞色素 C（cyt-C，cytoplasmic）、Bax 和活化半胱氨酸蛋白酶（Cleaved caspase-3）的表达水平上调，而 B 淋巴细胞瘤-2（Bcl-2）的表达水平下调，且表达水平呈剂量依赖性。与对照组比较，差异有统计学意义（$P<0.05$ 和 $P<0.01$；附图 7-3）。这些结果表明，紫杉醇诱导的细胞凋亡是通过促凋亡蛋白 Bax 激活，cyt-C 释放到细胞质中，以及 CHMm 细胞中 Cleaved caspase-3 的高表达来实现的。

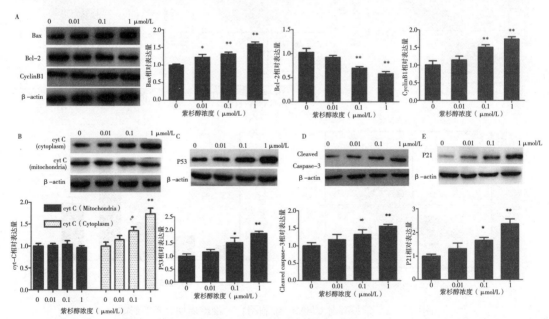

附图 7-3　紫杉醇对 CHMm 细胞凋亡相关蛋白表达的影响

6. 紫杉醇对 CHMm 细胞 AKT/MAPK 信号通路的影响　为确定紫杉醇对 CHMm 细胞活力的影响是否与 AKT/MAPK 信号通路的改变有关，利用 Western blotting 方法检测了相关蛋白的表达水平。结果显示，紫杉醇处理组 p-P38 和 p-P90RSK 水平显著升高，且呈剂量依赖性（$P<0.05$ 和 $P<0.01$）。相比之下，P38 和 P90RSK 总蛋白表达水平保持不变。紫

杉醇组 p-AKT 和 p-P70S6K 水平呈剂量依赖性（$P<0.05$ 和 $P<0.01$，附图 7-4）。以上结果表明，紫杉醇诱导的 CHMm 细胞凋亡可能是通过 AKT/MAPK 信号转导途径介导的。

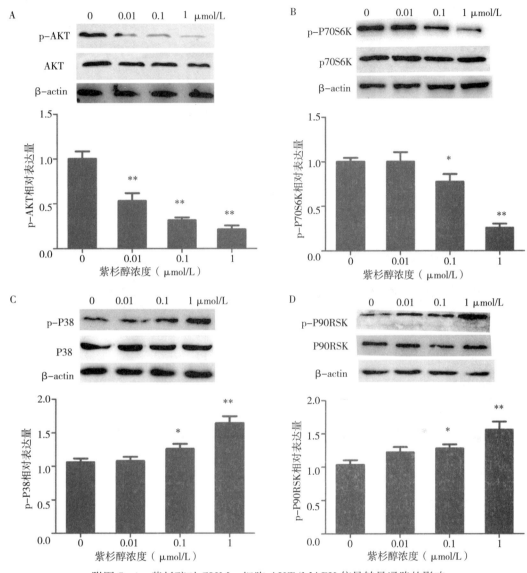

附图 7-4　紫杉醇对 CHMm 细胞 AKT/MAPK 信号转导通路的影响
（A）p-AKT、（B）p-P70S6K、（C）p-P38 和（D）p-P90RSK 水平

7. 紫杉醇联合细胞信号蛋白抑制剂对 CHMm 细胞 AKT/MAPK 信号通路的影响　为了确定紫杉醇处理后 CHMm 细胞活力的下降是否由 AKT/MAPK 途径介导，检测了单独使用 1μmol/L 紫杉醇、单独使用抑制剂、紫杉醇与 LY294002（PI3K/AKT 抑制剂，20μmol/L）联合使用、紫杉醇与 SB203850（P38 抑制剂，20μmol/L）联合使用对 CHMm 细胞活力的影响。与对照组相比，紫杉醇单独处理 CHMm 细胞的存活率为 45%（$P<0.01$）。与单独使用紫杉醇或单独使用抑制剂相比，联合组 CHMm 细胞的存活率显著降低（$P<0.05$，见附图 7-5）。利用 Western blotting 方法检测紫杉醇或抑制剂处理后 CHMm 细胞中相关信号蛋白的表达水平。SB203580 和 LY294002 可进一步抑制 CHMm

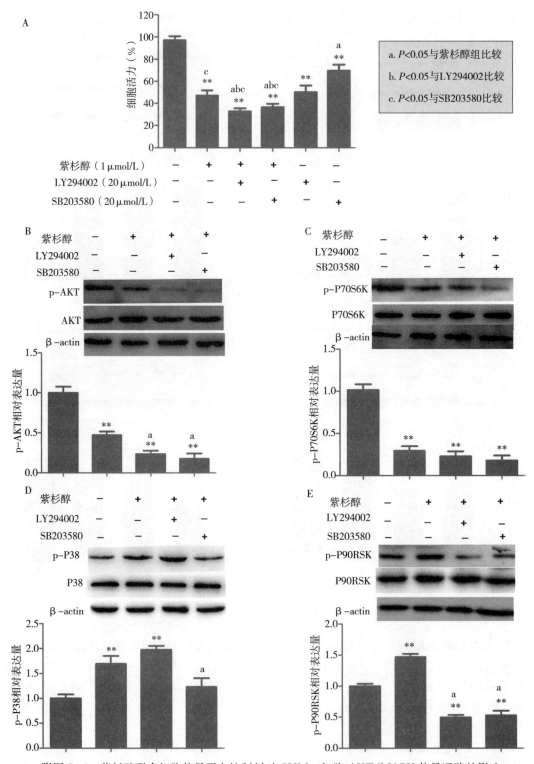

附图 7-5　紫杉醇联合细胞信号蛋白抑制剂对 CHMm 细胞 AKT/MAPK 信号通路的影响

细胞中紫杉醇单独处理后 AKT 的磷酸化，也可抑制 CHMm 细胞中 p-P70S6K 的表达。与紫杉醇组相比，SB203580 可完全抑制 p-P38 的活化（$P < 0.05$）。90ku 的核糖体 S6 激酶（p-P90RSK）是丝氨酸/苏氨酸激酶家族成员，可调控细胞的生长过程，作为 RasMAPK 和 ERK1/2 信号通路的下游分子，可被 SB203580 和 LY294002 抑制（附图 7-5B、C、D、E）。以上结果提示，紫杉醇抑制 CHMm 细胞增殖是通过抑制 PI3K/AKT 信号通路和激活 MAPK 信号通路介导的。

三、分析与讨论

检测细胞活力的方法有很多种，如台盼蓝排斥法、MTT 比色法、HE 染色法、BrDU 标记法等。MTT 比色法用于检测抗癌药物对肿瘤细胞增殖活性的效应。此方法简便、快速，所需细胞数较少，人为误差小且较精确，没有放射污染，广泛用于抗癌药物筛选。检测原理为活细胞线粒体中的琥珀酸脱氢酶能使外源性的 MTT 还原为难溶性的蓝紫色结晶物——甲瓒，并沉积在细胞中，而死细胞无此功能，其形成量与细胞活力呈正比。经二甲基亚砜溶解后，用酶标仪测定吸光度值，可作为药物抑制肿瘤细胞定量检测的指标。本试验采用 MTT 比色法检测了细胞的活性，结果分析表明紫杉醇对犬乳腺肿瘤细胞在一定范围内有明显的细胞增殖抑制作用，且呈剂量、时间效应关系。随紫杉醇浓度升高，细胞存活率明显降低。乳酸脱氢酶是存在细胞胞质中的一种非特异性酶，是反映细胞膜完整性的重要指标，当细胞膜受到损伤时从细胞中漏出，导致细胞培养上清液中酶活性增强。通过检测细胞上清液中乳酸脱氢酶的水平，可以评估紫杉醇对细胞毒性影响的大小。乳酸脱氢酶参与糖代谢，催化丙酮酸与乳酸之间的转换，酶活性的变化直接影响细胞通过糖酵解对能量的获得，进而影响细胞的功能。本试验结果表明，紫杉醇在体外抑制 CHMm 细胞增殖，且呈剂量依赖性。此外，随着紫杉醇介导的乳酸脱氢酶活性的增强，细胞活力被抑制，呈剂量依赖性。

生物体内环境的稳定不但依赖细胞增殖和分化，也依赖细胞凋亡。细胞凋亡是生物界重要的生命现象之一。凋亡是一种主动的细胞死亡过程，在此过程中，细胞受到一定的刺激以维持内环境的稳定。细胞凋亡的形态学变化是多阶段的，具有特征性的形态学改变特征，首先是细胞缩小，胞质凝缩，内质网疏松并与胞膜融合、线粒体聚集，但结构无明显改变。然后，染色质凝集，附在核膜周边，嗜碱性增强，以后细胞核固缩成均一的致密物，进一步核碎裂，胞膜完整，继之染色质脱落，形成膜包凋亡小体（坏死细胞胞膜破裂，核固缩，染色质分布无规律，细胞器结构被破坏）。目前研究认为，凋亡细胞特异性的形态改变是判断细胞凋亡最可靠的标志。紫杉醇可能抑制 G_2/M 期癌细胞的分裂并提高 cyclinB1 的表达。在本研究中，紫杉醇处理的 CHMm 细胞表现出凋亡特异性形态学改变，包括细胞收缩、细胞内空泡化和染色质凝聚。流式细胞术显示，随着紫杉醇浓度的升高，细胞凋亡增多，细胞周期阻滞在 G_2/M 期。P53 蛋白是一种多功能转录因子，与许多肿瘤的发生和进展有关，主要负责肿瘤细胞凋亡和细胞周期阻滞。P53 的激活诱导了 P21 和 cyclinB1 的表达。综上所述，紫杉醇诱导 CHMm 细胞凋亡和 G_2/M 期细胞周期阻滞可能与 DNA 损伤激活 P53 有关。

Bcl-2 家族蛋白，如 Bcl-2、Bcl-like 1、Bax，已经成为线粒体介导的凋亡的调控因子。凋亡前蛋白的增多和/或抗凋亡蛋白的减少会引起线粒体膜电位的降低和线粒体通透性转换孔的打开，导致 cyt-C 从线粒体释放到细胞质中。既往研究表明，紫杉醇可诱导 NB-1

细胞凋亡，其机制可能是下调 Bcl-2，上调 Bax。在本研究中，紫杉醇处理 CHMm 细胞后抗凋亡蛋白 Bcl-2 水平呈剂量依赖性下降，而促凋亡蛋白 Bax 水平升高。已知这种改变最终引发细胞凋亡，包括线粒体膜电位（MMP）降低、细胞质中 cyt-C 的释放增多和半胱氨酸蛋白酶-3 蛋白的激活。Bcl-2 家族蛋白通过产生 ROS 来调节细胞凋亡，随后线粒体电位降低，从而刺激线粒体释放促凋亡分子，导致半胱氨酸蛋白酶-9 和半胱氨酸蛋白酶-3 的激活。本研究结果表明，紫杉醇处理 CHMm 细胞后，ROS 和 MDA 水平升高，SOD 活性降低，而紫杉醇与 N-乙酰半胱氨酸配合使用时，ROS 和 MDA 水平降低，SOD 活性升高。这些结果表明，紫杉醇诱导凋亡相关蛋白表达的改变和 ROS 的生成。然而，紫杉醇诱导的线粒体依赖性凋亡是否由 ROS 介导尚不清楚。紫杉醇选择性诱导 CHMm 细胞凋亡的机制已经明确，但尚需进一步研究。

紫杉醇可诱导多种类型肿瘤的细胞凋亡，并调节不同的信号通路。AKT/MAPK 信号通路可能与紫杉醇的敏感性有关，并可能成为胃癌治疗的潜在靶点。前期研究结果表明，AKT/MAPK 信号通路的调控与癌变过程中癌细胞的增殖、迁移和侵袭密切相关。根据本研究的数据，在紫杉醇治疗后，p-AKT 和 p-P70S6K 信号蛋白水平下降，而 p-P38 和 p-P90RSK 信号蛋白表达水平升高，呈剂量依赖性。此外，本研究发现，抑制剂 LY294002 和 SB203580 与紫杉醇共同作用时具有协同作用，显著降低 CHMm 细胞活力。LY294002 和 SB203580 可降低 P90RSK 和 P70S6K 蛋白的磷酸化水平，SB203580 可显著降低 p-P38 水平，LY294002 可降低 p-AKT 水平。这些结果表明，紫杉醇介导的 CHMm 细胞增殖抑制可能是 AKT/MAPK 信号通路改变的结果。

四、小结

紫杉醇能有效抑制 CHMm 细胞增殖，诱导细胞周期停滞在 G_2/M 期，提高 MDA、ROS 水平，降低 SOD 水平。紫杉醇诱导细胞凋亡可能是通过下调 Bcl-2 和上调 Bax 介导的，并可能与抑制 PI3K/AKT 信号通路和激活 MAPK 信号通路有关。本研究为紫杉醇用于犬乳腺肿瘤的临床治疗提供了理论依据。

附录八　5-氮杂胞苷抑制犬乳腺肿瘤
细胞生长的表观遗传机制

犬乳腺肿瘤是一种异质性疾病，涉及多基因、多细胞因子和多阶段的复杂过程。DNA 甲基化是研究最广泛的表观遗传机制之一，被认为与各种癌症有关，并与肿瘤的形成和发展有关。异常的 DNA 甲基化是一种生化过程，通过去甲基化药物的干预是可逆的。5-氮杂胞苷是一种已知的特异性去甲基化药物，与 DNA 甲基转移酶共价结合，从而降低 DNA 甲基转移酶的生物活性。这导致基因去甲基化，并通过启动子 CpG 岛增强灭活基因的表达。基于体内和体外研究，5-氮杂胞苷的抗肿瘤活性已被证实用于非霍奇金淋巴瘤、乳腺癌、肝细胞癌、黑色素瘤、肺癌、全身性肥大细胞增多症、犬尿路上皮癌。然而，关于 5-氮胞嘧啶对犬乳腺肿瘤的抗癌作用知之甚少。

DAPK 1 基因编码一个钙调蛋白（CaM）依赖的丝氨酸-苏氨酸激酶，分子质量为 160ku。已知该蛋白是凋亡的正调控因子，通过激活多种途径（涉及 p53、TNF-α、FAS、IFN、TGF 等），诱导和加速程序性细胞死亡。*DAPK* 1 作为一种抑癌基因，在多种肿瘤

中表达下调，在 70％的 B 细胞淋巴瘤和白血病肿瘤细胞中均可见到，在约 30％的膀胱癌和乳腺癌中均可见到。MGMT 基因表达一种保守的 DNA 修复酶，位于染色体 10q21 上。启动子 CpG 岛的高甲基化降低了 MGMT 基因的表达。MGMT 通过不可逆地将烷基化基团从 O6-MG 转移到 MGMT 蛋白 145 位的半胱氨酸残基上，保护细胞免受烷基化剂的影响。MGMT 的表达水平和基因结构被发现受基因多态性的影响。启动子区域的突变和高甲基化已被证明会导致肿瘤形成的概率升高。之前的几项研究表明，MGMT 基因启动子在肿瘤细胞中几乎普遍甲基化，但在正常组织中未甲基化。这些研究提示 MGMT 和 DAPK1 启动子的甲基化可能是大多数肿瘤的有价值的临床诊断标志，这些甲基化位点也可能成为癌症的分子治疗靶点。然而，对于犬乳腺肿瘤来说，同样的潜能是未知的。因此，研究 5-氮杂胞苷对犬乳腺肿瘤细胞增殖的影响，并阐明其在犬乳腺肿瘤细胞中的作用机制，具有重要意义。

一、材料与方法

1. 临床样本　临床样本来源于东北农业大学附属动物医院，24 例雌性犬乳腺肿瘤组织样本和配对 5mL 血液，并得到宠物主人明确同意，犬在术前或术后均未接受化疗或放疗。部分肿瘤组织在液氮中快速冷冻−80℃保存，另一部分立即固定于 10％中性缓冲福尔马林中，常规方法制备石蜡包埋组织切片，进行病理分析。此外，6 只健康雌性犬的组织和配对血液样本作为阴性对照。健康犬的年龄范围为 3～8 岁。

2. 细胞增殖检测　将犬 CHMm 和 CHMp 细胞以大约 3×10^4 个/mL 的浓度接种于 96 孔板。5-氮杂胞苷（0μmol/L、0.25μmol/L、0.5μmol/L、1μmol/L、2.5μmol/L、5μmol/L、10μmol/L、25μmol/L、50μmol/L 和 100μmol/L）分别作用 24h、48h 和 72h，形成单层细胞。然后，在细胞中加入 20μL MTT 试剂（5mg/mL），37℃孵育 4h。弃上清液，加入 150μL DMSO。摇片，37℃孵育 10min。使用酶标仪在 490nm 处测定吸光度值。每个试验至少重复 5 次。细胞生长抑制率按以下公式计算：抑制率（％）＝（1−$OD_{试验组}$/$OD_{对照组}$）×100％。

3. DNA 甲基化检测　使用高纯 PCR 模板制备试剂盒提取基因组 DNA。使用 Nanodrop ND-1000 分光光度计测定 DNA 产量。使用 EpiTect 亚硫酸氢盐试剂盒对基因组 DNA 样品进行亚硫酸氢钠修饰及纯化回收，将纯化修饰后的 DNA 样品用于 MSP 检测。利用 Genome Browser gateway 对相关基因启动子 CpG 岛序列进行分析。甲基化特异性引物采用 Methyl Primer Express v1.0 设计（附表 8-1 和附表 8-2）。将 25 个 μL PCR 反应（16.2μL ddH₂O、2.5μL 10×PCR Buffer、2μL dNTPs、1μL 上游引物、1μL 下游引物、2μL DNA、0.3μL ExTaq 酶）混合，在以下条件下进行 30 个循环扩增：94℃ 5min，94℃ 30s，56～60℃ 30s，72℃ 30s，72℃ 10min。PCR 产物经 2％琼脂糖凝胶电泳分析，使用自动化凝胶成像系统拍摄。

附表 8-1　MSP 未甲基化特异性引物序列

基因名称	上游引物	下游引物	退火温度/时间	扩增片段
DAPK1	GGAAGGAAGAGGGAGAGTTGTT	ACCAACAAAAAACTCAACAAAT	58℃/30s	128bp
MGMT	TTAAGGGAGAGAATGTTTTTATGT	AACAATAAAAACCTCAACTACAAAC	60℃/30s	159bp

附表 8-2　MSP 甲基化特异性引物序列

基因名称	上游引物	下游引物	退火温度/时间	扩增片段
*DAPK*1	AAGGAAGAGGGAGAGTCGTC	CGACGAAAAACTCGACAAAT	58℃/30s	128bp
MGMT	AGGGAGAGAATGTTTTTACGC	AACGATAAAAACCTCGACTACG	60℃/30s	159bp

4. RNA 提取及 qRT-RCR 反应　在 qRT-PCR 检测中，使用 TRIzol 试剂从犬乳腺肿瘤细胞中提取 RNA。根据 gDNA Eraser 的 Prime Script™ RT 试剂盒操作说明将总细胞 RNA（1μg）反转录为 cDNA。使用 SYBR Premix Extaq™试剂盒经 LightCycler 2.0 实时荧光定量 PCR 进行基因表达分析，PCR 反应量为 25μL。以 β-actin 作为内控基因。根据 NCBI 网站查找目的基因，由 Primer 5.0 软件设计引物序列，引物序列如附表 8-3 所示，采用 $2^{-\Delta\Delta Ct}$ 法计算相对 mRNA 表达量。

附表 8-3　qRT-PCR 引物序列

No.	基因名称	上游引物	下游引物	退火温度/时间	扩增片段
NM001197157.1	*DAPK*1	GCTCATGTCTCTGCAGCAGTTTG	ACACATCCTGGACCGTTTCACTC	60℃/30s	146bp
NM001003376.1	*MGMT*	CGCGATTCACCATCCCATT	AACAATAAAAACCTCAACTACAAAC	60℃/30s	85bp
Z_70044	β-actin	GCTGTCCTGTCCCTGTATTCC	AGCCAAGTCCAGACGACGCAAG	58℃/30s	132bp

5. 统计分析　采用 SPSS17.0 软件进行统计学分析，数据均以平均值±标准差（SD）表示。采用单因素方差分析（One-way ANOVA）分析多重比较数据。$P < 0.05$ 表示具有统计学意义，而 $P < 0.01$ 表示具有高度显著性。

二、试验结果

1. 犬乳腺肿瘤的临床特征和组织病理学特征　在本试验中，24 只乳腺肿瘤患犬在肿瘤切除手术之前未进行过绝育。犬的平均年龄为 8.5 岁（1～16 岁），以 7～13 岁犬的乳腺肿瘤发生率最高，平均体重为 12.5kg（3～30kg）。临床调查分析认为，京巴犬是最易感的犬种。24 例中有 13 例组织学诊断为恶性乳腺肿瘤（54.17%），11 例为良性乳腺肿瘤（45.83%）。主要的肿瘤类型包括浸润性导管癌、导管内乳头状瘤、单纯性癌、纤维腺瘤及未特异性分化的良性混合瘤。临床特征及组织病理学特征见附表8-4。

附表 8-4　24 例犬乳腺肿瘤的临床特征和组织病理学特征

临床病理学特征		数量
年龄（岁）	>8 岁	12
	≤8 岁	12
肿瘤生长时间	>6 个月	15
	≤6 个月	9
体重	中小型（<15kg）	7
	大型（≥15kg）	17

（续）

临床病理学特征		数量
是否卵巢子宫摘除	未切除	24
	已切除	0
肿瘤类型	良性	11
	恶性	13
肿瘤生长状态	膨胀性	14
	侵袭性	10
组织学分级	Ⅰ＋Ⅱ	9
	Ⅲ	4
TNM	Ⅰ＋Ⅱ＋Ⅲ	23
	Ⅳ＋Ⅴ	1

注：T：原发肿瘤最大直径；N：局部淋巴结状况；M：远端转移。

2. 5-氮杂胞苷对犬乳腺肿瘤细胞系体外生长的影响　为了确定 5-氮杂胞苷是否在体外抑制犬乳腺肿瘤细胞的增殖，我们采用 MTT 比色法分别在 24、48 和 72h 对 CHMp 和 CHMm 细胞进行了分析研究。如彩图 22A 和 B 所示，5-氮杂胞苷对 CHMm 细胞的生长具有剂量-时间依赖性，随药物浓度的升高而贴壁细胞减少，表现出较差的生长状态。0、5、10、50μmol/L 5-氮杂胞苷处理 CHMm 细胞 72h 后，生长抑制率分别为（3.49±0.10）％、（28.74±1.49）％、（44.39±1.55）％、（81.67±2.50）％（$P<0.01$）。0、5、10、50μmol/L 5-氮杂胞苷处理 CHMp 细胞 24h、48h、72h 后，生长抑制率分别为（2.76±0.61）％、（27.36±2.43）％、（42.01±3.21）％、（78.62±3.65）％（$P<0.01$）。结果表明，5-氮杂胞苷会抑制犬乳腺肿瘤细胞的增殖。

3. *DAPK1* 和 *MGMT* 基因的甲基化检测结果　结果显示：在 CHMp 和 CHMm 细胞中，*DAPK1* 和 *MGMT* 的启动子完全甲基化（附图 8-1A）。在检测的 24 份血样中，37.50％（9/24）的 *DAPK1* 和 *MGMT* 基因启动子完全甲基化；54.17％（13/24）的病例部分甲基化，8.33％（2/24）的样本观察到未甲基化启动子（附图 8-1B）。在 69.23％（9/13）的分析样本中，恶性肿瘤病例的基因启动子完全甲基化，而其余样本仅部分甲基化。而在良性肿瘤组，2 例样本未被甲基化，其余 9 例部分甲基化。进一步研究 16 个肿瘤组织中 *DAPK1* 和 *MGMT* 基因的表达，恶性肿瘤组 9 例发生甲基化，2 例未甲基化，在 7 例良性肿瘤患犬中 5 例部分甲基化。6 例正常犬的样本未甲基化。这些结果表明，犬的乳腺肿瘤可能至少部分由 *DAPK1* 和 *MGMT* 启动子的甲基化诱导，甲基化程度可能是一个预后指标。

4. 5-氮杂胞苷对体外培养犬乳腺肿瘤细胞系 CHMp 和 CHMm 中 *DAPK1* 和 *MGMT* 基因甲基化的影响　MSP 检测结果显示，在未经 5-氮杂胞苷处理的 CHMp 和 CHMm 细胞中，*DAPK1* 和 *MGMT* 启动子高甲基化（附图 8-2）。在 CHMp 细胞中，5μmol/L 5-氮杂胞苷处理 72h 后导致 *DAPK1* 和 *MGMT* 基因去甲基化。然而，在 5μmol/L 5-氮杂胞苷处理 72h 后，CHMm 细胞中检测到 *DAPK1* 基因部分去甲基化和 *MGMT* 基因完全去甲基化。这些结果表明，5-氮杂胞苷进一步降低了 CHMp 和 CHMm 细胞中 *DAPK1* 和

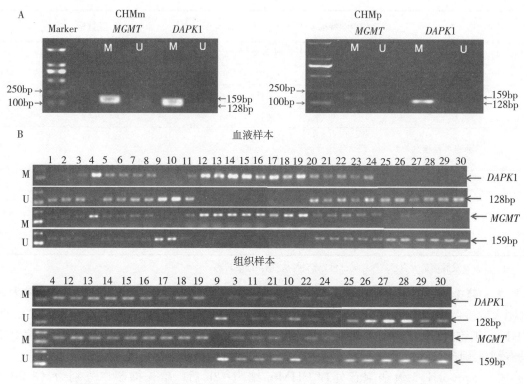

附图 8-1　犬乳腺肿瘤中 *DAPK*1 和 *MGMT* 甲基化的部分样本检测结果

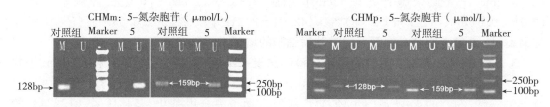

附图 8-2　5μmol/L 5-氮杂胞苷对犬乳腺肿瘤细胞系 *DAPK*1 和 *MGMT* 基因甲基化的影响

MGMT 基因启动子的甲基化水平。

5. 5-氮杂胞苷对体外培养犬乳腺肿瘤细胞系 *DAPK*1 和 *MGMT* 基因表达的影响　如附图 8-3 所示，与对照组相比，5-氮杂胞苷显著上调犬 CHMp 和 CHMm 细胞中 *DAPK*1 和 *MGMT* mRNA 的表达，呈剂量依赖性，差异显著。这些结果表明，随着 5-氮杂胞苷浓度的升高，犬乳腺肿瘤细胞中 *DAPK*1 和 *MGMT* mRNA 的表达水平升高。

三、分析与讨论

5-氮杂胞苷（5-azacytidine）是一种 DNA 去甲基化剂，通过在 DNA 复制过程中与 DNA 的结合，对 DNA 甲基转移酶活性产生强有力的抑制作用。该药物已被用于重新激活抑癌基因的表达，从而抑制各种肿瘤细胞的生长，提高肿瘤细胞的化疗敏感性。与之前研究一致，在本次试验中，我们发现 5-氮杂胞苷可以有效地抑制犬乳腺肿瘤细胞的增殖，且呈剂量-时间依赖性。

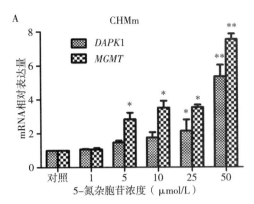
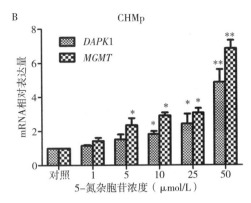

附图 8-3　5-氮杂胞苷对犬乳腺肿瘤细胞系 *DAPK*1 和 *MGMT* mRNA 表达的影响

　　既往研究表明，肾细胞癌中 *DAPK*1 的表达与肿瘤的发生发展密切相关，*DAPK*1 基因的产物可抑制胃癌细胞的细胞运动和转移。此外，*MGMT* 基因的产物是一种 DNA 甲基转移酶，已知其可抑制细胞存活和增殖，肿瘤组织中 *MGMT* 的水平高于正常组织。也有报道称 *MGMT* 表达受表观遗传调控的显著影响。*MGMT* 启动子的高甲基化在几种癌症组织中被检测到，包括宫颈癌和乳腺癌。在 48 个浸润性乳腺癌组织样本中，*DAPK*1 甲基化水平高达 37.5%（18/48）。在 18 例基因高甲基化的肿瘤样本中，39.4% 为浸润性导管癌，50% 为浸润性小叶癌；*MGMT* 启动子的甲基化水平约为 16.6%，主要与年龄和肿瘤级别相关。此外，有报道称，*DAPK*1 基因的甲基化在浸润性导管癌中高达 32%。在 85 例宫颈癌样本和 40 例匹配的血浆样本中，*DAPK*1 基因的甲基化率分别为 60% 和 28.2%。同一组还报道，正常宫颈组织中 *MGMT* 甲基化呈阴性，而宫颈癌患者 *MGMT* 甲基化显著升高，*MGMT* 甲基化可作为宫颈癌和胶质母细胞瘤患者的诊断和预后标志物。基于上述研究，我们研究了犬乳腺肿瘤血液/组织样本中 *DAPK*1 和 *MGMT* 的甲基化模式。我们观察到，在 CHMm 细胞和大多数恶性肿瘤样本中，*DAPK*1 和 *MGMT* 基因的启动子高甲基化。临床恶性肿瘤组 *DAPK*1 和 *MGMT* 甲基化率明显高于良性肿瘤组和正常组。此外，*DAPK*1 和 *MGMT* 的高甲基化可能与肿瘤的恶性程度相关。这些发现是意料之中的，因为这些肿瘤抑制基因的启动子区域在正常细胞或良性肿瘤细胞中保持未甲基化，因此细胞可以正常转录。相反，在肿瘤细胞中，这些基因启动子的甲基化会导致转录抑制，导致异常表达。综上所述，这些发现表明，*DAPK*1 和 *MGMT* 启动子的超甲基化可能是引起犬乳腺肿瘤进展的潜在机制之一。此外，这可以作为犬乳腺肿瘤的诊断依据。

　　5-氮杂胞苷是一类具有表观遗传活性的药物，其功能主要通过调控 DNA 甲基化而发挥。然而，目前尚不清楚 5-氮杂胞苷是否可以通过调控 *DAPK*1 和 *MGMT* 的去甲基化抑制 CHMm 细胞的生长。此前已有报道，DNA 甲基转移酶抑制剂 5-氮-2-脱氧胞苷（DAC）可通过调控 *DAPK*1 启动子甲基化抑制胆管癌细胞的生长，并恢复 *DAPK*1 的表达。这表明 *DAPK*1 可能是一种有效的治疗靶点。在本研究中，$5\mu mol/L$ 5-氮杂胞苷处理 CHMp 和 CHMm 细胞后，*MGMT* 基因和 *DAPK*1 基因发生去甲基化。此外，qRT-PCR 分析显示，5-氮杂胞苷可上调 *DAPK*1 和 *MGMT* 基因的表达水平，且与药物浓度呈正相关。因此，提示 5-氮杂胞苷可以抑制犬乳腺肿瘤细胞的生长，并通过使 *DAPK*1 和 *MGMT* 去甲基化，增强 *DAPK*1 和 *MGMT* 基因的表达。5-氮杂胞苷可作为一种潜在的抗肿瘤药物，用于犬乳腺肿瘤的治疗，但其抗肿瘤机制有待进一步研究。

四、小结

研究表明，甲基化的 *DAPK*1 和 *MGMT* 可作为犬乳腺肿瘤的诊断生物标志物和治疗靶点。5-氮杂胞苷是一种潜在的犬乳腺肿瘤化疗药物，可通过 *DAPK*1 和 *MGMT* 基因的去甲基化而发挥抗肿瘤作用，但具体的抗肿瘤机制需要进一步研究。

参 考 文 献

任晓丽，范玉营，石冬梅，等．2020. miR-502 在犬乳腺癌中的表达及意义 ［J］．畜牧兽医学报，51（1）：
193-197.

Abadie J，Nguyen F，Loussouarn D，Pena L，Gama A，Rieder N，Belousov A，Bemelmans I，Jaillardon
L，Ibisch C，Campone M，2018. Canine invasive mammary carcinomas as models of human breast
cancer. Part 2：immunophenotypes and prognostic significance ［J］. Breast Cancer Res Treat，167（2）：
459-468.

Abdelmegeed S M，Mohammed S，2018. Canine mammary tumors as a model for human disease ［J］. Oncol
Lett，15（6）：8195-8205.

Ahmad N，Ammar A，Storr S J，Green A R，Rakha E，Ellis I O，Martin S G，2018. IL-6 and IL-10 are
associated with good prognosis in early stage invasive breast cancer patients ［J］. Cancer Immunol
Immunother，67（4）：537-549.

Bachmann I M，Halvorsen O J，Collett K，Stefansson I M，Straume O，Haukaas S A，Salvesen H B，Otte
A P，Akslen L A，2006. EZH2 expression is associated with high proliferation rate and aggressive tumor
subgroups in cutaneous melanoma and cancers of the endometrium，prostate，and breast ［J］. J Clin
Oncol，24（2）：268-273.

Burrai G P，Gabrieli A，Moccia V，Zappulli V，Porcellato I，Brachelente C，Pirino S，Polinas M，
Antuofermo E，2020. A statistical analysis of risk factors and biological behavior in canine mammary
tumors：a multicenter study ［J］. Animals（Basel），10（9）：1687.

Cao Z Q，Wang Z，Leng P，2019. Aberrant N-cadherin expression in cancer ［J］. Biomed Pharmacother，
118：109320.

Choi H J，Jang S，Ryu J E，Lee H J，Lee H B，Ahn W S，Kim H J，Lee H J，Lee H J，Gong G Y，Son
W C，2016. Significance of EZH2 expression in canine mammary tumors ［J］. BMC Vet Res，12
（1）：164.

Choi H J，Lee H B，Park H K，Cho S M，Han H J，Lee S J，Lee J Y，Nam S J，Cho E H，Son W C，
2018. EZH2 expression in naturally occurring canine tumors ［J］. Comp Med，68（2）：148-155.

Cong C，Wang W，Tian J，Gao T，Zheng W，Zhou C，2018. Identification of serum miR-124 as a
biomarker for diagnosis and prognosis in osteosarcoma ［J］. Cancer Biomark，21（2）：449-454.

de Andres P J，Illera J C，Caceres S，Diez L，Perez-Alenza M D，Pena L，2013. Increased levels of interleukins 8
and 10 as findings of canine inflammatory mammary cancer ［J］. Vet Immunol Immunopathol，152（3-4）：
245-251.

Desantis C E，Ma J，Gaudet M M，Newman L A，Miller K D，Goding S A，Jemal A，Siegel R L，
2019. Breast cancer statistics，2019 ［J］. CA Cancer J Clin，69（6）：438-451.

Eich M L，Athar M，Ferguson J R，Varambally S，2020. EZH2-targeted therapies in cancer：hype or a
reality ［J］. Cancer Res，80（24）：5449-5458.

Elango R，Alsaleh K A，Vishnubalaji R，Manikandan M，Ali A M，Abd E N，Altheyab A，Al-Rikabi A，Alfayez M，Aldahmash A，Alajez N M，2020. MicroRNA expression profiling on paired primary and lymph node metastatic breast cancer revealed distinct microRNA profile associated with LNM [J]. Front Oncol, 10：756.

Fan Y，Ren X，Liu X，Shi D，Xu E，Wang S，Liu Y，2021. Combined detection of CA15-3，CEA，and SF in serum and tissue of canine mammary gland tumor patients [J]. Sci Rep, 11 (1)：6651.

Fan Y，Ren X，Wang Y，Xu E，Wang S，Ge R，Liu Y，2021. Metformin inhibits the proliferation of canine mammary gland tumor cells through the AMPK/AKT/mTOR signaling pathway in vitro [J]. Oncol Lett, 22 (6)：852.

Fu W，Wu X，Yang Z，Mi H，2019. The effect of miR-124-3p on cell proliferation and apoptosis in bladder cancer by targeting EDNRB [J]. Arch Med Sci, 15 (5)：1154-1162.

Gao S，Zhao Z，Wu R，Wu L，Tian X，Zhang Z，2018. MicroRNA-194 regulates cell viability and apoptosis by targeting CDH2 in prostatic cancer [J]. Onco Targets Ther, 11：4837-4844.

Gelaleti G B，Jardim B V，Leonel C，Moschetta M G，Zuccari D A，2012. Interleukin-8 as a prognostic serum marker in canine mammary gland neoplasias [J]. Vet Immunol Immunopathol, 146 (2)：106-112.

Iorio M V，Croce C M，2017. MicroRNA dysregulation in cancer：diagnostics，monitoring and therapeutics. A comprehensive review [J]. EMBO Mol Med, 9 (6)：852.

Nguyen T，Mege R M，2016. N-cadherin and fibroblast growth factor receptors crosstalk in the control of developmental and cancer cell migrations [J]. Eur J Cell Biol, 95 (11)：415-426.

Osaki T，Sunden Y，Sugiyama A，Azuma K，Murahata Y，Tsuka T，Ito N，Imagawa T，Okamoto Y，2016. Establishment of a canine mammary gland tumor cell line and characterization of its miRNA expression [J]. J Vet Sci, 17 (3)：385-390.

Pena L，De Andres P J，Clemente M，Cuesta P，Perez-Alenza M D，2013. Prognostic value of histological grading in noninflammatory canine mammary carcinomas in a prospective study with two-year follow-up：relationship with clinical and histological characteristics [J]. Vet Pathol, 50 (1)：94-105.

Qi M M，Ge F，Chen X J，Tang C，Ma J，2019. MiR-124 changes the sensitivity of lung cancer cells to cisplatin through targeting STAT3 [J]. Eur Rev Med Pharmacol Sci, 23 (12)：5242-5250.

Ramadan E S，Salem N Y，Emam I A，Abdelkader N A，Farghali H A，Khattab M S，2021. MicroRNA-21 expression，serum tumor markers，and immunohistochemistry in canine mammary tumors [J]. Vet Res Commun, 46 (2)：377-388.

Ren X，Li H，Song X，Wu Y，Liu Y，2018. 5-Azacytidine treatment induces demethylation of DAPK1 and MGMT genes and inhibits growth in canine mammary gland tumor cells [J]. Onco Targets Ther, 11：2805-2813.

Ren X，Zhao B，Chang H，Xiao M，Wu Y，Liu Y，2018. Paclitaxel suppresses proliferation and induces apoptosis through regulation of ROS and the AKT/MAPK signaling pathway in canine mammary gland tumor cells [J]. Mol Med Rep, 17 (6)：8289-8299.

Rivera P，von Euler H，2011. Molecular biological aspects on canine and human mammary tumors [J].Vet Pathol, 48 (1)：132-146.

Xu E，Hu M，Ge R，Tong D，Fan Y，Ren X，Liu Y，2021. LncRNA-42060 regulates tamoxifen sensitivity and tumor development via regulating the miR-204-5p/SOX4 axis in canine mammary gland tumor cells [J]. Front Vet Sci, 8：654694.

Yan G，Li Y，Zhan L，Sun S，Yuan J，Wang T，Yin Y，Dai Z，Zhu Y，Jiang Z，Liu L，Fan Y，Yang F，Hu W，2019. Decreased miR-124-3p promoted breast cancer proliferation and metastasis by targeting

MGAT5 [J]. Am J Cancer Res，9 (3)：585-596.

Zappulli V，Pena L，Rasotto R，Goldschmidt M，Gama A，Scruggs J，Kiupel M，2019. Surgical pathology of tumors of domestic animals，Vol 2：mammary tumors [M]. Illinois：Davis Thompson Foundation.

图书在版编目（CIP）数据

小动物肿瘤性疾病 / 任晓丽著 . —北京 ：中国农
业出版社，2023.7
ISBN 978-7-109-30905-0

Ⅰ.①小⋯　Ⅱ.①任⋯　Ⅲ.①动物疾病－肿瘤－诊疗
Ⅳ.①S857.4

中国国家版本馆 CIP 数据核字（2023）第 128413 号

小动物肿瘤性疾病
XIAODONGWU ZHONGLIUXING JIBING

中国农业出版社出版
地址：北京市朝阳区麦子店街 18 号楼
邮编：100125
责任编辑：刘　伟
版式设计：杨　婧　责任校对：周丽芳
印刷：中农印务有限公司
版次：2023 年 7 月第 1 版
印次：2023 年 7 月北京第 1 次印刷
发行：新华书店北京发行所
开本：787mm×1092mm　1/16
印张：11　插页：4
字数：280 千字
定价：70.00 元

附　图

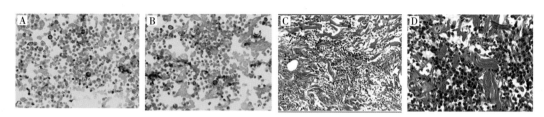

彩图 1　犬肥大细胞瘤的细胞学和病理组织学结果

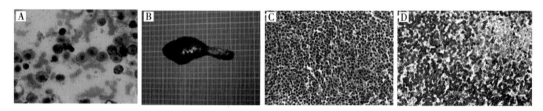

彩图 2　猫肥大细胞瘤的细胞学、脾脏组织样本及病理组织学检查结果

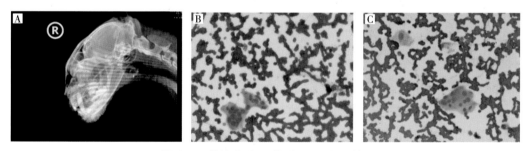

彩图 3　猫骨肉瘤影像学和细胞学结果

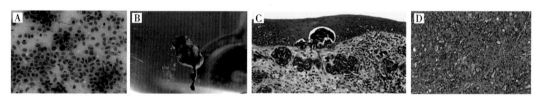

彩图 4　犬口腔黑色素瘤的细胞学和病理学结果

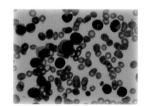

彩图 5　犬多发中心淋巴瘤细胞学结果

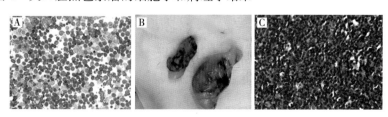

彩图 6　猫淋巴瘤细胞学和病理学结果

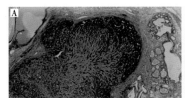

彩图 7　猫乳腺癌　　　　　　　　　　彩图 8　猫乳腺导管内乳头状癌

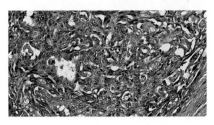

彩图 9　犬乳腺癌

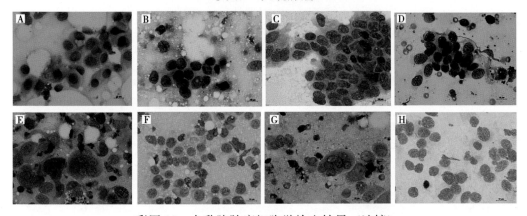

彩图 10　犬乳腺肿瘤细胞学检查结果（油镜）

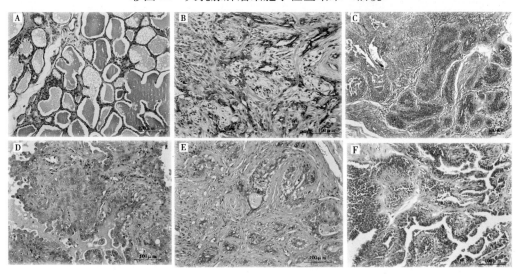

彩图 11　犬乳腺肿瘤组织和犬正常乳腺组织的组织病理学结果（200×）

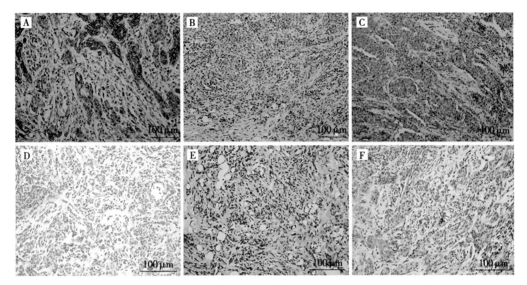

彩图 12　免疫组化染色方法检测犬恶性乳腺肿瘤中 ER、PR 和 Her-2 的表达结果（200×）

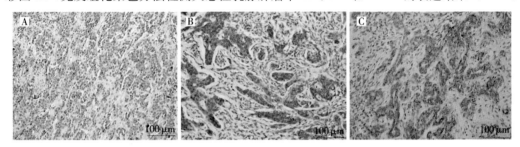

彩图 13　免疫组化染色方法检测犬恶性乳腺肿瘤组织中 IL-6（A）、IL-8（B）
和 IL-10（C）的表达（200×）

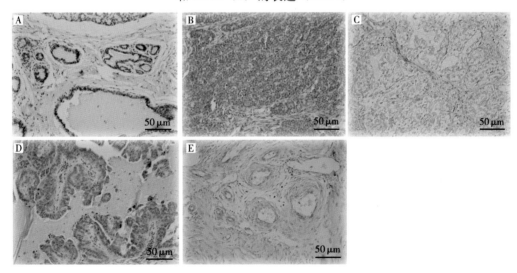

彩图 14　E-cadherin 在犬正常乳腺组织和乳腺肿瘤组织中的表达结果（200×）
（A）犬正常乳腺组织＋＋＋；（B）浸润性导管癌－；（C）导管内乳头状癌＋；
（D）浸润性微乳头状癌－；（E）导管原位癌＋

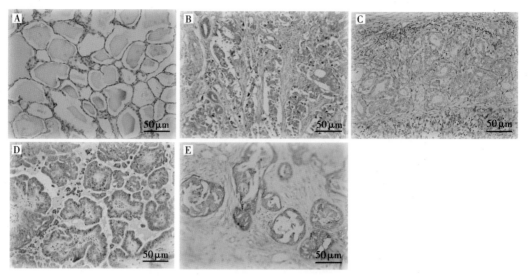

彩图 15　N-cadherin 在犬正常乳腺组织和乳腺肿瘤组织中的表达结果 （200×）

（A）犬正常乳腺组织－；（B）浸润性导管癌＋＋＋；（C）导管内乳头状癌＋；

（D）浸润性微乳头状癌＋＋；（E）导管原位癌＋

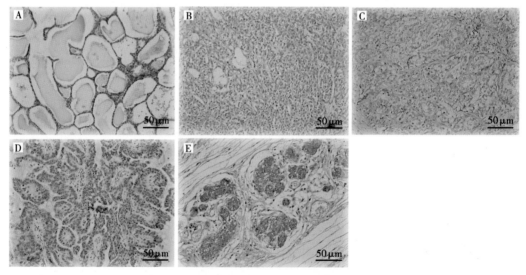

彩图 16　EZH2 在犬正常乳腺组织和乳腺肿瘤组织中的表达结果 （200×）

（A）犬正常乳腺组织－；（B）浸润性导管癌＋＋＋；（C）导管内乳头状癌＋；

（D）浸润性微乳头状癌＋；（E）导管原位癌＋＋＋

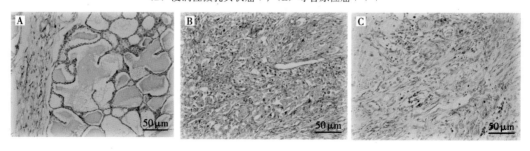

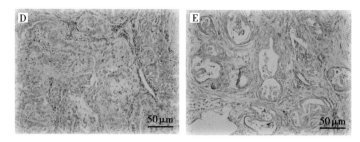

彩图 17　Vimentin（VIM）在犬正常乳腺组织和乳腺肿瘤组织中的表达结果（200×）

（A）犬正常乳腺组织－；（B）浸润性导管癌＋＋＋；（C）导管内乳头状癌＋＋；

（D）浸润性微乳头状癌＋＋；（E）导管原位癌＋＋＋

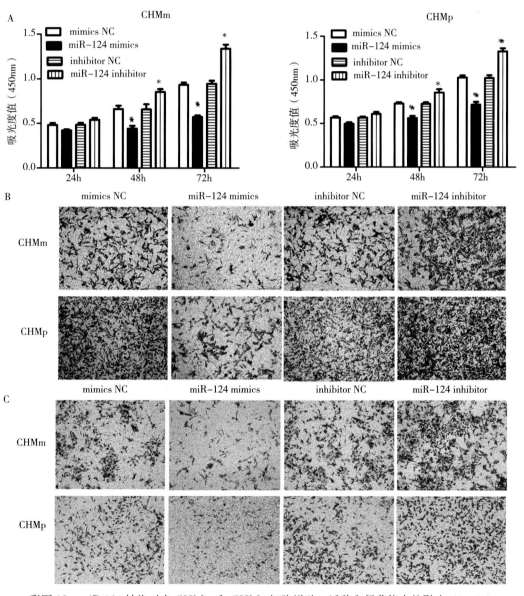

彩图 18　miR-124 转染对犬 CHMm 和 CHMp 细胞增殖、迁移和侵袭能力的影响（100×）

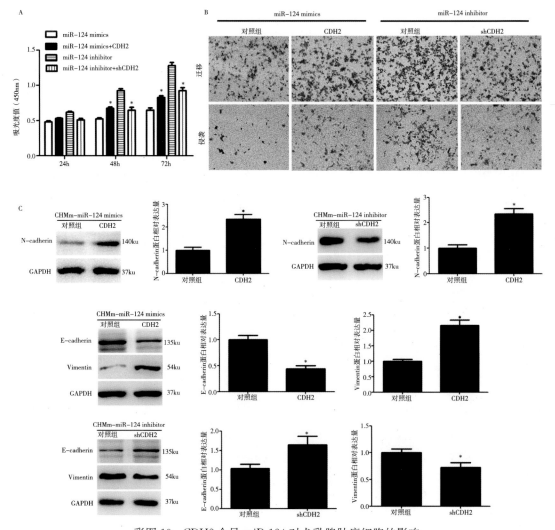

彩图 19　CDH2 介导 miR-124 对犬乳腺肿瘤细胞的影响

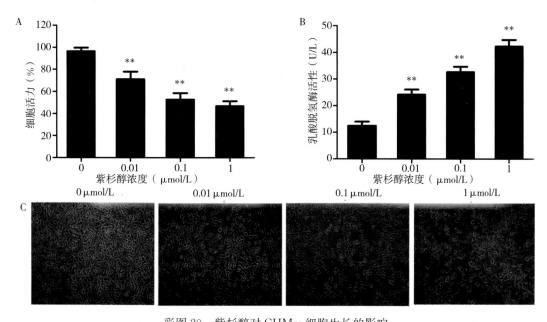

彩图 20 紫杉醇对 CHMm 细胞生长的影响

（A）紫杉醇对 CHMm 细胞作用 24h 后采用 MTT 法检测其对 CHMm 细胞活力的影响；（B）紫杉醇对 CHMm 细胞作用 24h 后乳酸脱氢酶活性的测定；（C）光镜（倒置显微镜）观察细胞形态（×100）

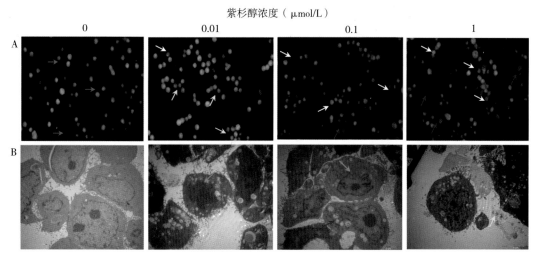

彩图 21 紫杉醇对 CHMm 细胞形态的影响

（A）吖啶橙/溴化乙锭染色：正常细胞为绿色（蓝色箭头），初期凋亡细胞为亮绿色（黄色箭头），末期凋亡细胞为橙色（白色箭头）；坏死细胞呈红色（红色箭头）（×200）；（B）透射电镜下紫杉醇处理 CHMm 细胞 24h 后的形态学改变：观察到细胞染色质浓缩和边缘化（绿色箭头），细胞内空泡化（红色箭头），凋亡小体出现（黄色箭头）（×6 000）

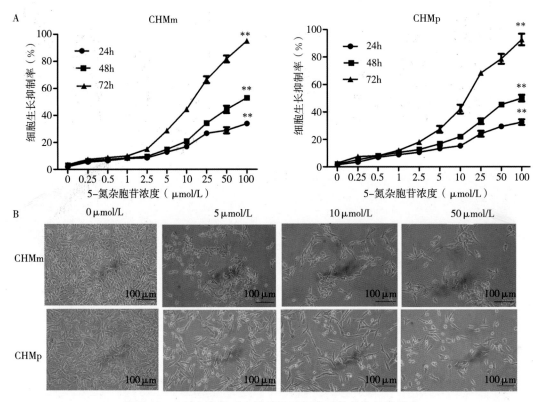

彩图 22 5-氮杂胞苷对犬乳腺肿瘤细胞系体外生长的影响